JN077138

ArcGIS Pro ではじめる 地理空間データ分析

那覇市のPLATEAUの3Dモデルと統計データ（色：核家族世帯比率・高さ：世帯数）の立体的な重ね合わせ（第4章）

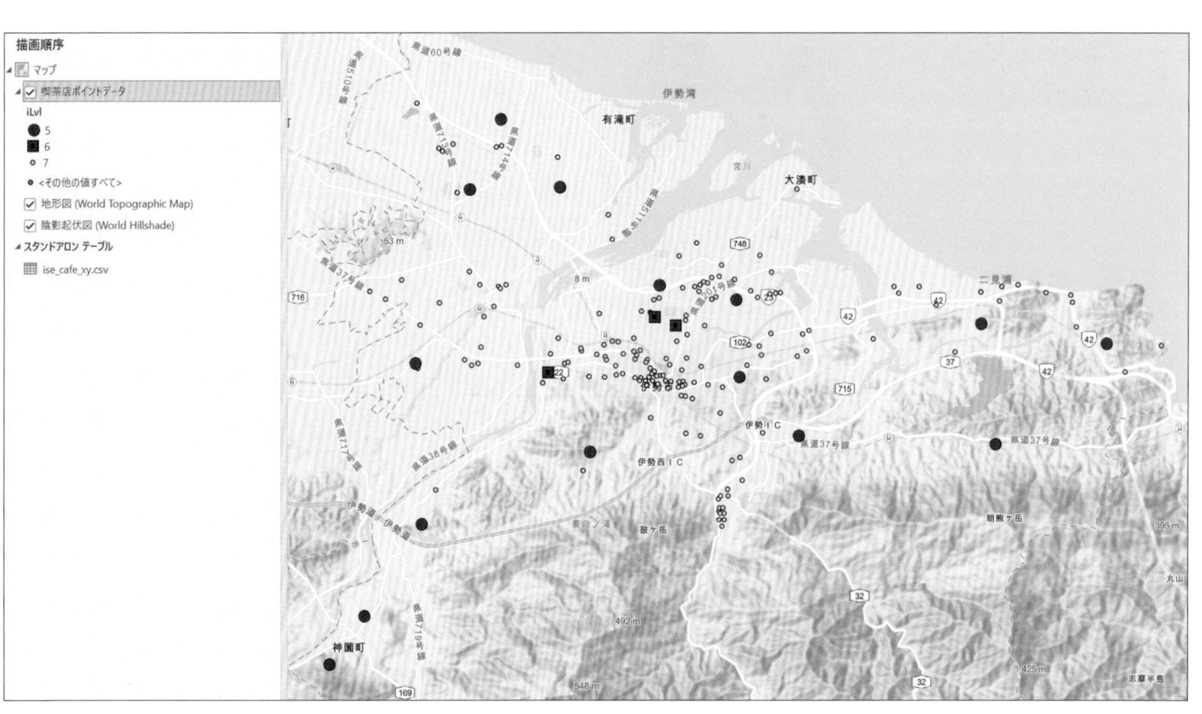

三重県伊勢市のアドレスマッチング結果の喫茶店ポイントデータ（第9章）

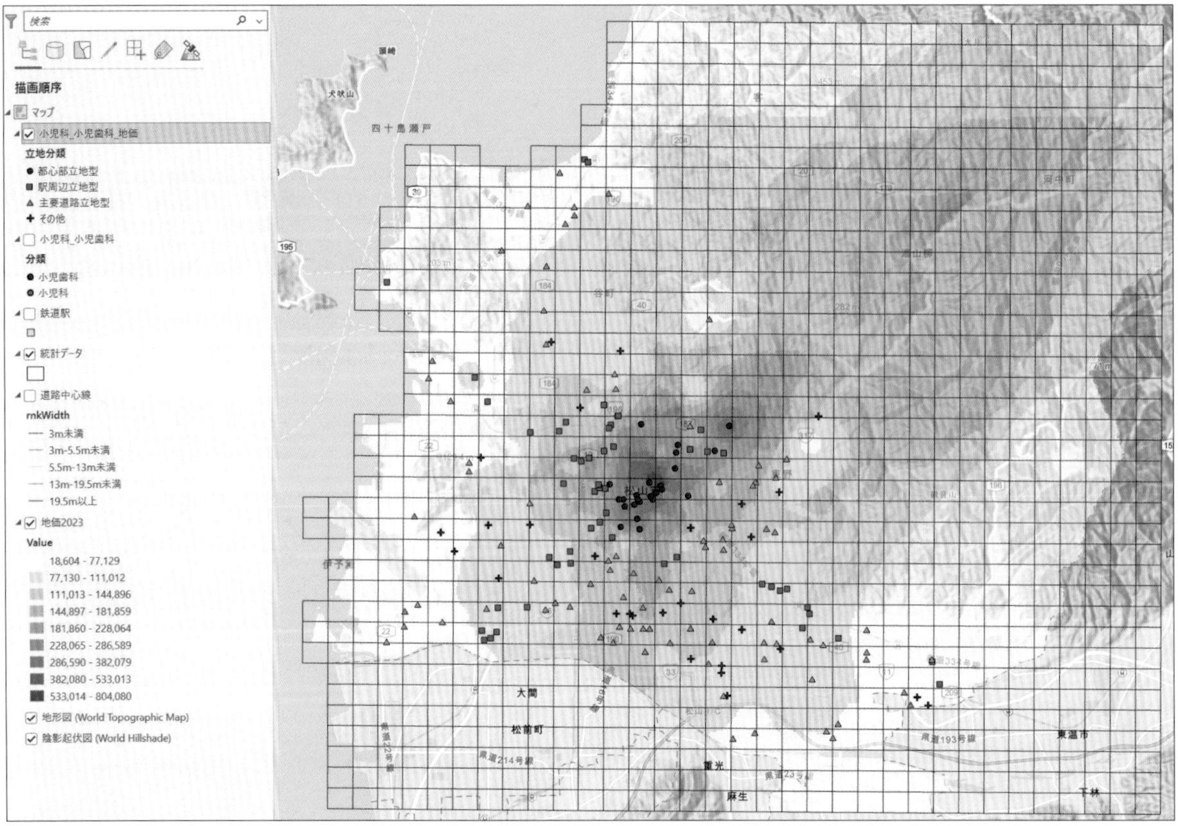

検索

描画順序

マップ

小児科_小児歯科_地価

立地分類
● 都心部立地型
■ 駅周辺立地型
▲ 主要道路立地型
✚ その他

小児科_小児歯科

分類
● 小児歯科
● 小児科

鉄道駅

統計データ

道路中心線

rnkWidth
3m未満
3m-5.5m未満
5.5m-13m未満
13m-19.5m未満
19.5m以上

地価2023

Value
18,604 - 77,129
77,130 - 111,012
111,013 - 144,896
144,897 - 181,859
181,860 - 228,064
228,065 - 286,589
286,590 - 382,079
382,080 - 533,013
533,014 - 804,080

地形図 (World Topographic Map)
陰影起伏図 (World Hillshade)

松山市の小児科・小児歯科の立地環境の分類結果（第 21 章）

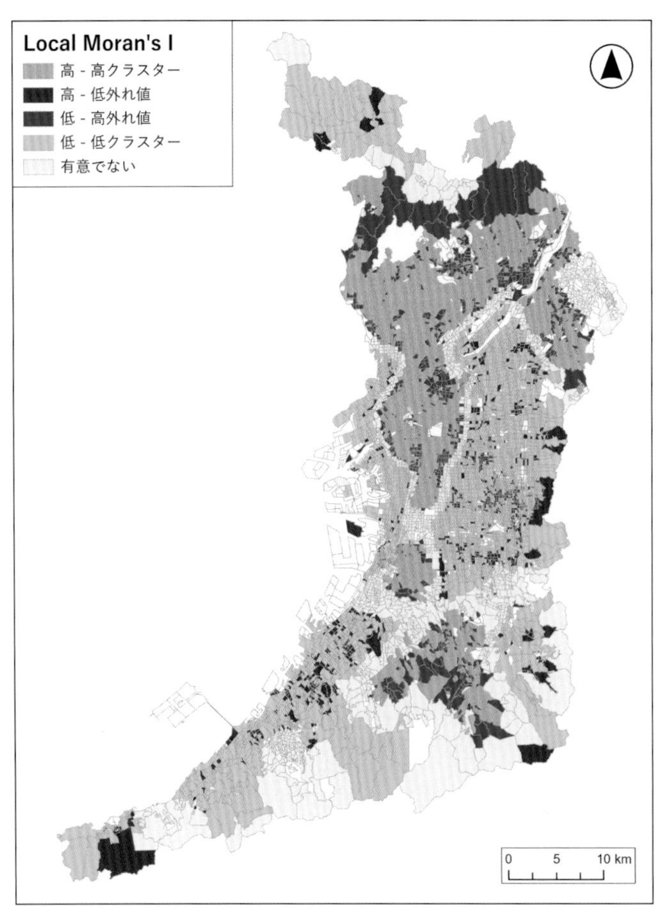

◀**大阪府の専門的・技術的職業従事者比率のクラスター／外れ値分析（Local Moran's I）の結果**（コラム 6）

北名古屋市
春日井市
尾張旭市
清須市
大治町
長久手市
日進市
東郷町
飛島村
豊明市

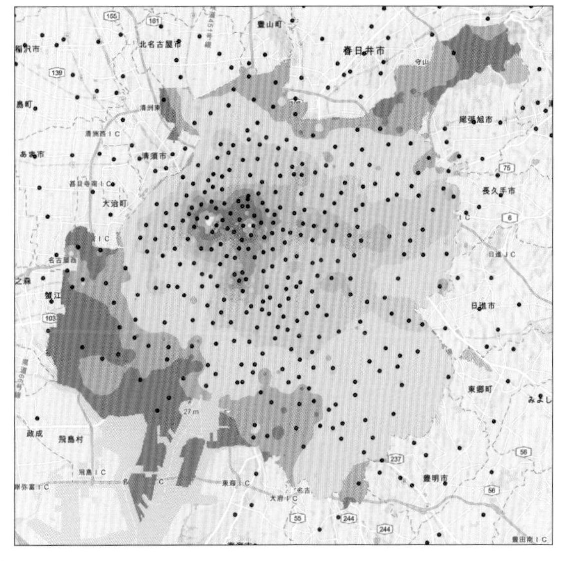

名古屋市の範囲の地価のラスターデータ（第 10 章）

川口市
草加市

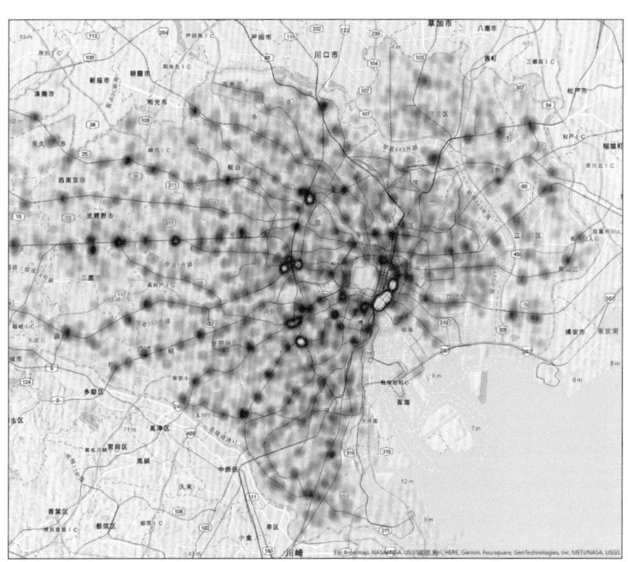

東京都のヒートマップ（第 14 章）

マップ
山中
ふれあいのもり
比叡平小
木下美術館
465.4 m
472 m
301 m
田山陵
後山
金塚
藤尾小
1:56,367
16,942.21W 111,267.74S m
選択フィーチャ: 0
京都市職業別人口2020 - 専門技術 ...産工程 間のリレーションシップ
京都市職業別人口2020 - チャート 京都市職業別人口2020
京都市職業別人口2020_Multiva...多変量クラスター分析の箱ひげ図
プロパティ
エクスポート
フィルター:
選択セット
範囲
属性テーブル
選択セットの切り替え
選択解除
チャートの回転
多変量クラスター分析の箱ひげ図
標準化された値
18
16
14
12
10
8
6
4
2
0
−2
サービス
事務
専門技術
生産工程
販売
運輸清掃包装
分析フィールド
1
2
3
4
5

京都市の職業別人口比率に基づくクラスター分析結果の地図と箱ひげ図（第 15 章）

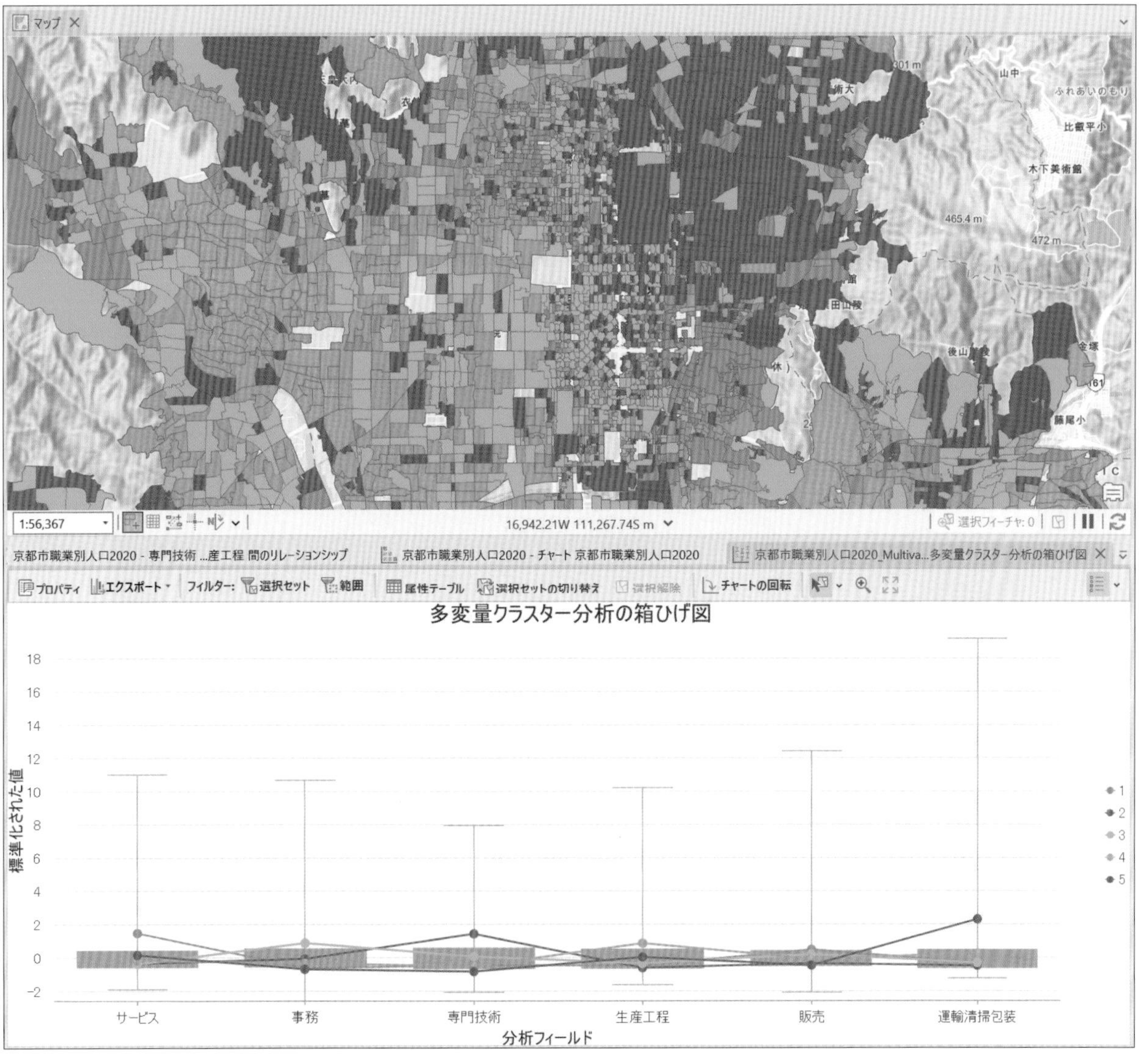

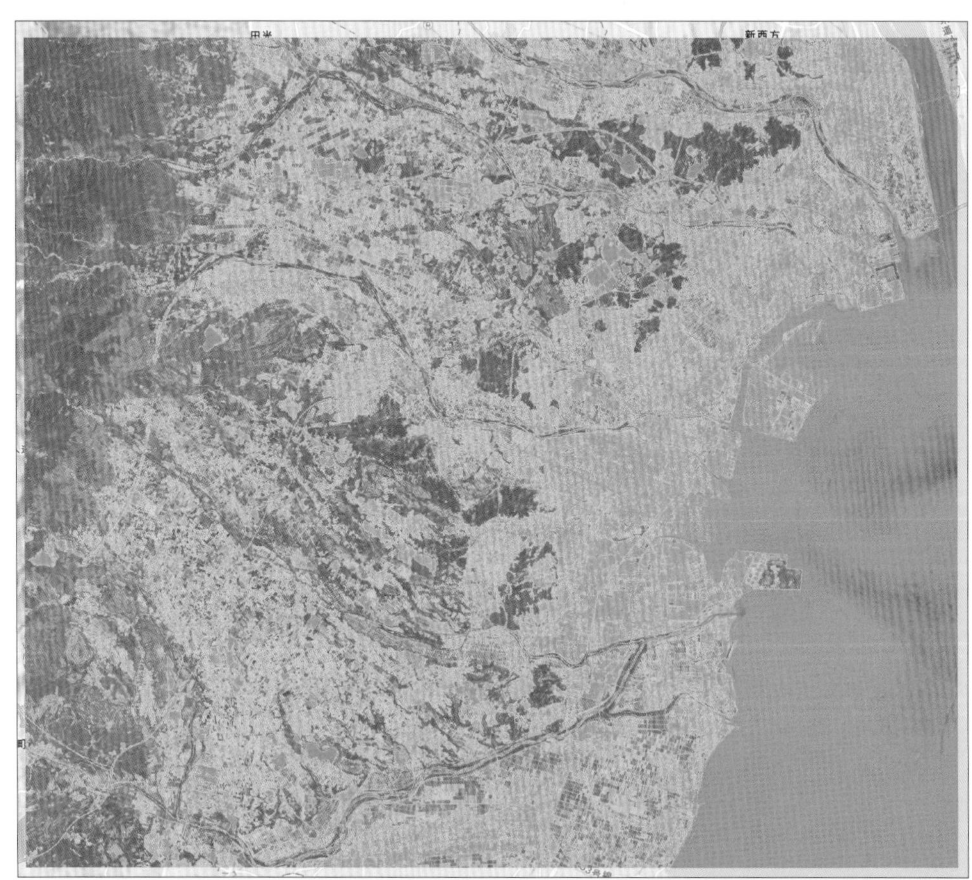

三重県四日市市周辺の衛星画像データから作成した NDVI（正規化植生指標）画像（第 18 章）

三重県四日市市周辺の衛星画像データから作成した土地被覆分類図（第 18 章）

ArcGIS Proではじめる

地理空間データ分析

桐村 喬 著

古今書院

はじめに

(1) 地理空間データとデータサイエンス

地理空間データ（地理空間情報）とは、地球上のどこにあるのかという位置情報のデータと、その場所についての特徴を示す属性情報データを組み合わせたデータです。このような地理空間データは、私たちの日常生活の中に溶け込んでいます。例えば、毎朝、テレビやスマートフォンで見るような天気予報は、自分の居住地での当日や翌日の天気、降水確率などを知らせてくれます。居住地という位置情報と、その場所の天気という属性情報がありますので、これも地理空間データです。スマートフォンの場合、現在地付近に雨雲が接近していることを通知するアプリもあります。自分が持つスマートフォンの位置情報と、雨雲がどこにあって、今後どのように動くのかという地理空間データを重ね合わせて分析し、その結果として通知をしています。また、COVID-19 の感染拡大下では、どのような地域が混雑しているのかという情報がニュースでよく流されていました。そのような情報の元になるのは、スマートフォンの位置情報です。これも、近年、注目を集めてきた地理空間データです。

GIS（地理情報システム）は、このような地理空間データを取り扱うためのシステムであり、ソフトウェアでもあります。分析したり、地図に表現したりするだけでなく、天気予報やスマートフォンの位置情報のように、日々、膨大な量が生み出されるビッグデータでもある地理空間データを効率的に管理するためにも用いられるのが GIS です。ビッグデータといえば、近年はデータサイエンスへの注目が集まっていますが、GIS は、そのようなデータサイエンスの基盤を支える技術の 1 つです。GIS やデータサイエンスの先進国でもあるアメリカやイギリスでは、地理データサイエンス（Geographic Data Science）についての修士のコースを提供している大学もあります。日本では学部でのデータサイエンス教育が本格的に始まったばかりで、地理学や都市工学などの GIS を専門的に活用する分野の大学院を除けば、GIS や地理データサイエンスについての専門的な修士号や博士号を提供する大学はまだないようです。日本でも地理空間データの重要性は高まる一方ですが、GIS を駆使して、地理空間データを専門的に取り扱うことができる、地理データサイエンティストはまだまだ不足しています。本書を通して、地理空間データの分析技術を習得し、地理データサイエンティストを目指しましょう。

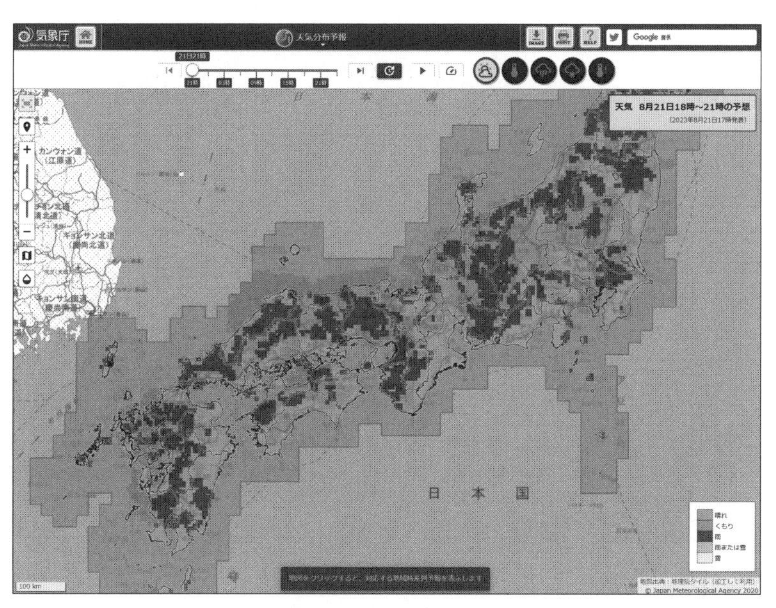

気象庁の天気分布予報
（https://www.jma.go.jp/bosai/wdist/）

(2) ArcGIS Pro

現在、デスクトップのGISソフトとしてよく利用されているのは、ArcGIS（ArcMap・ArcGIS Pro）とQGISです。ArcGISは、アメリカのEsri社が開発しているソフトであり、有償で提供されています。一方、QGISはオープンソースのソフトウェアであり、無償で提供されています。QGISは無償であるために、一見すると利用しやすいように思われますが、利用方法がわからなかったり、問題が発生したりした場合は、自分で解決する必要があります。ArcGISの場合、Esri社や日本の販売代理店であるEsriジャパン社のサポートが受けられるメリットがあります。また、クラウドGISであるArcGIS Onlineや、第16章で紹介するようなモバイルアプリも利用できます。本書では、そのようなArcGISのうち、ArcGIS Proを利用します。

ArcGISについては、従来、ArcMapというGISソフトが利用されてきました。筆者も、2001年に初めて大学で触ったGISはArcMapでした（ArcViewからの過渡期でした）。ArcMapは長らく利用されてきましたが、現在のバージョンである10.8.xで開発が終了し、10.9の開発は予定されていません。そのため、既存のArcMapユーザーも、ArcGIS Proへの移行が必要な状況です。本書はそのようなArcMapユーザーにもお使いいただければと思います。

ArcGIS ProにはBasicとStandard、Advancedのライセンスがあり、本書で紹介しているすべての機能を利用するには、Advancedである必要があります。Esriジャパンが提供しているアカデミックパック（Small／Medium／Large）の場合は、Advancedのライセンスになっています。また、ArcGISには、エクステンションと呼ばれる拡張パッケージがあり、一部の章では、Spatial AnalystとNetwork Analystというエクステンションが必要になります。アカデミックパック（Small／Medium／Large）には、これらのエクステンションも含まれています。ArcGIS Onlineが必要な章もありますが、同様にこれらのアカデミックパックにはライセンスが含まれています。

(3) 本書の構成と使い方

本書は、21の章と7つのコラムで構成されており、入門編（第1～4章・コラム1・2）、基礎編①：データ処理（第5～11章・コラム3・4）、基礎編②:分析手法（第12～15章・コラム5・6）、応用編①:データ作成（第16～17章）、応用編②:地域分析（第18～21章・コラム7）となっています。入門編では、ArcGIS Proの基本的な使い方や、GISデータの形式の解説、データの表示、検索、3次元表示の方法など、データの地図化を中心とした内容を紹介しています。基礎編①では、GISを利用するうえで必要不可欠な処理となる座標系変換、e-Statなどのインターネット上にあるGISデータの利用方法、データの属性結合、データの編集、ジオコーディングや内挿によるデータ作成、データの空間結合など、データ処理についての基本的な操作方法について解説しています。基礎編②では、バッファーやオーバーレイ、ヒートマップ、統計分析など、地理空間データの分析に必要となる基礎的な分析手法を紹介しています。応用編については大きく分けて2種類あり、応用編①では、モバイルアプリの利用と紙地図のジオリファレンスというデータ作成に関する応用的な事例を紹介しています。応用編②では、リモートセンシングによる衛星画像データの分析、災害リスクの可視化を目的とした地形解析、ネットワーク分析を利用した津波避難場所のカバー人口の分析、施設の立地環境や商圏の分析という、地域分析の方法についての具体的な事例を紹介しています。また、ArcGIS Proのさらなる活用に役立つ情報として、7つのコラムを設けてあります。それぞれの章の構成は、最初に、その章で取り扱う技術や処理の内容についての1～2ページ程度の解説があり、そのあとに数ページ分の手順があるというものです。単に ArcGIS Pro の使い方の紹介にとどまらないように心掛けています。

GIS の初心者や、GIS を使ったことがあるものの、ArcGIS Pro についてはまだほとんど触ったことがないという方は、入門編から読み進めていただけると、ArcGIS Pro の使い方も理解しやすいでしょう。ある程度 ArcGIS Pro を使用したことがあるという方は、知りたいところをピンポイントに読んでいただくかたちでも大丈夫です。ただし、後半の内容、特に応用編では、それまでに使用してきたツールや手順を応用しながら作業を進めていく部分がありますので、その場合は、前半を中心とした章を確認しながら読み進めるようにしてください。

本書で使用している ArcGIS Pro のバージョンは、3.1.1 です。また、ArcGIS のエクステンションとして、第 10・14・18・19 章で Spatial Analyst が、第 20 章で Network Analyst がそれぞれ必要になります。作業に入るまでに、エクステンションが利用できるように設定しておいてください。加えて、第 16 章では ArcGIS Online を使用しますので、アカウントも準備しておいてください。なお、コラム 4 と第 9 章では Excel も使用します。

(4) 操作に必要となるデータのダウンロード

入門編と応用編を中心に、操作に必要となるデータを準備しました。詳細は下の表の通りです。使用するデータ欄で **データ1** などとなっている章については、下に示したデータダウンロードサイトから当該のデータ（ZIP ファイルです）をダウンロードしてから任意の場所に展開して、ArcGIS Pro で操作していく必要があります。また、これら以外の多くの章では、適宜、国土数値情報や自治体のオープンデータポータルなど、他のウェブサイトなどからダウンロードした GIS データなどを使用します。このようなサイトからのデータのダウンロード方法については、主に第 6 章で解説されていますので確認してください。

各章で使用するデータ

章	使用するデータ	章	使用するデータ
1	データ1	12	データ1
2	データ1	13	※1
3	データ1	14	※1
4	データ4	15	※1
5	データ5	16	※2
6	※1	17	データ17
7	※1	18	データ18
8	※2	19	※1
9	※1	20	データ20
10	※1	21	データ21
11	※1		

※1：指示にしたがって各自で入手してください。
※2：作業を進めるなかで作成します。

データダウンロードサイト

・下記サイトの「内容説明-◆ダウンロードデータ」より、使用するデータをダウンロードしてください。

https://www.kokon.co.jp/book/b642158.html

目　次

基礎編①：データ処理

基礎編②：分析手法

応用編①：データ作成

応用編②：地域分析

コラム

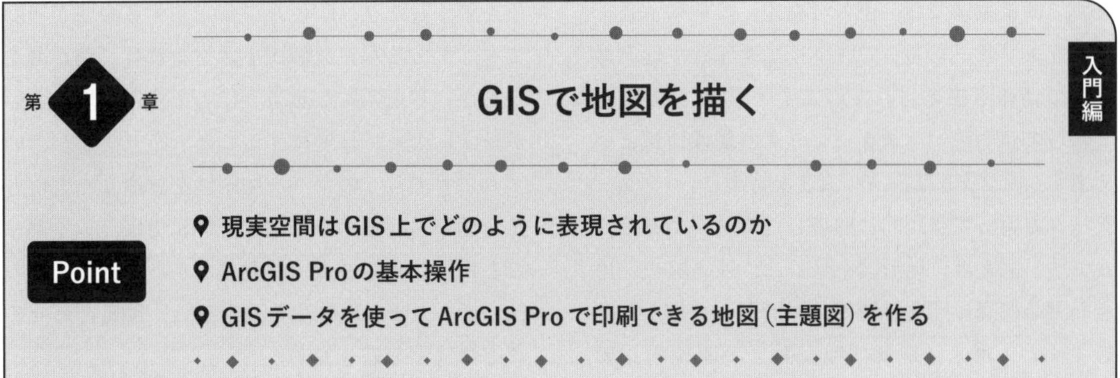

地理空間データには、何らかの主題となるようなデータ（＝**属性情報**）に加え、地表上の位置を示すデータ（＝**位置情報**）が含まれています。そのままでは単なるデータですので、それだけを示しても伝えられる情報量はごくわずかです。地理空間データは、位置情報をもとにして、地図上に表現して“見える化”（視覚化）することで視覚的に多くの情報を伝えることができます。しかし、地理空間データをただ地図に表示して、多くの情報を詰め込んだだけでは、地図の“読み手”に情報が伝わりません。上手に情報が伝わるような地図を作成するには、視覚化したい地理空間データの特徴に合わせた地図表現が必要になります。まずは、このような点を念頭に置きながら、GIS を使った地理空間データの地図表現について考えてみましょう。

地図は、原則として点、線、面という図形で描かれます。GIS ではそれぞれ、**ポイント**、**ライン**、**ポリゴン**と呼ばれます。地理空間データである GIS データは、これらの図形を種類ごとに分けることができ、一般的に、三角点や施設などの点のデータはポイントデータ、鉄道や道路、等高線などの線のデータはラインデータ、建物や行政区域などの面のデータはポリゴンデータと呼ばれます（図 1-1）。また、これらの図形からなる GIS データは、**ベクターデータ**と総称され、1 つ 1 つの図形に属性情報が与えられています。

GIS では、衛星画像や空中写真のような画像も扱われます。このような画像の GIS データは、**ラスターデータ**と呼ばれます。ラスターデータは、1 ピクセルごとに何らかの値が入っており、空中写真の場合は RGB などの色の情報が格納されてい

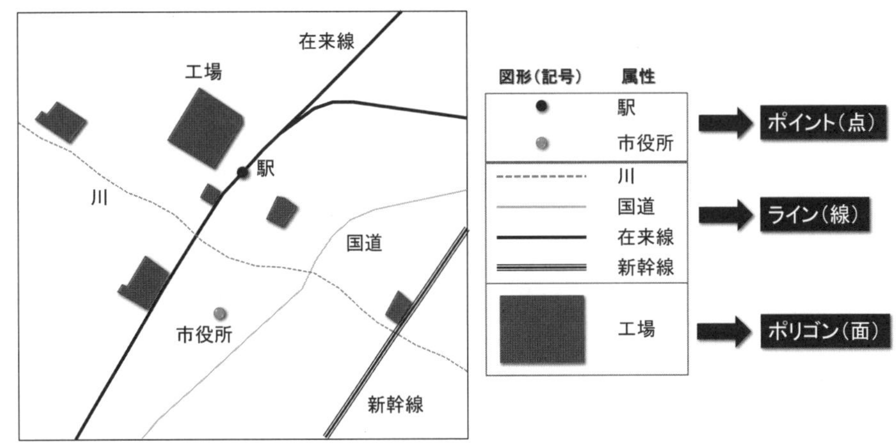

図 1-1　図形の例

ます。衛星画像では、色（可視光）の他に、さまざまなセンサーを通して取得した遠赤外や近赤外などの情報も格納されています（第18章参照）。これらの値や色がラスターデータの属性情報といえます。ラスターデータの大きな特徴は、ベクターデータと違って空間的に連続したデータであることです。例えば、地形図を見ると、等高線や三角点などの標高に関する情報は図形として描かれていますが、本来、地形は地表面上の連続的な形状ですので、ベクターデータよりもラスターデータのほうがデータ形式としては適しています。他にも、特定の施設からの距離を表すデータなど、GIS上で処理・生成されるデータにもラスターデータとして表現されるものがあります。GIS上では、これらのGISデータが、それぞれ**レイヤー**として重ね合わせて表示されます。

GISを使うことで、地理空間データからさまざまな地図を描くことができます。例えば地理院地図も、GISを使って表現された地図で、地図の分類としては一般図というカテゴリに該当します。それに対して、例えば天気図や店の分布図のようなものは、**主題図**と呼ばれます。主題図にも、主題（テーマ）の表現方法によってさまざまな種類に分けられ、天気図の気圧配置は等値線図と呼ばれる地図ですし、地域ごとの予想降水量によって色分けされた地図は**階級区分図**と呼ばれます。階級区分図は、統計データを地図化する際に最もよく使われる地図ですが、統計数値の階級（区切り）をどのように設定するかによって、地図の見え方も変わってきます。

例えば等間隔にすることで、階級区分はわかりやすくなりますが、極端に大きい数値があるなど、偏りがある場合には、色分けがほとんど意味をなさないことがあり、そのような場合には、標準偏差や等量での区分を行うほうが適していることがあります。また、階級区分をしたときには、色の表現方法にも注意する必要があります。主題図作成の基本的なルールとしては、数値が大きいほど、色を濃くしたり、暖色系にしたりする必要があります。もちろん、数値が小さくなれば、色が薄くなるか、寒色系になるようにします。表現したいデータによっては逆にすることもありますが、いずれにしてもこのような順序性を意識した表現方法を用いる必要があります。GISでは、レイヤーごとに、これらの点に注意しながら、それぞれのGISデータの表現方法を設定して、重ね合わせることで地図を描きます。

GISを使うことで、レイヤーを重ね合わせて表示するだけで、簡単に地図を描くことができますが、他の人に見せるための地図にするには要素が足りません。地図には、どの方向が北なのか（**方位記号**）、どのような縮尺で表現されているのか（**縮尺記号**）、地図上に描かれている線や記号などはそれぞれどのような意味を持つのか（**凡例**）、地図のタイトルは何なのか（図名）、どのような資料から地図が描かれているのか（出典）がわかるような情報が必要です。特に、方位記号、縮尺記号、凡例は必要不可欠な情報で、GIS上で地図と同時に作成する必要があります。主題図に、方位記号、縮尺記号、凡例を加えることで、見せられる地図が完成します。

ArcGIS Proでは、マップと呼ばれる地図を操作しながら、GISデータを視覚化できます。マップ上には、レイヤーとしてGISデータを追加する（読み込む）ことができ、レイヤーごとに**シンボル**（表現方法）の設定を行うことができます。階級区分や値ごとの色分けなど、さまざまな地図表現が可能です。また、**ベースマップ**という、米国Esri社が作成した一般図を背景に表示することもできます。ベースマップには、地形図（国土地理院の地形図とは異なります）や衛星画像、海洋図などがあります。また、**レイアウト**という白紙の枠にマップとともに配置することで、表示したい地図と連動した、適切な方位記号や縮尺記号、凡例などを表示して、地図を完成させることができます。

≪**練習**≫

・身の回りにある地図に描かれている情報をじっくり観察して、ポイント、ライン、ポリゴンに分類してみましょう。

1-1. 作業用データのダウンロード

(1) データダウンロードサイト（https://www.kokon.co.jp/book/b642158.html）から、データ1 をダウンロードします。

(2) ダウンロードしたファイルをデスクトップなどに展開し、「giswork01」フォルダーがあることを確認してください。

1-2. ArcGIS Pro の起動

(1) 展開したファイルの中から「giswork01.aprx」をダブルクリックして ArcGIS Pro を起動します。

(2) 指定ユーザーライセンスの場合、ログイン画面が表示されますので、自分のアカウントでサインインしてください。

(3) ArcGIS Pro が起動し、**マップ**が表示されます（図 1-2）。

※左側に配置された**コンテンツウィンドウ**には、現在読み込まれているレイヤー（GIS データ）が表示されています。最初から読み込まれているレイヤーのうち、「地形図（Japanese）」、「World Hillshade」というレイヤーはベースマップで、背景となる地図のベクターデータです。「ise_hoiku」は、2023 年 4 月 1 日公開の伊勢市オープンデータのうち、認定こども園、保育所、小規模保育事業所のポイント（点）データを加工して作成したものです。

※右側は、「カタログ」や「ジオプロセシング」、「シンボル」など、操作中の設定や、さまざまなツールのウィンドウが主に表示される場所です。

(4) 下記を参照しつつ、地図を少し操作してみましょう。

地図の移動：マウスの左ボタンでドラッグ

地図の拡大：マウスのホイール（真ん中のボタン）を前方向に回す

地図の縮小：マウスのホイール（真ん中のボタン）を手前方向に回す

(5) レイヤー名のチェックボックスのオン・オフで、表示・非表示を切り替えてください。

(6) レイヤー名のところのドラッグ＆ドロップで、順番を入れ替えてみましょう。

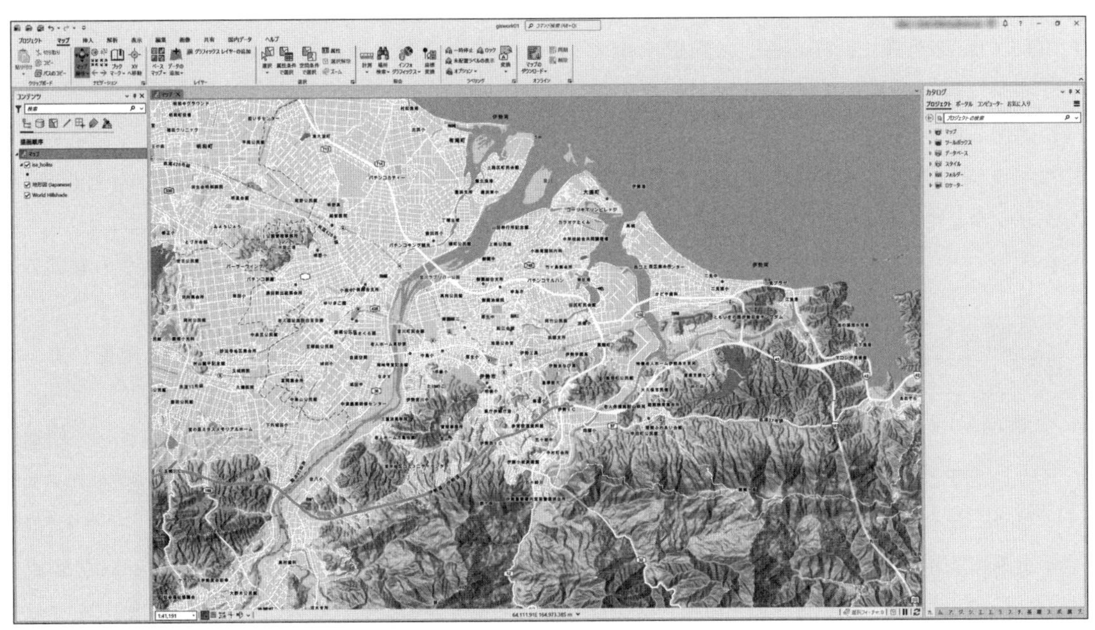

図 1-2　ArcGIS Pro の起動画面（giswork01.aprx）

1-3. データの読み込みと主題図の作成

作業用データのフォルダーには、いくつかのGISデータが格納されています。これらを読み込んで、地図上に表示し、それぞれのデータの表現方法を設定してみましょう。

(1)「マップ」タブの「データの追加」をクリックし（図1-3)、「プロジェクト」の「データベース」内にある「giswork01.gdb」をダブルクリックし、「ise_pop2020」を選択して「OK」をクリックします。

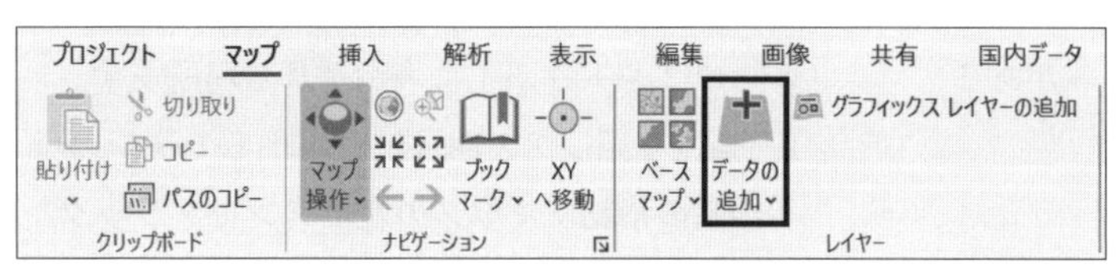

図1-3 「データの追加」ボタン

(2) レイヤーとして「ise_pop2020」が追加されたことを確認します。

※「ise_pop2020」は、国勢調査の小地域（町丁、字などの地域）単位のGISデータで、2020年と2015年の人口総数や男女別人口、世帯数がデータに含まれている、ポリゴン（面）のデータです。

(3) (1)・(2) の手順で、「ise_rail」(鉄道を示すライン（線）のデータ（筆者作成)) を地図に追加します。

(4) コンテンツウィンドウの「ise_pop2020」をクリックして、「アクティブ」状態にします(図1-4)。

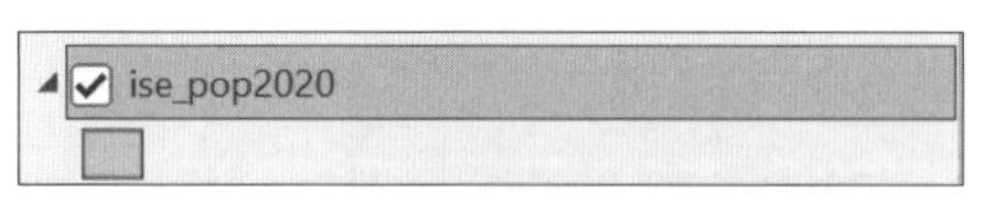

図1-4 レイヤーがアクティブにされた状態

※レイヤーを**アクティブ**にしていると、「フィーチャ レイヤー」など、レイヤーに合わせたタブが上部に表示されます。

(5)「フィーチャ レイヤー」タブの「描画」のうち「シンボル」の下の矢印をクリックして（図1-5)、「等級色」をクリックします。

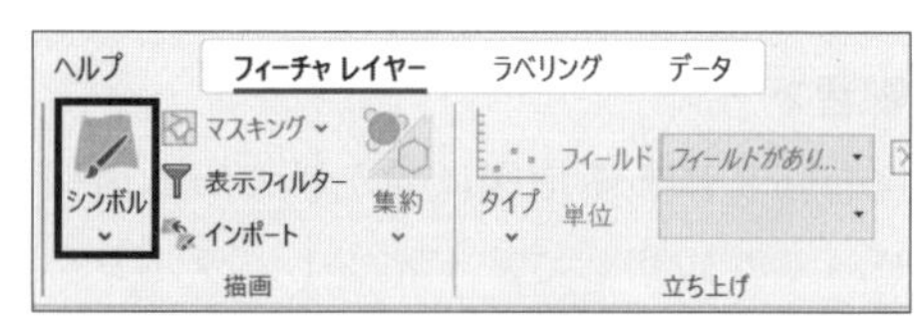

図1-5 「フィーチャ レイヤー」タブの「シンボル」ボタン

※「等級色」シンボルは、指定した属性を階級で区分して色分けして表示するために使います。

(6) 右側に「ise_pop2020」レイヤーのシンボルウィンドウが表示されるので、「フィールド」で「総数2020」(2020年の人口総数のデータ）を選択します。

※**フィールド**とは、GISデータに含まれる1つ1つの属性です（第2章参照)。

(7)「方法」と「クラス」、「配色」を何度か変更してみて、それぞれどのように表示されるかを確認します。

(8)「正規化」で「Shape_Area」(平方メートル単位の面積のデータ）を選択しましょう。

※「正規化」でフィールドを選ぶと、「フィールド」で選んだフィールドの値を、「正規化」で選んだフィールドの値で割った値に基づいて、階級区分が行われます。これによって、人口密度で塗り分けることができます。

(9)「ise_hoiku」をアクティブにし、「フィーチャレイヤー」タブのうち、「シンボル」として「個別値」を選びます。

※「個別値」シンボルは、フィールドの個別の値ごとに区分して表示するために使います。

(10)「フィールド1」に「種別」を指定して、種別ごとに色分けを行います。

※図1-6のように、それぞれの種別ごとの個別値について、シンボル欄の記号を右クリックすると、色を変更できます。左クリックすれば、形状が変更できますので、色や形状を変更してみましょう。なお、右上の「詳細」をクリックして、「**すべてのシンボルの書式設定**」をク

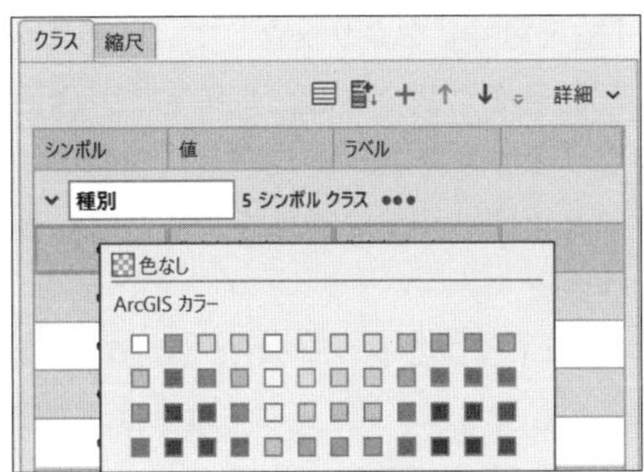

図 1-6　シンボルの色の変更

リックし、プロパティを変更すれば、まとめて変更できます。

(11)「ラベリング」タブをクリックし、左の「ラベル」ボタンをクリックしてアクティブにしたうえで（図 1-7）、すぐ右の「フィールド」欄が「Name」になっていることを確認し、地図上に名称（Name フィールドの値）が表示されることを確認しましょう。

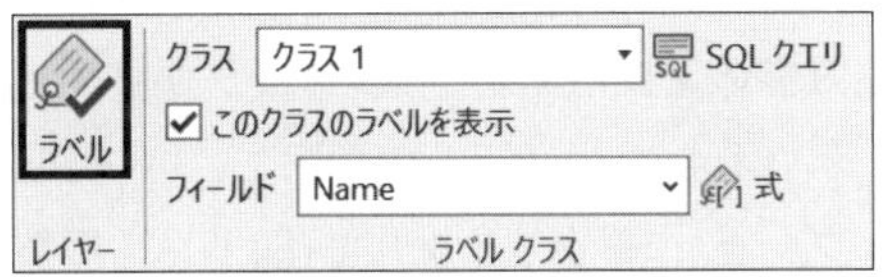

図 1-7　「ラベル」ボタン

(12) ラインデータである「ise_rail」についても、シンボルを変更することができますので、「個別値」シンボルで、「RAILTYPE」のフィールドで色分けします（図 1-8）。なお、ライン幅は 0.5 pt 程度にすると見やすいです。

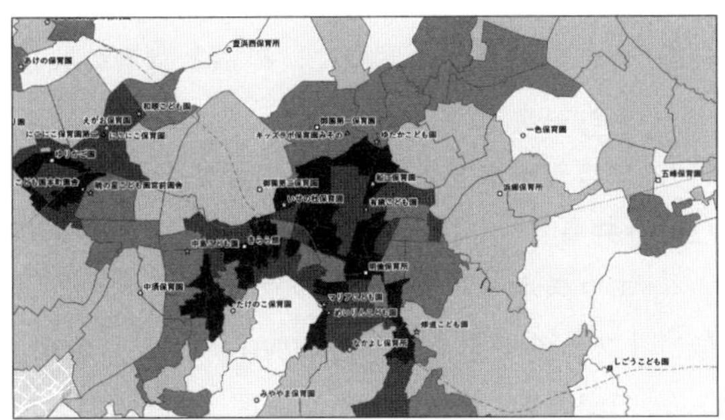

図 1-8　データの表示例

(13) 画面の左上にある保存ボタンを押し、プロジェクトを保存しておきましょう。

※**プロジェクト**には、どのレイヤーを地図上に読み込み、それぞれをどのように表示するかなどの情報が保存されます。したがって、例えば GIS データの一部を編集したとしても、プロジェクトの保存ではその情報は保存されません（編集結果の保存方法は第 8 章で解説します）。

1-4. レイアウトの作成と印刷・エクスポート

Word や PowerPoint などに地図を添付するには、印刷したり、画像としてエクスポートしたりする必要があります。地図をそのまま画面キャプチャして印刷すると、必要な情報が不足してしまうため、印刷・エクスポートのためのレイアウトを作成する必要があります。

(1)「挿入」タブから、「新しいレイアウト」をクリックし、「ISO Landscape」の「A3」をクリックします（図 1-9）。

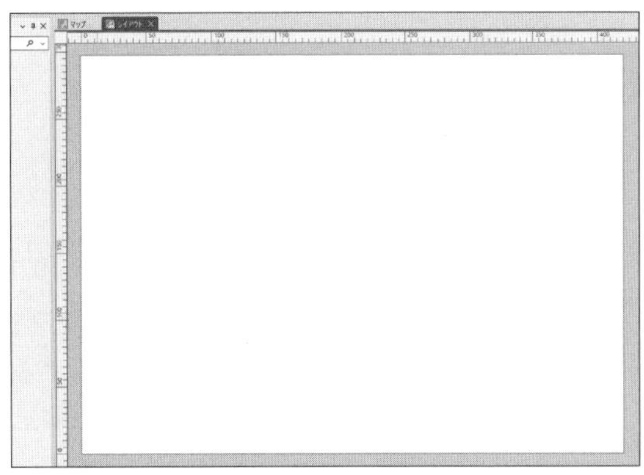

図 1-9　レイアウト画面

(2)「挿入」タブの「マップフレーム」をクリックし、「マップ」のうちの縮尺が数字で示されたものをクリックし、レイアウト画面上で再度クリックすると、レイアウト画面上にマップフレームが表示されます。

(3) マップフレームの大きさや位置を調節します（操作を間違ったら Ctrl+Z で戻りましょう）。

(4) マップフレーム内に示す範囲を調節するために、地図上で右クリックして、「アクティブ化」をクリックします。

(5) マップフレーム内の地図の操作（拡大・縮小・移動）ができるようになるので、伊勢市全域が入るように調整してください。

(6)「レイアウト」タブの「閉じる」をクリックします。

(7)「挿入」タブの「方位記号」をクリックして、いずれかの方位記号をクリックし、レイアウト画面上でクリックすると、方位記号（北を示す記号）が表示されます。

(8) 方位記号を適切な大きさに拡大し、レイアウト画面上の位置を調整します（右上か左上が望ましいでしょう）。

(9) 方位記号を右クリックして、「プロパティ」をクリックし、右側に表示された方位記号のエレメントウィンドウで、図 1-10 中央の「表示ボタン」をクリックします。

図 1-10　表示ボタン

(10)「枠線」のシンボルの色を「黒」、幅を「0.5 pt」、「X ギャップ」を「1 mm」、「Y ギャップ」を「1 mm」としましょう（数字を入力するときには、半角で入力し、単位との間を半角スペースで 1 マスあけてください）。

(11)「背景」のシンボルの色を「白」、「X ギャップ」を「1 mm」、「Y ギャップ」を「1 mm」としてください（図 1-11）。

図 1-11　方位記号に枠線と背景が設定された状態

(12)「縮尺記号」をクリックして、いずれかの縮尺記号をクリックし、レイアウト画面上でクリックすると、縮尺記号（地図上での距離と実際の距離の関係を示す記号）が表示されます。

(13)「設計」タブをクリックし、図 1-12 のように設定しましょう（変更する順番は、調整ルール→目盛幅→目盛→単位→ラベルの順です）。

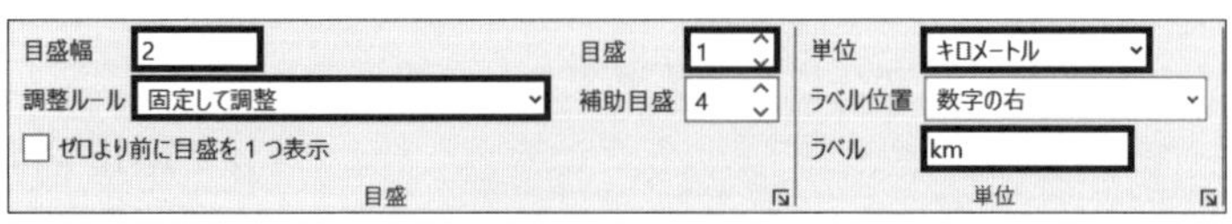

図 1-12　縮尺記号の「設計」タブ

(14) 縮尺記号を適切な場所（下のほうが一般的です）に配置し、方位記号と同様に枠線と背景の設定を行いましょう。

(15)「挿入」タブで、「凡例」をクリックしてから、レイアウト画面上でクリックします。

(16) 凡例のプロパティを右クリックから開き、表示されたエレメントの画面で、「凡例配列オプション」をクリックして（図 1-13）、調整ルールで「フレームの調整」を選びます。

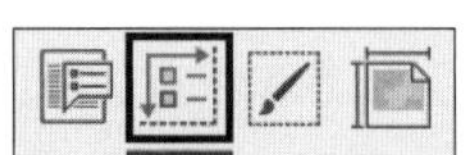

図 1-13　「凡例配列オプション」ボタン

(17) 凡例の位置を調整します（表示しているデータに重ならないように、四隅のいずれかがよいでしょう）。

(18) 方位記号などと同様に、枠線と背景の設定を行います。

(19) プロジェクトを上書き保存してください。

(20)「共有」タブの「出力」欄の「レイアウトのエクスポート」をクリックします。

(21)「ファイルタイプ」を「PNG」とし、「名前」で出力先とファイル名を決定し（参照ボタンで指定できます）、解像度を「300」として、「エクスポート」をクリックします。

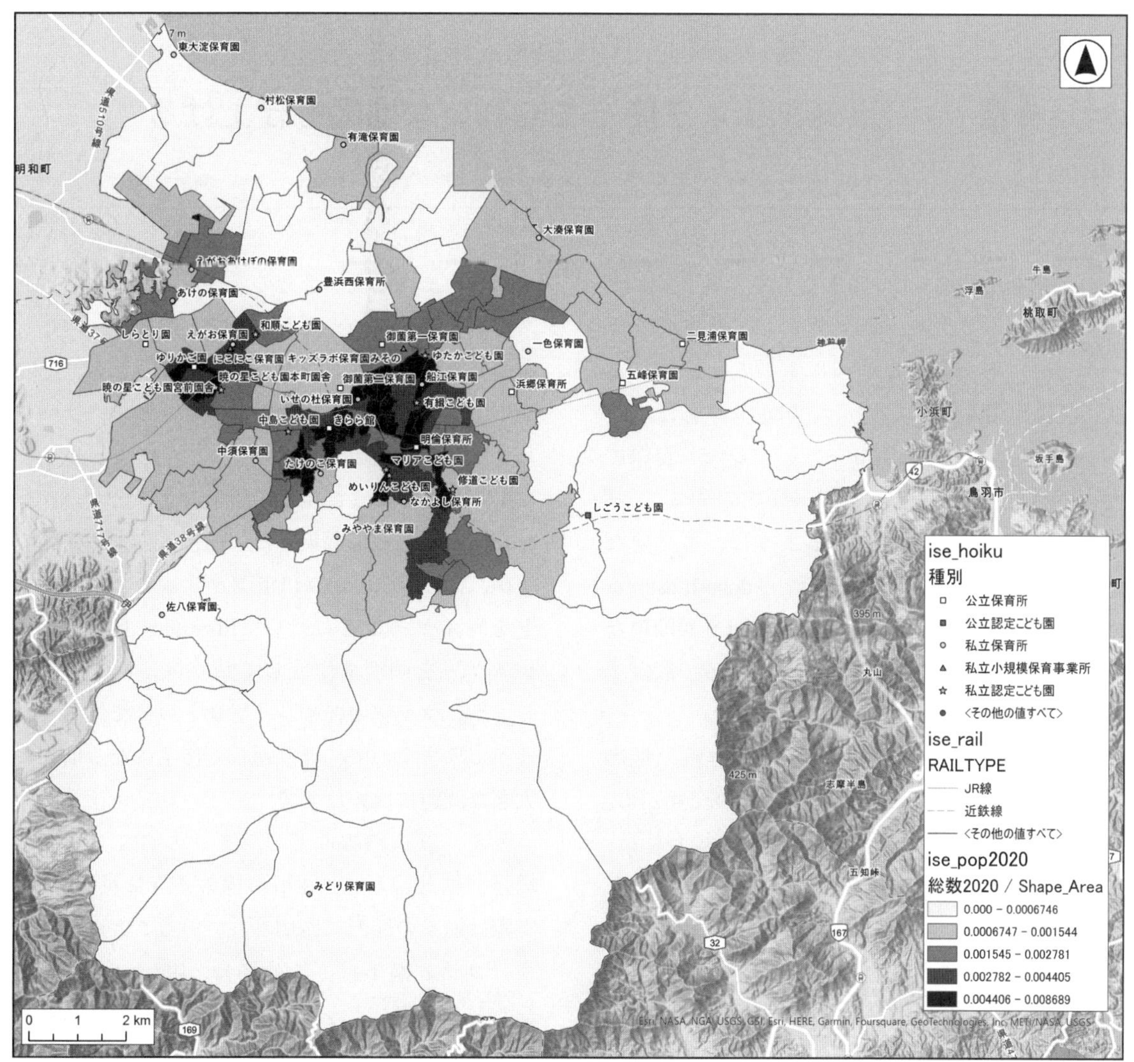

図 1-14　地図の作成例

※「共有」タブの「出力」欄の「レイアウトの印刷」をクリックすると印刷できます。

※左側のコンテンツウィンドウから、凡例内の各レイヤーのプロパティを調整することで、凡例に表示する方法を絞り込んだり、フォントなどを調整できたりします。

≪練習≫

・ise_pop2020 レイヤーを使って、いくつかの地図を作成し、地図を画像形式で出力してみましょう。

コラム 1 Illustrator を使ってきれいな地図を仕上げる

ArcGIS Pro を使ってレイアウトを作成してエクスポートすることで、画像ファイルや PDF ファイルとして形を整えた地図にすることができます。直接印刷するのであれば、PDF にするほうがよいですし、報告書やレポート、プレゼン資料に含めるのであれば画像ファイルがよいでしょう。しかし、図 1-14 の凡例にあるように、不必要な情報を取り除きたい場合には、Adobe Illustrator のような別の描画ソフトで編集するほうが簡単な場合があります（もちろん、ArcGIS Pro で設定することもできます）。

また、鉄道路線について、国土地理院の地形図のように、JR 線を旗竿記号（白黒の交互）に、近鉄線を私鉄路線の記号で表現したい場合には、ArcGIS Pro のシンボルの設定だけでは不十分な場合があります。これらのケースでは、Illustrator などで編集するほうが効率的で、きれいな仕上がりになることが多いでしょう。ここでは、そのための簡単な手順と、いくつかのコツを紹介します。

まずは、ArcGIS Pro でエクスポートする際に、「ファイルタイプ」を「PDF」にしましょう。PDF 形式にすることで、Illustrator でそのまま開くことができます。Illustrator を起動して、出力した PDF ファイルを読み込むと、ArcGIS Pro 上で分割されていたレイヤーが、Illustrator 上ではすべて 1 つのレイヤーにまとまっていることがわかります。それぞれの ArcGIS Pro でのレイヤーでグループ化されているとわかりやすいのですが、複雑な構造になっていますので、個別の表示・非表示などの切り替えやレイヤーごとの編集は難しいでしょう（線幅や塗りが共通のものを選択することで、ある程度、レイヤーごとの編集ができるようになります）。凡例部分のみ修正するようなケースであれば、このままダイレクト選択ツールなどを使いながら編集していくとよいでしょう。その際には、レイアウトの用紙サイズなどでクリッピングマスクが複数設定されていますので、まとめて削除してしまうと編集が簡単になります。

レイヤーごとに編集したい場合は、少々面倒ですが、ArcGIS Pro での PDF ファイルのエクスポートをレイヤーごとに行い、Illustrator 上で新たにレイヤーを個別に作成して貼り付けるとよいでしょう。マップの枠やレイアウトの枠で位置合わせができますので、繰り返しの作業になる以外に大きな問題はないはずです。

また、鉄道路線などのラインの GIS データの場合、見た目上では 1 つの線のように見えても、実際は別々の図形に区切られていることがあります（コラム図 1-1）。この場合、Illustrator 上で破線などを設定しようとすると、図形上で区切られた箇所で、ラインの見た目もおかしくなることになります。コラム図 1-2 の場合、丸で囲まれた箇所だけ、二点鎖線の間隔が長くなっています。

このような場合には、あらかじめ**ディゾルブ**しておくとよいでしょう（ディゾルブの手順については第 7 章 7-2 で紹介しています）。例えば鉄道路線の GIS データがある場合に JR と私鉄で分けて表現したければ、その区分がされているフィールドをディゾルブフィールドとして指定してください。特にそうしたものがなく、まとめてしまって構わない場合は、ディゾルブフィールドを何も指定しないようにしましょう。また、「マルチパートフィーチャの作成」のチェックは基本的に外しましょう。ここのチェックが入っている

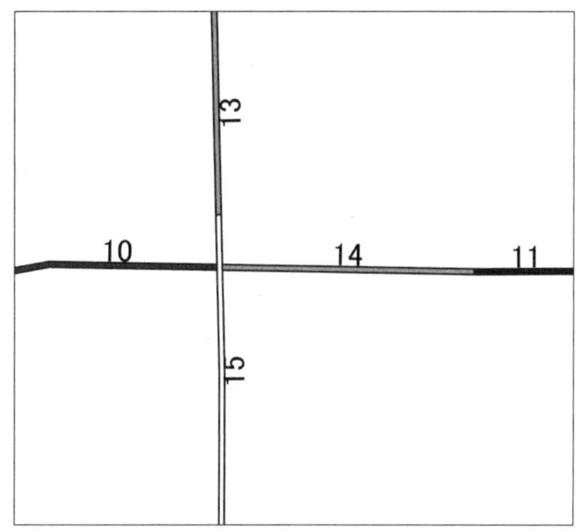

コラム図 1-1　区切られたラインデータ

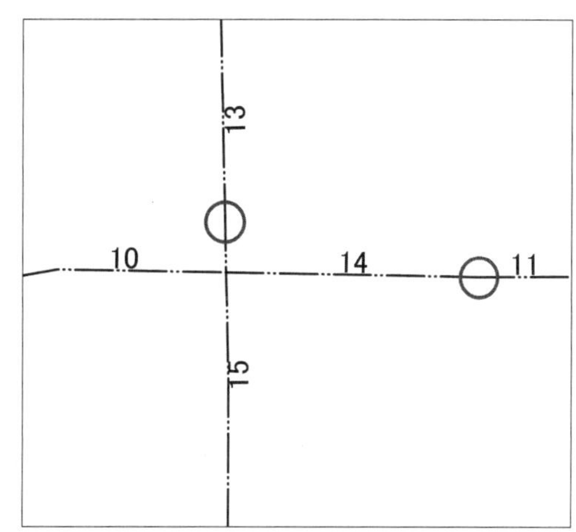

コラム図 1-2　二点鎖線で表示した場合

と、JR 線のデータがあったときに、全国が 1 つにまとまってしまうようなことになります。もちろん、目的によってはチェックを入れたほうが Illustrator 上で編集しやすい場合があります。

ArcGIS Maps for Adobe Creative Cloud が利用できる場合、Illustrator 上で、ArcGIS Pro でのレイヤー別に編集することが簡単になります。ArcGIS Maps for Adobe Creative Cloud を事前にインストールしておいてから、ArcGIS Pro でファイルタイプを「AIX」としてエクスポートして、Illustrator で AIX ファイルを読み込むと、サブレイヤーとして元々のレイヤーが整理された状態で読み込まれます。この場合は、特にレイヤーを分けて出力する必要はなく、元のレイヤーごとに簡単に編集することができます。

MEMO

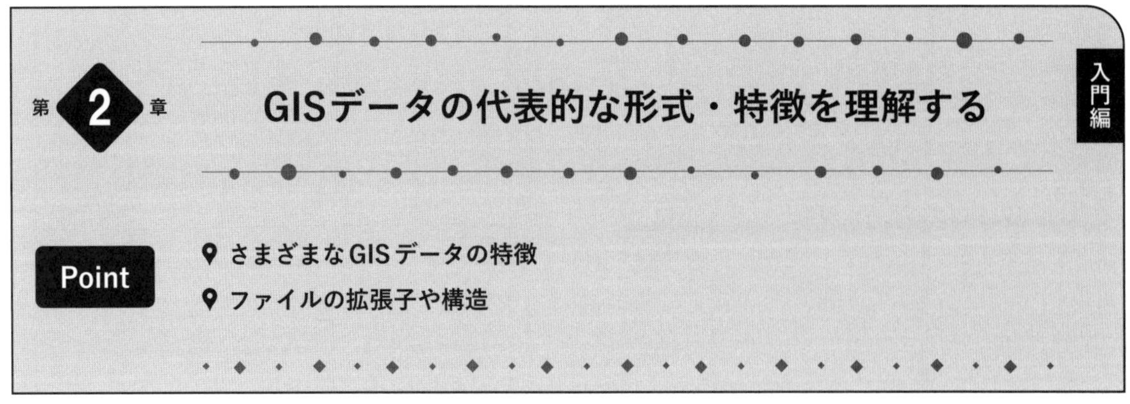

第2章 GISデータの代表的な形式・特徴を理解する

Point
- さまざまなGISデータの特徴
- ファイルの拡張子や構造

GIS データは、1 つのファイルで構成されるとは限りません。さまざまな情報が含まれるために、多くの場合は、複数のファイルから 1 つの GIS データが構成されています。例えば、第 1 章で使用した「giswork01」というプロジェクトに含まれている、「giswork01.gdb」は、ファイルではなく、ファイルジオデータベースと呼ばれる形式のフォルダーです。Windows のエクスプローラーの画面では何かわかりませんが、ArcGIS Pro から読み込むと、データベース内の GIS データを確認することができます。フォルダー単位ではなく、同じファイル名で拡張子だけが違う、複数のファイルで 1 つの GIS データを構成することもあり、いろいろと複雑です。それでは、ArcGIS Pro で使われる、GIS データの代表的な形式や特徴、GIS データの構造などについて整理しておきましょう。

2-1. ファイルジオデータベース形式

ArcGIS Pro の開発元である米国 Esri 社の独自フォーマットで、ArcGIS Pro では標準的に使われる形式です。高速なアクセスを可能とするところに特徴があります。ファイルジオデータベース形式のデータを確認するために、第 1 章で使った「giswork01.aprx」を開き、「表示」タブから「カタログウィンドウ」をクリックして、右側にカタログウィンドウを表示したうえで、「データベース」の中の「giswork01.gdb」の中身を開いてみましょう。図 2-1 のように、3 つの GIS データが含まれていることがわかります。

それでは、Windows のエクスプローラーから、「giswork01.aprx」のあるフォルダーを開き、「giswork01.gdb」のフォルダーも開いてみましょう（図 2-2）。画像のように、よくわからないファ

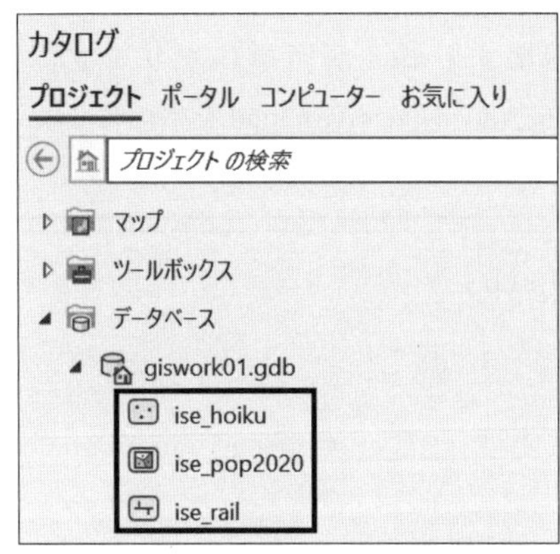

図 2-1　カタログウィンドウ

名前	状態	更新日時
a0000000b.gdbindexes	●	2022/04/18 23:12
a0000000b.gdbtable	●	2022/04/18 23:12
a0000000b.gdbtablx	●	2022/04/18 23:12
a0000000b.horizon	●	2022/04/18 23:12
a0000000b.spx	●	2022/04/18 23:12
a0000000e.gdbindexes	●	2023/05/05 17:06
a0000000e.gdbtable	●	2023/05/05 17:06

図 2-2　エクスプローラーで表示したファイルジオデータベース

イル名と、さまざまな拡張子からなるファイルが入っているのみで、「ise_hoiku」のようなGISデータの名前を確認することはできません。

このファイルジオデータベース形式の場合、このように、「.gdb」という拡張子のような文字列が付いたフォルダー形式になりますので、エクスプローラーだけではどのようなデータが入っているか確認することはできませんので注意しましょう。GISデータを移動させたり、コピーしたりする場合は、このフォルダーごと処理するようにしましょう。個別のGISデータを処理したい場合は、ArcGIS Proのカタログウィンドウから操作するようにしてください。

ファイルジオデータベース形式の場合、ベクターデータだけでなく、ラスターデータも含めることができます。また、図形データのない属性のみのデータもファイルジオデータベース形式に格納することができます。ファイルジオデータベース形式では、データの追加やコピー・移動などは、基本的にArcGIS Proから操作・処理することになります。

2-2. シェープファイル形式

シェープファイル形式は、同じく米国Esri社の形式ですが、歴史が長く、GISデータの業界標準的な形式となっています。そのため、オープンデータなどとして公開されているGISデータにも、シェープファイル形式のものが多くあります。この形式のGISデータは、ファイル名（ピリオドより前の部分）が同じで、拡張子だけが違う複数のファイルから構成される点が特徴です（図2-3）。

シェープファイル形式のGISデータを構成するファイルの拡張子は、shp、shx、dbf、prjなどです。基本的にはこれらの4つの拡張子のファイルが必要になります。4つのファイルのうち、shpとshxは図形（とインデックス）のデータ、dbfは2-5に示す属性のデータ（Excelで開くことができます）で、prjは座標系を示すデータです。拡張子prjのファイルがないこともありますが、その場合は、ArcGIS Pro上で他のデータと正しく重ね合わせることができないことがあります。他の拡張子のファイル（図2-3の場合はsbnとsbxとshp.xml）は、仮に存在していなくてもGISデータとして問題なく読み込むことができますが、ArcGIS Proで処理することで、自動的に作成されることがあります。また、場合によっては、拡張子cpgのファイルが付けられていることがあります。このファイルは、拡張子dbfの属性データの**文字コード**（シフトJISやUTF-8など）を示すもので、このファイルがないと、ArcGIS Pro上で文字化けして表示されることがあります（コラム3参照）。

図2-3　シェープファイル形式を構成するファイル

ファイルをコピーしたり、移動させたりする場合には、同じファイル名で、拡張子が違うものについては、すべてまとめてコピー・移動するようにしましょう。ArcGIS Pro上では、見た目上、拡張子shpのファイルしか表示されないため、拡張子shpのファイルしかないと思い込んでしまいがちですが、エクスプローラーでファイルの操作をする際には、十分に注意しましょう。エクスプローラーのオプションで、「登録されている拡張子は表示しない」のチェックを外しておき、「ファイル名拡張子」を表示する設定にして操作すると安全です。

シェープファイル形式の場合、格納できるデータはベクターデータに限られます。ラスターデータにはシェープファイル形式はありません。

2-3. その他のベクターデータの形式（GML・KML）

GMLやKMLという形式のベクターデータもあります。GML形式で配布・提供されているGISデータはそれほど多くありませんが、国土地理院の基盤地図情報はGML形式となっています。KMLは、Google Earthなどで使われる、GISデータの形式です。Google Earthでポイントデータを作成すると、KML形式で保存できます。

GMLとKMLは、特定のフォーマットのXML形式のデータです。基本的には1ファイルで1つのGISデータとなります。ArcGIS ProでGISデータとして処理・解析するためには、ファイルジオデータベースなどの形式に変換する必要があります。

2-4. ラスターデータの形式（画像形式）

ラスターデータは、多くの場合、画像形式のデータです。よく使われる画像の形式はTIFFで（拡張子tif）、位置情報が付けられているTIFFは、特にGeoTIFFと呼ばれます。他にも、JPEG形式やPNG形式の画像も読み込むことができ、画像データであれば、単なる写真であっても、ArcGIS Pro上で読み込むことができます。また、スキャンした紙地図のデジタルデータも読み込むことができ、位置情報が付けられていなくても、**ジオリファレンス**（第17章参照）という処理を行うことで、正しい位置に表示することができます。なお、ジオリファレンスによって位置情報を付けた場合、拡張子のみが異なるファイルがいくつか生成されることがあります。このようなラスターデータをコピーしたり、移動させたりする際には、シェープファイル形式のGISデータと同様に、それらのファイルも同時にコピー・移動する必要があります。

画像形式のラスターデータの場合、**ワールドファイル**と呼ばれる、画像のサイズや座標値に関するデータが付けられていることがあります。このファイルの拡張子は、TIFF形式の画像のワールドファイルの場合はtfw、PNG形式の画像の場合はpgw、JPEG形式の画像の場合はjgwとなり、画像の形式に応じた拡張子が付けられます。拡張子の前のファイル名の部分は画像ファイルと同じになりますので、シェープファイル形式のGISデータと同様に、ワールドファイルがある場合は、それもあわせて移動させる必要があります。

2-5. 属性データの構造と代表的な形式

GISデータのうち、ベクターデータでは、1つ1つの図形に対応した属性情報のデータも重要になります。属性情報は、シェープファイル形式の場合、拡張子dbfのファイルに格納されています。Excelで開くことができることからも想像しやすいと思いますが、表すなわち**テーブル**の形式をしたデータです。**属性データ**は、個々の図形を1つの行、個々の属性（例えば市町村のデータであれば、総人口や高齢者人口などのそれぞれの統計指標）を1つの列とする構造になっています。

例えば第1章で使用した「ise_hoiku」レイヤーの場合は、図2-4のような属性データがあります。

	OBJECTID_1 *	Shape *	Name	OBJECTID	種別	施設名	郵便番号
1	1	ポイント Z	明倫保育所	15	公立保育所	明倫保育所	516-0073
2	2	ポイント Z	浜郷保育所	16	公立保育所	浜郷保育所	516-0018
3	3	ポイント Z	きらら館	17	公立保育所	きらら館	516-0041
4	4	ポイント Z	二見浦保育園	18	公立保育所	二見浦保育園	519-0606
5	5	ポイント Z	五峰保育園	19	公立保育所	五峰保育園	519-0604
6	6	ポイント Z	えがおあけぼの保育園	40	私立保育所	えがおあけぼの保育園	519-0501
7	7	ポイント Z	しらとり園	20	公立保育所	しらとり園	519-0506
8	8	ポイント Z	ゆりかご園	21	公立保育所	ゆりかご園	519-0505

図2-4　「ise_hoiku」レイヤーの属性データ（テーブル）

属性データの行は、通常は**レコード**と呼ばれ、1 行が 1 つの図形に対応しています。属性データの列については、ArcGIS Pro を含め、多くの GIS ではフィールドと呼ばれており、フィールドには、通常、値の型があります。例えば、Long 型のフィールドには、整数を入力することができますが、0.5 のような小数点を含む数値の入力はできず、文字を入力することもできません。小数点を含む数値を入力するには、Double（64 ビット 倍精度浮動小数点）型などにする必要があります。図 2-5 の「ise_hoiku」レイヤーの場合、例えば種別や施設名のフィールドは Text（文字列）ですが、定員のフィールドについては Long（長整数）となっています。フィールドにどのような型が設定できるかは、属性データがファイルジオデータベース形式なのか、シェープファイル形式なのかによって異なります。

ファイルジオデータベース形式とシェープファイル形式以外の他の属性データも、GIS で取り扱うことができます。代表的な形式は Excel 形式のデータや、CSV 形式のテキストデータです。Excel データについては、ArcGIS Pro でそのまま読み込むことができますが、ファイルジオデータベース形式のテーブルデータに変換するほうが、処理上の問題は少なくなります。また、CSV 形式のデータの場合も、ArcGIS Pro で直接読み込むことができますが、そのままではフィールドの型を指定することができません。あらかじめ Excel でフィールドの型を設定しておき、Excel 形式で保存しておくなど、前処理が必要な場合があります。

表示	読み取り専用	フィールド名	エイリアス	データ タイプ	NULL を許可	ハイライト	数値形式
☑	☑	OBJECTID_1	OBJECTID_1	Object ID		☐	数値
☑	☐	Shape	Shape	Geometry	✓	☐	
☑	☐	Name	Name	Text	✓	☐	
☑	☐	OBJECTID	OBJECTID	Long	✓	☐	数値
☑	☐	種別	種別	Text	✓	☐	
☑	☐	施設名	施設名	Text	✓	☐	
☑	☐	郵便番号	郵便番号	Text	✓	☐	
☑	☐	住所	住所	Text	✓	☐	
☑	☐	定員	定員	Long	✓	☐	数値

図 2-5 「ise_hoiku」レイヤーの属性データのフィールド情報

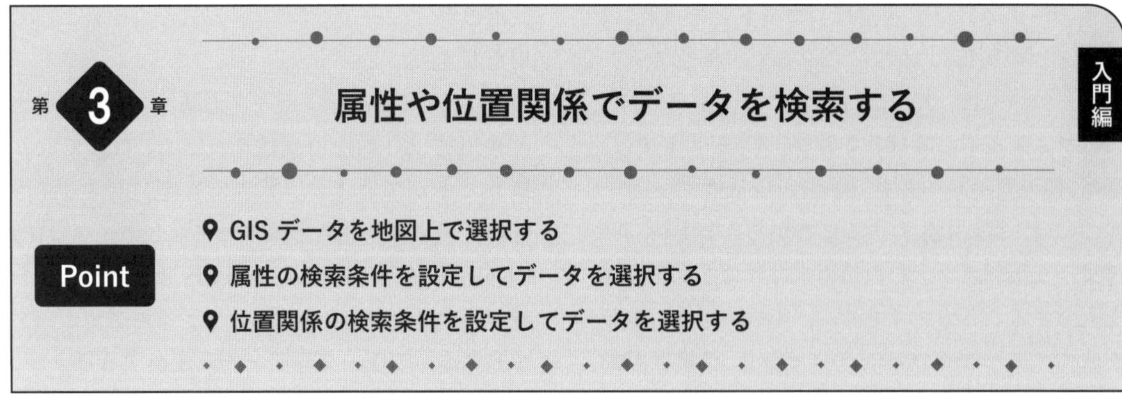

GIS の利用場面では、膨大な件数のデータから、分析や地図化に必要なデータのみを抽出することがよくあります。そのためには、特定の条件を持つデータを探し出す、すなわち検索する必要があります。検索の方法としては、属性データの値に基づいて条件に一致するレコードを検索する方法（**属性検索**）と、空間的な位置関係が条件に一致する**フィーチャ**（1 つ 1 つの図形）を検索する方法（**空間検索**）とがあります。検索条件に合致したレコードやフィーチャは、マップ上で選択されます。ArcGIS Pro では、特定のレコードやフィーチャを選択することで、それらのデータのみを空間的に処理・分析したり、それらのデータをエクスポートして、新しい GIS データとして保存したりすることもできます（図 3-1）。

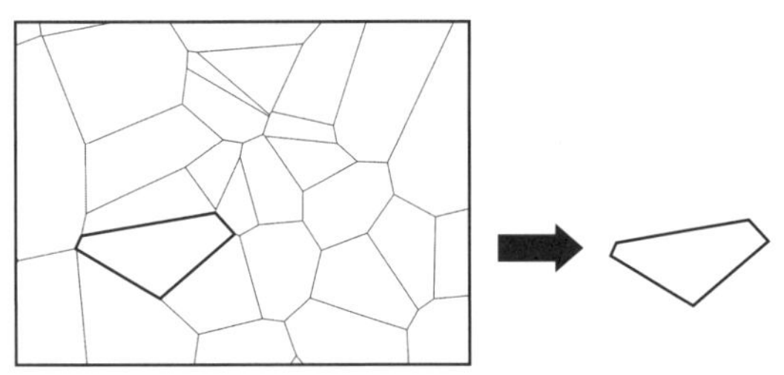

図 3-1　フィーチャの選択とエクスポート

（1）フィーチャ・レコードの選択と選択解除

ArcGIS Pro では、データを選択することで、そのデータのみを対象とした処理を行うことができます。通常の GIS データの場合、1 つ 1 つの図形情報とその属性情報からなるフィーチャ単位で選択することになり、属性のみのデータの場合、レコード単位で選択することになります。選択は、属性検索や空間検索の機能を使わなくても、地図上や、属性テーブル上でクリックしたり、ドラッグして一定の範囲を囲んだりすることで選択できます。

フィーチャやレコードを選択したままで、**ジオプロセシング**と呼ばれるデータ処理や空間的な解析を行うと、通常は選択したフィーチャやレコードのみがその処理の対象になりますので、選択する必要がなくなった場合には、選択を解除しておく必要があります。

（2）属性検索

属性検索は、属性データの値に基づいて検索する方法です。例えば、第 1 章で使用した「ise_hoiku」レイヤーであれば、定員が 50 以上というような条件を設定して検索することで、データの中から、定員が 50 名以上である保育所のレコードのみを選択することができます。地図上では、各レコードに対応したフィーチャが選択されますが、属性のみのデータの場合は、属性テーブル上で選択されるのみです。

（3）空間検索

空間検索は、隣接関係や重なり合いの関係など、空間的な位置関係をもとにして検索する方法です。例えば、特定の小学校区の図形の範囲内にある保育所を選択する操作や、すべての駅から 500 m の範囲内の保育所を選択する操作は、空間検索に当てはまります。すなわち、基準となるデータの位置から、何らかの空間的な位置関係を条件として、選択する対象のデータを検索することになります。空間検索の結果も、属性検索と同様に、地図上に表示されます。

3-1. フィーチャ・レコードの選択と選択解除

まず、ArcGIS Pro でのフィーチャ・レコードの選択方法について説明します。選択は、地図からだけでなく、属性テーブルからも可能で、それぞれ連動しています。ここでは、第 1 章と同じく、データ1 を使用しますので、第 1 章 1-1 の手順にしたがってデータを準備し、「giswork01.aprx」を開いて ArcGIS Pro を起動してください。

3-1-1. 地図上での選択方法

(1)「マップ」タブの選択にある「選択」をクリックして（図 3-2)、「選択」ツールをアクティブにします。

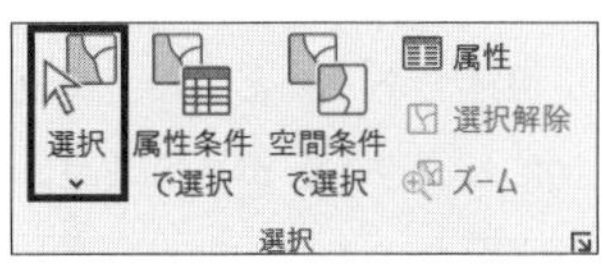

図 3-2　「選択」ボタン

(2) ise_hoiku のフィーチャをクリックして選択しましょう（図 3-3)。

図 3-3　選択されているフィーチャは水色で表示
（「御薗第二保育園」が選択されている）

(3) マウスをドラッグしながら、範囲を指定して選択しましょう（図 3-4、図 3-5)。

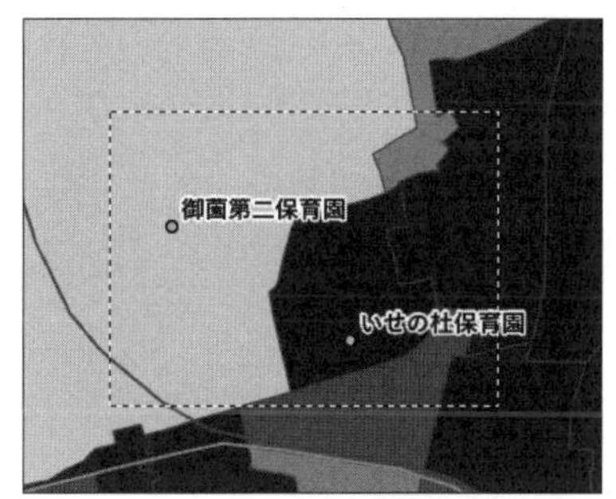

図 3-4　ドラッグで範囲を指定

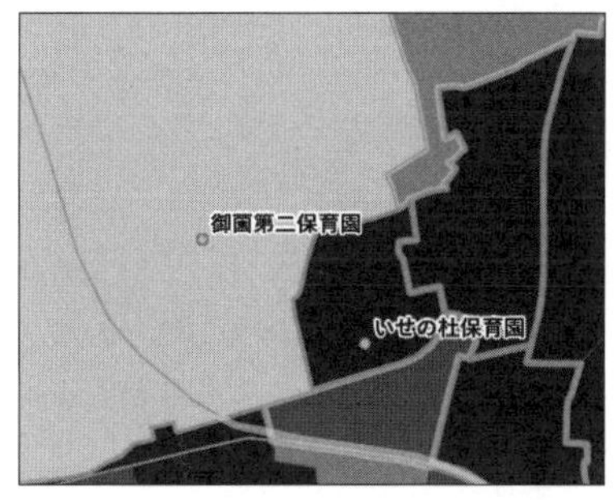

図 3-5　指定した範囲に重なる、表示されているレイヤーのフィーチャがすべて選択される

(4) Shift キーを押しながら、フィーチャをクリックするか、範囲を指定して選択すると、すでに選択されているものに追加して選択できます。

(5) すでに選択されているフィーチャについて、Ctrl キーを押しながら、フィーチャをクリックするか、範囲を指定すると、すでに選択されているフィーチャの選択状態が解除されます。

(6) どのフィーチャもないところをクリックすると、すべてのフィーチャの選択状態が解除されます。

(7) 選択しているフィーチャがある状態であれば、「マップ」タブの選択にある 選択解除 ボタンをクリックできますので、これをクリックすると、選択をすべて解除できます。

※選択解除ボタンがクリックできる状態であれば、何らかのフィーチャやレコードが選択されているということになります。そのため、選択されているデータだけではなく、全体のデータを取り扱いたいときには、このボタンがクリックできる状況であればクリックして選択状態をすべて解除しておきましょう。

(8)「マップ」タブの「マップ操作」をクリックし（図 3-6)、「マップ操作」ツールをアクティブにしておきましょう。

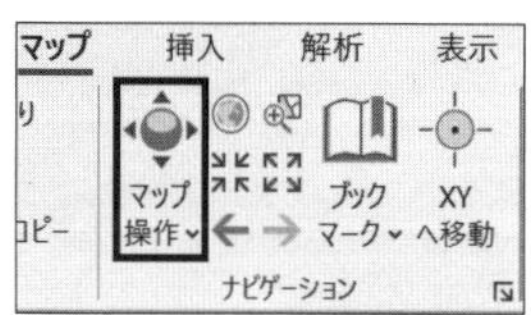

図 3-6 「マップ操作」ボタン

※ ArcGIS Pro の起動時は、通常、「**マップ操作**」ツールがアクティブになっています。マップ操作ツールでは、地図のズームインやズームアウト、クリックによるフィーチャの属性表示などが可能です。選択ツールをアクティブにしていると、クリックによって選択が解除されたり、間違って選択してしまったりすることがあります。新たに選択する必要がない場合は、「マップ操作」ツールをアクティブにしておくと安全です。

3-1-2. 属性テーブルでの選択方法

(1) コンテンツウィンドウの「ise_hoiku」レイヤーを右クリックし、「属性テーブル」をクリックして、属性テーブルを開きましょう。

(2) どのレコードでも構いませんので、1 行のうち、一番左にあるフィールドの左の行番号の部分（図 3-7 の枠内）をドラッグすると、ドラッグした範囲のレコードを選択できます)。

※このとき、地図上でも選択されていることを確認しましょう。

(3) Ctrl キーを押しながら、1 つ 1 つのレコードの行番号の部分をクリックすると、飛び飛びにレコードを選択できます。

(4) Shift キーを押しながら、レコードの行番号の部分をクリックすると、最後に選択したレコードから、クリックしたレコードまでが選択されます。

(5) すでに選択されているレコードについて、Ctrl キーを押しながら行番号の部分をクリックすると、1 レコードずつの選択解除ができます。

(6) 選択しているレコードがある状態で、属性テーブル内の上部のメニューのうち、「解除」ボタンをクリックすると、このレイヤー内に限って、すべてのレコードの選択が解除されます。

(7)「切り替え」ボタンをクリックすると、このレイヤー内で現在選択しているレコードを選択解除し、選択していなかったレコードをすべて選択することができます

※地図上でのフィーチャの選択と、属性テーブルでのレコードの選択は常に連動しており、選択の追加や解除はどちらで行っても構いません。ただし、地図上での選択は、表示されているレイヤーすべての選択が可能であることから、不必要なデータも選択されてしまうことがあります。そのような場合は、不必要なレイヤーを非表示にして選択するとよいでしょう。また、ArcGIS Pro では、**選択されているフィーチャやレコードがある場合、それらのみを処理してしまうようになっています**ので、予期せぬ処理結果となることがあります。選択する必要がない場合は、フィーチャやレコードが選択されていないか確認したうえで、処理を行うほうがよいでしょう（「マップ」タブや属性テーブルの「選択解除」「解除」ボタンが押せる状態であれば、何らかの選択がなされている状態です)。

ise_hoiku ×

フィールド: 追加 計算 ｜ 選択セット: 属性条件で選択 ズーム 切り替え 解除 削除 コピー

	OBJECTID_1 *	Shape *	Name	OBJECTID	種別	施設名	郵便番号
1	1	ポイント Z	明倫保育所	15	公立保育所	明倫保育所	516-0073
2	2	ポイント Z	浜郷保育所	16	公立保育所	浜郷保育所	516-0018
3	3	ポイント Z	きらら館	17	公立保育所	きらら館	516-0041
4	4	ポイント Z	二見浦保育園	18	公立保育所	二見浦保育園	519-0606
5	5	ポイント Z	五峰保育園	19	公立保育所	五峰保育園	519-0604

図 3-7 「ise_hoiku」レイヤーの属性テーブル

3-2. 属性検索による GIS データの選択

(1)「ise_hoiku」レイヤーをアクティブにしておきます。

(2)「マップ」タブの選択にある「属性条件で選択」をクリックしましょう（図 3-8）。

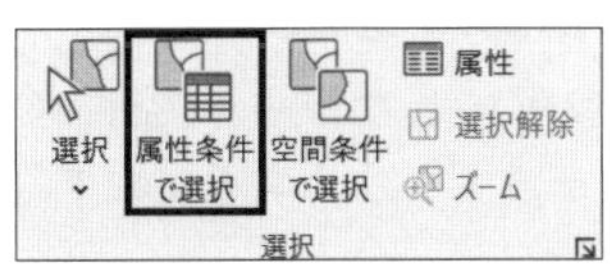

図 3-8　「属性条件で選択」ボタン

(3) 入力テーブル欄に「ise_hoiku」が表示されていることを確認します（表示されていなければ、プルダウンから選択してください）。

※アクティブになっているレイヤーがこの場所に表示されます。

(4)「フィールドの選択」となっているところをクリックし、「種別」を選びます（図 3-9）。

図 3-9　属性条件の設定画面

※選択するための条件となるフィールドをここで指定することができます。

(5) すぐ右に表示された空欄で、下向きの矢印をクリックして、「公立保育所」を選びます。

※選択するための条件の値をここで指定します。さらに右の欄には、「と等しい」が選択されているはずです。クリックすると、「と等しい」以外の条件を指定することもできることがわかります。

(6)「適用」をクリックして、属性テーブルを開いて種別が公立保育所であるレコードが選択され、地図上でも、そのような保育所が水色で表示されていることを確認します。

※「適用」をクリックすると、指定した属性条件で検索・選択されるものの、このウィンドウは閉じられません。「OK」をクリックすると、指定した属性条件が適用されて、このウィンドウが閉じられます。

(7)「属性条件で選択」を閉じて、すべての選択を解除しておきましょう。

レイヤープロパティのフィルター設定

「属性条件で選択」ツールの（4）・（5）と同じ要領で、レイヤーのプロパティから、**フィルター**設定を行うことができます。それによって、属性が条件に合致するもののみを地図上に表示することができ、条件に合致するフィーチャ・レコードのみがそのレイヤーのデータであると定義することになります。

3-3. 空間検索による GIS データの選択

3-3-1. 図形での検索

(1)「ise_hoiku」レイヤーをアクティブにしておきます。

(2)「マップ」タブの選択にある「空間条件で選択」をクリックしましょう（図 3-10）。

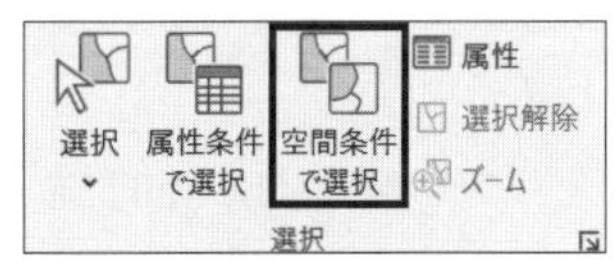

図 3-10　「空間条件で選択」ボタン

(3) 入力フィーチャ欄に「ise_hoiku」のみが表示されていることを確認してください（他のものが表示されていれば、レイヤー名の左にマウスを置くと表示される「×」印をクリックして削除してから、プルダウンから選択しましょう）。

(4) リレーションシップ欄が「インターセクト」になっていることを確認します。

(5) 選択フィーチャ欄で「ise_pop2020」を選びます。

(6)「OK」をクリックして、すべての保育所が選択されていることを確認してください。

※属性テーブルの左下には、選択されているレコード数が表示されます。図 3-11 は、「ise_hoiku」レイヤーに含まれる 39 レコードすべて

が選択されている状態で、図 3-12 はどのレコードも選択されていない状態です。

図 3-11　選択されているレコード数
（選択されている状態）

図 3-12　選択されているレコード数
（どのレコードも選択していない状態）

(7) すべての選択を解除しておきましょう。

3-3-2. 距離での検索

(1)「ise_hoiku」レイヤーをアクティブにします。

(2)「マップ」タブの選択にある「空間条件で選択」をクリックします。

(3) 入力フィーチャ欄に「ise_hoiku」のみが表示されていることを確認しましょう。

(4) リレーションシップ欄で「一定距離内にある」を選択します。

(5) 選択フィーチャ欄で「ise_rail」を選びます。

※ここで選ぶレイヤーが距離での検索の地点や位置の基準となります。

(6)「検索距離」欄に、500 と入力して、横の「度 (10 進)」をクリックして、「メートル」に切り替えてください。

(7)「OK」をクリックして、選択された保育所の分布と数を確認してください。

※鉄道路線から 500 m の距離にある保育所がすべて選択されるはずです。

(8) すべての選択を解除しておきましょう。

3-4. 選択したフィーチャの新しい GIS データとしての出力

選択されているフィーチャは、新しい GIS データとして出力（保存）することができます。ここでは、属性検索と空間検索を組み合わせて、御薗町長屋にある保育所を選択し、新しい GIS データとして出力しましょう。3-2 や 3-3 の手順を再確認しながら取り組んでみてください。

(1) 3-2 を参考にしながら、「属性条件で選択」を使って、「ise_pop2020」レイヤーのうち、「大字・町名」フィールドの値が「御薗町長屋」「と等しい」ものを選択します。

(2) 3-3 を参考にしながら、「空間条件で選択」を使って、入力フィーチャを「ise_hoiku」として、リレーションシップを「インターセクト」、選択フィーチャを「ise_pop2020」として選択します。

※自動的に「ise_pop2020」のうちで、すでに選択されている御薗町長屋の図形の範囲を使った空間検索が実行されます。

(3)「ise_hoiku」レイヤーをアクティブにしたうえで、「データ」タブを開き、エクスポートのうちの「フィーチャのエクスポート」をクリックします（図 3-13）。

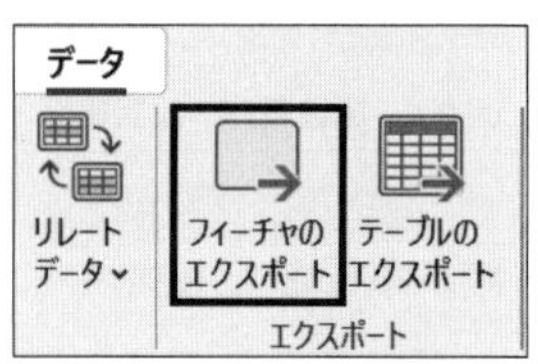

図 3-13 「フィーチャのエクスポート」ボタン

(4) 入力フィーチャが「ise_hoiku」になっていることを確認して、出力フィーチャクラスで「御薗町長屋の保育所」（カギカッコは不要です）として、「OK」をクリックしましょう。

※処理が正常に完了すれば、地図上に「御薗町長屋の保育所」レイヤーが自動的に追加されます。入力フィーチャのレイヤーと同じシンボルで表現されて区別ができないので、色や記号をわかりやすいように変更して、結果を確認します。

≪練習≫
・他の条件を設定しながら、いくつかのデータを抽出して新しい GIS データとして出力・保存してみましょう。

通常の地図は、X 軸（経度）と Y 軸（緯度）からなる、2 次元で表現されますが、ArcGIS Pro を含め多くの GIS ソフトウェアでは、Z 軸（高さ）を加えた 3 次元的な表示も可能です。ArcGIS Pro では、2 次元の地図は「マップ」、3 次元の地図は「**シーン**」と呼ばれており、「レイアウト」と同じような手順で、「シーン」を挿入することで、3 次元地図を作成することができます。GIS 上で、地理空間データを 3 次元的に表示するケースは、大きく分けて 3 種類あります。

第 1 のケースは、Z 軸の情報として実際の高さを用いて、現実空間の景色を 3 次元地図として再現するものです。3 次元的な街並みについての GIS データ、例えば国土交通省が提供している **PLATEAU** を ArcGIS Pro に読み込めば、現実空間のような景色を GIS 上に再現できます（図 4-1）。さらに、津波や洪水での浸水時の水面の高さのデータを表示して、被害の状況のシミュレーションやその結果を表示することができます。また、新しく建設される建物の 3 次元モデルデータを表示することで、景観がどのように変化するのかのシミュレーションを行うこともできるでしょう。PLATEAU のような 3 次元的な街並みのデータがなくても、標高データや建物のポリゴンデータがあれば、疑似的な街並みを再現することができます。

高さを Z 軸に使う場合には、**DEM** データと **DSM** データがよく利用されます。DEM とは Digital Elevation Model（数値標高モデル）の略です。樹木や建物などではなく、地表面の標高を示すデータで、地形を直接示すことから、DTM（Digital Terrain Model、数値地形モデル）と呼ばれる場合もあります。標高のポイントデータから、GIS ソフトで作成できます。DSM は、Digital Surface Model（数値表層モデル）の略です。樹木や建物など、地表面上にあるものの表面の高さからなるデータです。

第 2 のケースは、Z 軸の情報として統計データ（指標）を用いて、高さによって指標の大小を表現しようとするものです。2 次元の地図では、色や大きさで何らかの指標の大小を表現することになりますが、高さで指標の大小を表現することができると、2 種類の指標を使うことができ、表現の幅が広がり

図 4-1　那覇市の PLATEAU 3D モデル

ます。例えば、高さで人口総数を表現し、色の濃淡で高齢者比率を表現することで、人口と高齢者比率の大小を1つの地図に表現することができます。

第3のケースは、Z軸の情報として時間を使用して、垂直的に時間の変化を表現するものです。例えば、現在と50年前と100年前の3時点の土地利用図を、時間をZ軸として3次元的に表示すれば、1つの地図で土地利用の長期的な変化を表現し、考えていくことができます。もっと短く、1日単位の時間変化を3次元的に表現することで、時間地理学における時空間パスと呼ばれるような、デイリーな人の動きを1つの地図に表現することができます。

4-1. 作業用データのダウンロードと ArcGIS Pro の起動

(1) データダウンロードサイトから、データ4 をダウンロードします。

(2) ダウンロードしたファイルをデスクトップなどに展開し、「giswork04」フォルダーがあることを確認してください。

(3) 展開したファイルの中から、「giswork04.aprx」をダブルクリックして ArcGIS Pro を起動します（図4-2）。

※ giswork04 データには、沖縄県那覇市についての2020年の国勢調査結果データが含まれています。

4-2. シーンの作成と操作

(1)「表示」タブの「表示」にある「変換」をクリックし、「ローカルシーンに変換」をクリックします（図4-3）。

※この手順で、2次元のマップを、3次元のシーンに変換することができます。**ローカルシーン**とは、XYの2次元を球体ではなく平面とするシーンです。**グローバルシーン**は球体のシーンです。変換することで、マップで読み込まれているレイヤーをそのままシーンで表示することができます。「挿入」タブから「新しいマップ」をクリックし、「新しいローカルシーン」か「新しいグローバルシーン」をクリックすることでもシーンを追加できます（ただし、基本的なレイヤーしか読み込まれていない状態で追加されます）。

(2) シーンでは、マップと同様にマウスの左ボタンでドラッグで、画面を移動（パン）させることができますので、視点や視角を変えながら操作を試してみましょう。

※マップと同様に、マウスの右ボタンでドラッグで、拡大・縮小もできます。視点の角度を変えるには、マウスのホイールをドラッグしましょう。

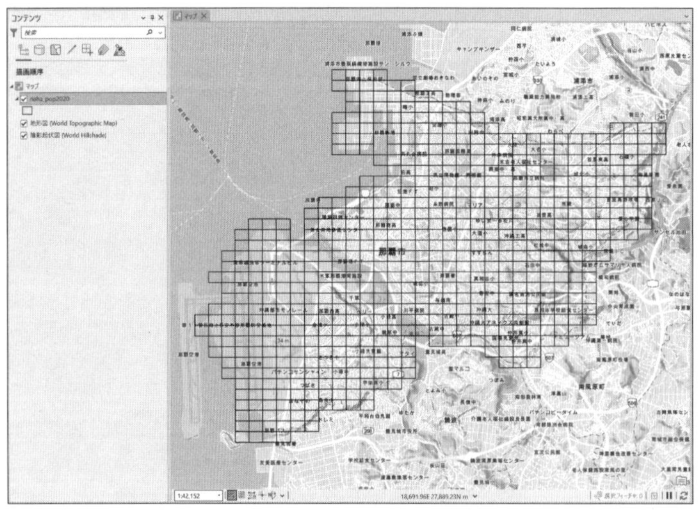

図4-2　giswork04 データ

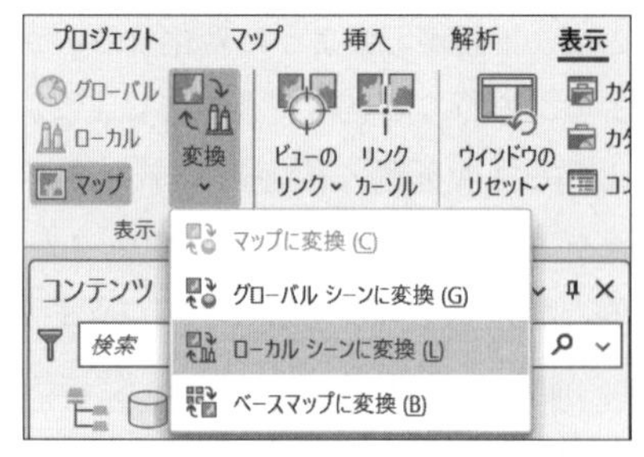

図4-3　「ローカル シーンに変換」ボタン

4-3. シーンレイヤーの読み込み

シーンでは、3 次元モデルで構成されるシーンレイヤーを読み込むことで、3 次元的な街並みなどを表示することができます。ここでは、ArcGIS Online 上に、ESRI ジャパンが ArcGIS Pro で直接読み込むことができる形式で公開している、国土交通省の PLATEAU の那覇市の 3D モデルを表示してみましょう。

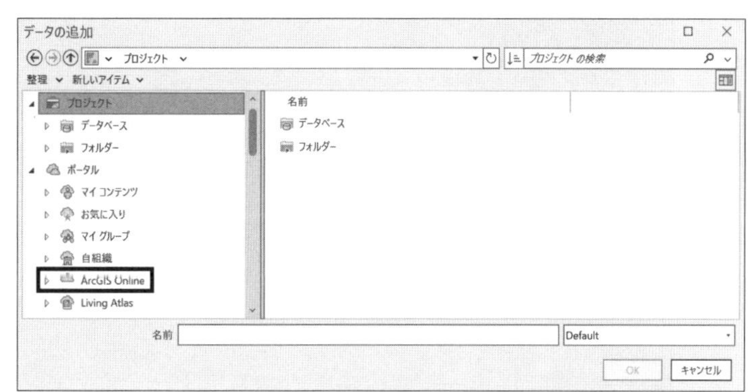

図 4-4　「ArcGIS Online」からのデータの追加

(1)「マップ」タブの「データの追加」をクリックして、左側で「ポータル」の中の「ArcGIS Online」を選択します（図 4-4）。

(2) 右上の検索ボックスに、「那覇市 PLATEAU」と入力して絞り込み（図 4-5）、「那覇市 3D 都市モデル（Project PLATEAU）」をクリックし、「OK」をクリックしましょう。

(3) レイヤーが正しく読み込まれたら、3D モデルをよく観察してみてください（図 4-6）。

図 4-5　那覇市の PLATEAU の絞り込み

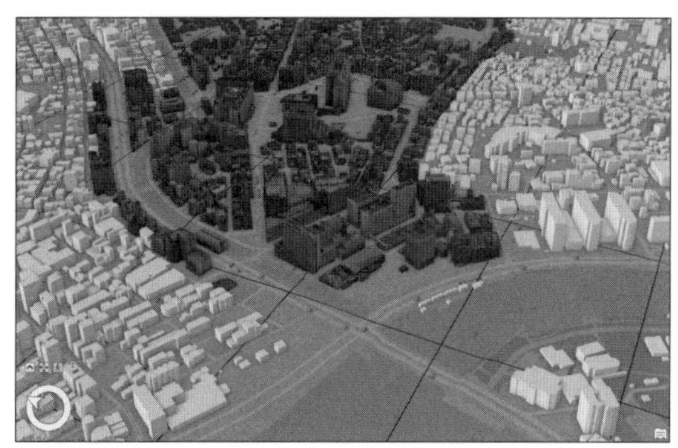

図 4-6　那覇市の PLATEAU の 3D モデルのシーンレイヤー

4-4. 統計データの 3 次元表示

ここでは 2020 年の国勢調査結果のうち、250 m メッシュ単位の人口データ（naha_pop2020 レイヤー）を使って、那覇市の世帯数と核家族世帯比率を 3 次元的に表現してみましょう。このデータは、e-Stat で公開されているデータを加工したものです。

(1)「2D レイヤー」のうちの「naha_pop2020」レイヤーをアクティブにします。

(2)「フィーチャ レイヤー」タブで、透過表示を 50％程度にします。

(3)「シンボル」の「等級色」で、フィールドに「一般世帯核家族世帯数」を、正規化に「世帯総数」を入れ、方法を「自然分類」、クラスを「5」として、任意の配色で表示します。

(4)「フィーチャ レイヤー」タブの「タイプ」をクリックし（図 4-7）、「絶対高度」をクリックしましょう。

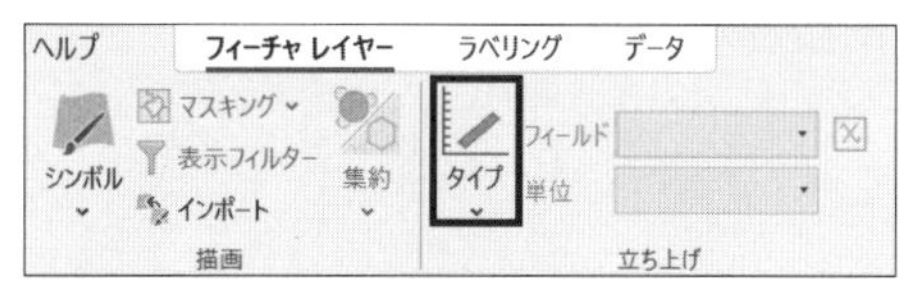

図 4-7　「フィーチャ レイヤー」タブの「タイプ」ボタン

図 4-8　立ち上げの式の内容

(5) フィールドで「世帯総数」を選んでから、すぐ右の「立ち上げの式」ボタンをクリックします。

(6) 式の設定ウィンドウで、「式」の内容に、図 4-8 のような内容を追記して（半角で入力してください）、「OK」をクリックしましょう。

図 4-9　PLATEAU の 3D モデルと統計データ（色：核家族世帯比率・高さ：世帯数）の立体的な重ね合わせ

(7) 世帯総数を 5 で割った値を高さ（単位：m）として､ポリゴンが立体的に表示されます(図 4-9・口絵参照)。

4-5. シーンのエクスポート方法

シーンも、マップと同じく、レイアウト内に配置し、画像ファイルとしてエクスポートしたり、PDF ファイルとして保存したりすることができます。ただし、マップと違ってシーンでは視点を自由に変えられるため、方位記号やスケールバーを正しく表示することは難しく、無理にそれらを配置する必要はありません。

MEMO

コラム 2 地理院地図をGISに読み込む

地理院地図は、国土地理院が提供している、インターネット地図です（コラム図 2-1）。

地理院地図では、過去の空中写真や地形分類図など、さまざまなレイヤーを重ね合わせて表示することができます。ArcGIS Pro でも、同じように地理院地図のレイヤーを読み込むことができると便利です。ArcGIS Pro で地理院地図のレイヤーを読み込む方法は 2 つありますが、ここではより簡単な方法を紹介します。

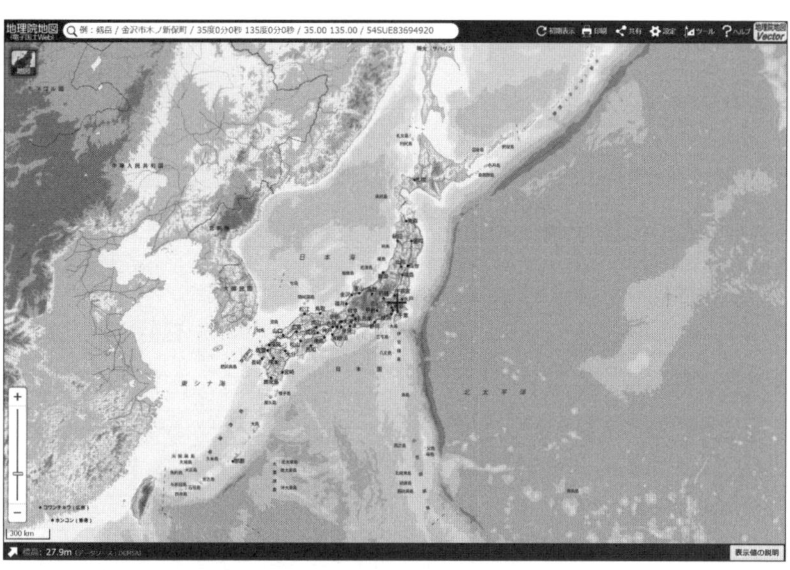

コラム図 2-1　地理院地図（https://maps.gsi.go.jp/）

標準地図

URL https://cyberjapandata.gsi.go.jp/xyz/std/{z}/{x}/{y}.png

データソース	電子国土基本図
ズームレベル	18
提供範囲	日本全国
提供開始	平成26年4月1日
備考	この地理院タイルは基本測量成果（名称：電子地形図（タイル））です。利用にあたっては、「国土地理院の地図の利用手続」をご覧ください。 標準地図（ZL18）凡例 [PDF 261KB]

コラム図 2-2　地理院タイルの「標準地図」の URL

(1) Google Chrome などで「地理院タイル」というキーワードで検索し、「地理院タイル一覧」（https://maps.gsi.go.jp/development/ichiran.html）というページを表示します。
(2) 下にスクロールすると、それぞれの地理院地図のレイヤーの情報が表示されますので、必要なレイヤーの URL の部分を選択してコピーします（コラム図 2-2）。
(3) ArcGIS Pro を起動し、マップを表示している状態で、「マップ」タブの「データの追加」ボタンの文字の部分をクリックして、「パスからのデータ」をクリックします（コラム図 2-3）。

コラム図 2-3 「データの追加」ボタン

(4) パスの欄に、コピーしたURLを貼り付けて、「追加」をクリックします（コラム図2-4)。

(5)「タイル サービス レイヤー」という名前で追加されますので、レイヤー名を適切なものに変更しましょう（コラム図2-5)。

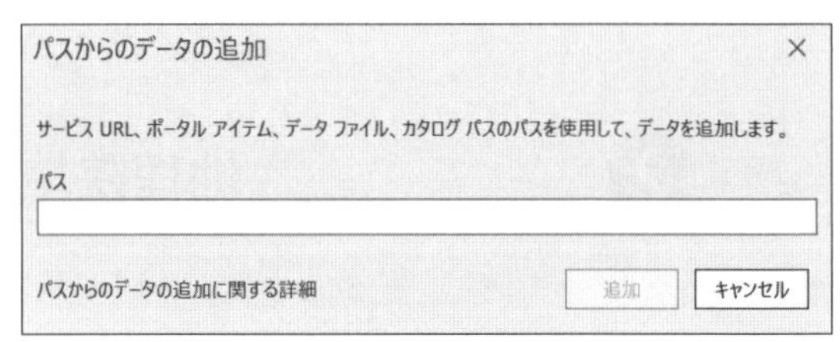

コラム図 2-4　パスからのデータの追加のウィンドウ

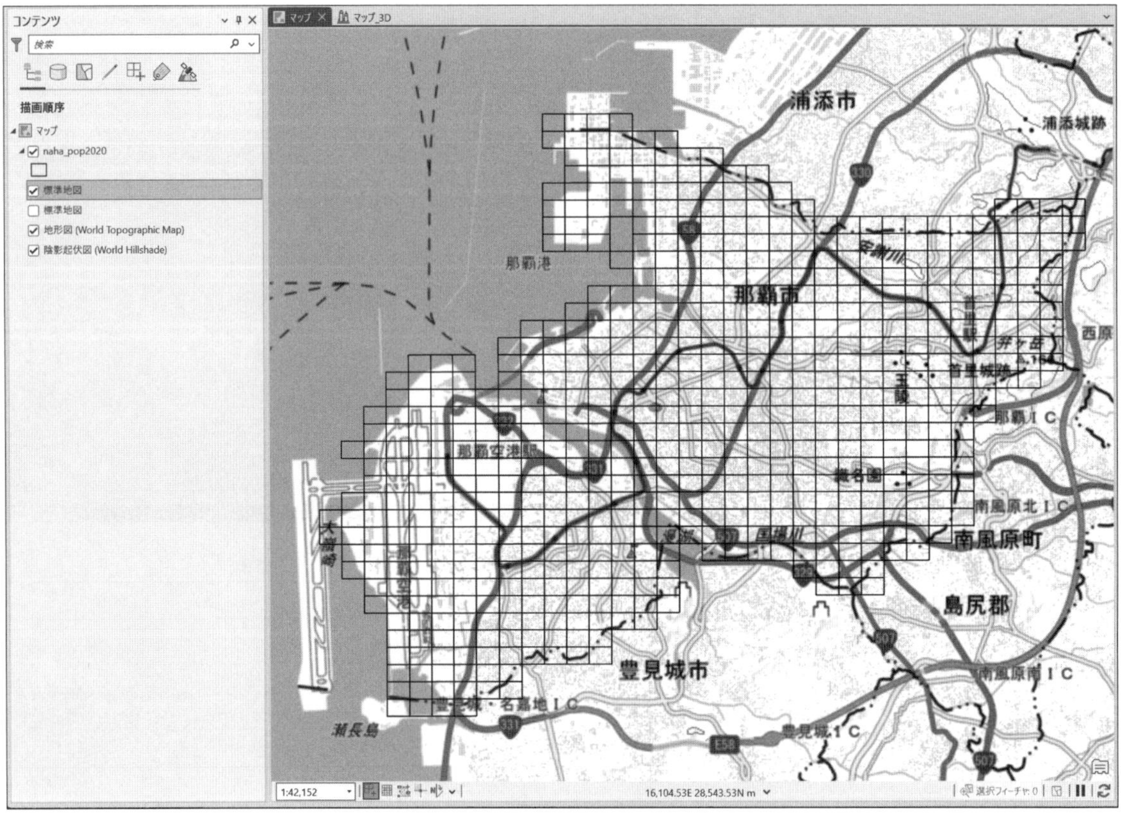

コラム図 2-5　ArcGIS Pro で表示した地理院地図（標準地図）

ArcGIS Pro で地理院地図のレイヤーを読み込むもう1つの方法は、ESRI ジャパンが GitHub 上で提供している XML ファイルを使用して、「WMTS サーバーコネクション」として、「挿入」タブの「接続」ボタンから、サーバーとして「新しい WMTS サーバー」を追加するものです。この方法の場合、すでにレイヤー名や URL などが定義されているため、地理院タイルの一覧を確認して URL をコピーする必要がありません。こちらの方法についての詳細は、https://github.com/EsriJapan/gsi-wmts にある説明を確認してください。

第 5 章

GISデータの座標系（投影法）を理解する

Point
- 地図の投影法と GIS データの座標系の基礎知識
- 日本中心の世界地図を描く
- GIS データの座標系を別の座標系に変換する

(1) 地図の投影と座標系

Google マップを開いて、ある 2 地点間の最短距離を測ると、どのように表示されるでしょうか。家から駅までのような近い距離であれば、どう見ても直線で描かれるはずです。それでは、東京からアルゼンチンのブエノスアイレスまでの距離だとどうでしょう。Google マップをズームアウトして、地球儀のように表示される状態であれば、おおむね直線で表示されますが、平面的な地図になっていれば、2 回ほどカーブしている曲線が描かれるはずです（図 5-1）。このときに表示されている距離を覚えておきましょう。平面のままの状態で、この曲線がなるべく直線になるように、2 点間の曲線上をクリックして頂点を増やしていき、距離を確認してみましょう。最初の距離よりも長くなるはずです。平面的な地図上では曲線のほうが距離は短いということになります。通常は、直線距離が最短になるはずなので、地図上でそのまま 2 点間の距離を測れば、正しい最短距離が得られるはずですが、平面の Google マップではその方法で計測することは正しくないということになります。その疑問を解決するための答えは、「投影」という処理にあります。

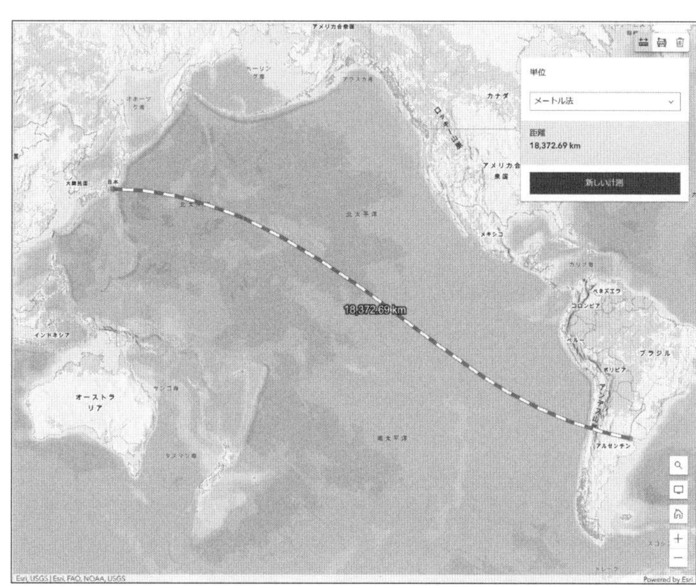

図 5-1　ArcGIS Online で測定した東京からブエノスアイレスまでの最短経路

投影について考える前に、まず座標について整理しておきましょう。2 次元的な GIS データは、X 軸（横軸）と Y 軸（縦軸）からなる平面上の座標値を持っています。座標値は、両方の軸の座標値が 0 となる原点をどこに置くか、X 軸、Y 軸をどんな単位にするかによって異なります。原点の場所や X 軸、Y 軸の単位などのさまざまな条件のひとまとまりを「**座標系**」と呼びます。座標系は、GIS データごとに設定されますが、GIS ソフトでは、それらの GIS データを表示するための地図についても 1 つの座標系が設定されており、座標系が一致しない場合は、通常、自動的に変換されます。GIS ソフトによっては、座標系のことを空間参照、空間参照系、座標参照系などと呼ぶことがあり、ArcGIS Pro では座標系と呼ばれます。

ArcGIS Pro で用いられる座標系には、大きく分けて 2 種類あります。1 つは**地理座標系**と呼ばれるもので、経度を X 軸、緯度を Y 軸、赤道と本初子午線が交差する地点を原点とした座標系です。単位には度（10 進法）が使われます。地球の形（楕円体）をどう定義するかによって、複数の地理座標系が存在しています。現在の日本の行政機関は、JGD2000（日本測地系 2000）または JGD2011（日本測地系 2011）を使っており、新しい GIS データのほとんどで、JGD2011 が使用されています。もう 1 つの座標系は**投影座標系**と呼ばれるものです。一般的には、地図投影法という言い方のほうがわかりやすいかもしれません。投影座標系は、球体である地球上の表面を、平面に投影して表現するための座標系です。座標系によって原点は異なり、軸も必ずしも東西と南北というわけではありません。基本的に、投影座標系の単位はメートルやヤードなどの長さの単位になります。よく知られている投影座標系として、メルカトル図法や正距方位図法などがあります。なお、投影座標系自体も、楕円体をどのようにするかによって異なりますので、投影座標系が設定されている GIS データには、地理座標系も合わせて設定されます。

(2) 投影座標系の分類

球体である地球の一部分を、平面の地図に表現することは難しく、距離、角度、面積を同時に正しく投影することはできません。それぞれの正しい要素ごとに、投影座標系をいくつかに分類することができます。正距図法は距離が正しい図法、正角図法は角度が正しい図法、正積図法は面積が正しい図法です。冒頭の平面の Google マップでは正角図法が使われていて、正距図法ではないので、地図上での直線距離は必ずしも最短距離にはなりません。また、投影の方法によっても投影座標系を分類できます。方位図法は、地球の表面に接する平面を想定して、そこへ投影する図法です。円筒図法は、地球が内接する円筒を想定して、その円筒の曲面に投影する図法です。円錐図法は、地球に円錐をかぶせて、その円錐に投影し、切り開いて平面にする図法です。

基本的に地図は、投影されていないと距離・面積が計測できません。経緯度から距離を計算する方法もありますが、見た目上の距離というわけではありません。しかし、投影されていても正距図法でないと距離は厳密には正しくなく、正距図法であっても地図上のどの地点間でも距離が正しいというわけではありません。そのため、実際には距離の計測には正距図法以外の方法が主に用いられます。日本では、メルカトル図法の円筒を横向きにした横メルカトル図法が用いられることが多く、これによって高緯度の地域でも、距離や面積のひずみが小さくなり、より正確かつ実用的な距離・面積を求めることができます。

日本でよく使用される投影座標系は、**UTM（ユニバーサル横メルカトル）座標系**と**平面直角座標系**です。どちらも横メルカトル図法の投影座標系で、原点の位置が異なります。UTM 座標系は、紙の地形図でも用いられており、赤道（緯度 0 度の線）と 6 度間隔の経線上の原点を中心とするものです。投影する地域によって、基準とする 6 度間隔の原点が異なり、それによって番号が振られており、日本付近では、53 帯（東経 135 度が中心）や 54 帯（東経 141 度が中心）が使われることが多いです。平面直角座標系は、日本国内のいくつかの地点を原点とする横メルカトル図法による座標系で、19 種類存在しており、第 1 系〜第 19 系まで存在します。UTM 座標系よりも原点が日本国内に近く、高い精度が求められる場合に用いられるため、公共測量座標系とも呼ばれます。都道府県や一部の離島ごとに、使用する系が定められており、大阪府は第 6 系、愛知県は第 7 系、東京都は第 9 系などとなっています。また、Google マップや ArcGIS Online をはじめとするインターネット地図の普及にともなって、Web メルカトル図法と呼ばれる投影座標系もよく使われるようになってきています。

(3) 座標系の変換

座標系は、それぞれのGISデータに設定されており、地表上の場所や目的に応じて適切な座標系が選択されていますので、すべてのGISデータの座標系が同じであるというわけではありません。投影されていない地理座標系のGISデータももちろんあります。座標系が違うGISデータがあると、どのような問題が生じるでしょうか。

理論上は、2つのGISデータ間で距離や位置関係を計測・判断することができなくなります。しかし、多くのGISソフトでは座標系が異なっていても、自動的に変換して1枚の地図上に重ね合わせることができ、ユーザーはその違いを意識することはあまりありません。しかし、距離の計算を手作業で行ったり、例えば人口重心のような重み付きの重心を求めたりしたいという場合には、座標値をExcelなどのGISソフト以外で取り扱う必要があります。そのような場合に、座標系が異なる2つ以上のGISデータを扱うときには、座標系をどちらかに合わせる必要があります。このような場合に行う、ある座標系から別のある座標系にGISデータに含まれるすべての座標値を変換する処理のことを、座標系変換または投影変換と呼びます。ArcGIS Proの場合、地理座標系への変換を行うような場合でも、**投影変換**（Projection）と呼ばれるツールを使用します。

なお、座標系の情報が設定されていないGISデータもあります。特にシェープファイル形式の場合は、拡張子prjのファイルに座標系の情報が格納されますが、このファイルがない場合があります。そのような場合には、適切な座標系の情報を設定しておかないと、他のGISデータと重ね合わせることができません。どの座標系に設定すればよいかについては、ArcGIS Proで、そのGISデータのレイヤーのプロパティを開き、ソース欄

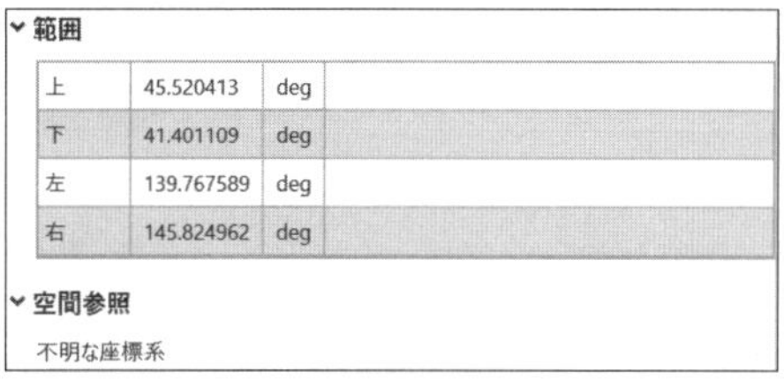

˅ 範囲

上	45.520413	deg
下	41.401109	deg
左	139.767589	deg
右	145.824962	deg

˅ 空間参照

不明な座標系

図5-2　座標系が設定されていないデータの座標値の範囲

に示されている、座標値の範囲を確認することで、おおよそ判別することができます。例えば、図5-2のように、日本付近のデータで、X座標が120～150前後、Y座標が30～40前後であれば、たいていは地理座標系です。どの地理座標系かを判断するのは難しいですが、かなり絞り込むことができます。また、Y座標が300～400万ぐらいの数字であれば、原点からの距離が非常に長い、UTM座標系であることがわかります。マイナスの数値や、地理座標系ほどではないにしても、もっと絶対値が小さい数字であれば、平面直角座標系である可能性が高くなります。

(4) 座標系のカスタマイズ

座標系の種類によってはパラメーターをカスタマイズすることができる場合があります。例えば、統計データを示したような世界地図でよく用いられる、エケルト第4図法の場合、ArcGIS Proに標準で搭載されているものについては、中央子午線は経度0度になり、イギリス中心の地図になります。この場合、日本は右、すなわち東の端になり、まさに極東に位置することがよくわかる図になります。しかし、日本ではそのような地図を見ることはほとんどなく、日本がおおよそ中心に位置し、右に南北アメリカ大陸、左にヨーロッパとアフリカ大陸があるような地図をよく見るはずです。このような地図を作りたい場合は、中央子午線をカスタマイズする必要があります。ちなみに、日本の標準子午線である東経135度を中央子午線にすると、南アメリカ大陸の一部が左に表示されていますので、東経150度程度に設定する必要があります。

(5) 使用するデータ

データダウンロードサイトから、データ5 をダウンロードし、デスクトップなどに展開し、「giswork05」フォルダーがあることを確認してください。このデータには、Natural Earth というウェブサイト（https://www.naturalearthdata.com/）で公開されている、世界地図のパブリックドメインのデータのうち、陸地を示すポリゴンデータが含まれています。展開したファイルの中から、「giswork05.aprx」をダブルクリックして ArcGIS Pro を起動しておいてください。

5-1. 日本を中心としたエケルト第 4 図法の世界地図作成

(1) コンテンツウィンドウ内の「描画順序」のすぐ下の「世界地図」（今回はマップの名称を「世界地図」にしています）を右クリックし、「プロパティ」を開きましょう（図 5-3）。

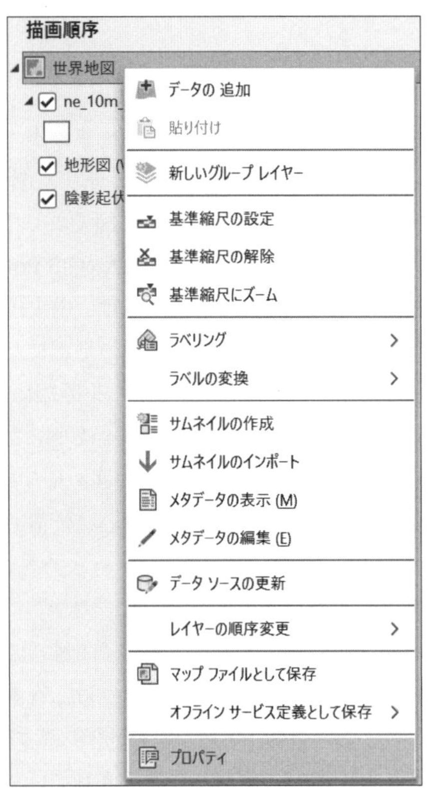

図 5-3　マップの「プロパティ」ボタン

(2)「座標系」をクリックし、「検索」欄に「エケルト」と入力して（図 5-4）、Enter キーを押します。

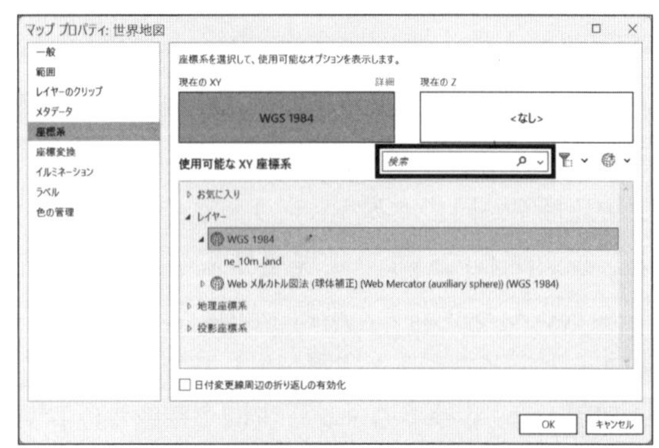

図 5-4　プロパティの「座標系」画面

(3)「使用可能な XY 座標系」欄に検索結果が絞り込まれて表示されますので、「投影座標系」をダブルクリックして開き、「世界範囲の座標系（WGS 1984）」の中の「エケルト図法 第 4 図法（Eckert IV）（world）」を右クリックして（図 5-5）、「コピーして変更」をクリックします。

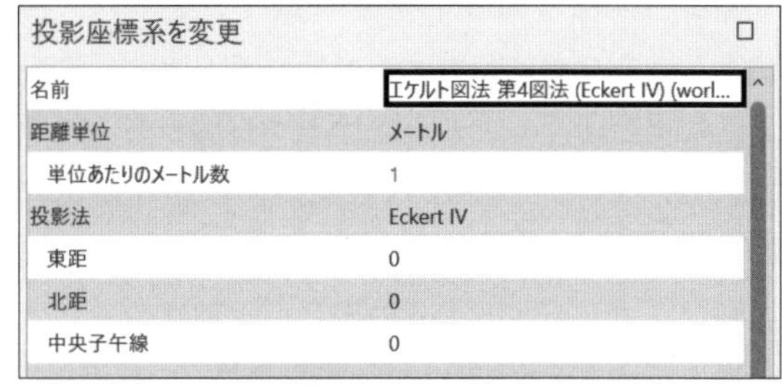

図 5-5　投影座標系の変更画面

(4) 表示されたウィンドウで、名前を「japan_eckert4」に変更して Enter キーを押します。

※座標系をカスタマイズする場合、日本語の名前は設定できませんので、半角英数にする必要があります。

(5) 中央子午線の「0」となっているところをクリックし、「150」と入力します。

(6)「更新」ボタンをクリックし、「OK」をクリックしてプロパティを閉じます。

(7) マップのプロパティを開いて、他の投影座標系についても、どのように表示されるか、いくつか試して確認してみましょう。

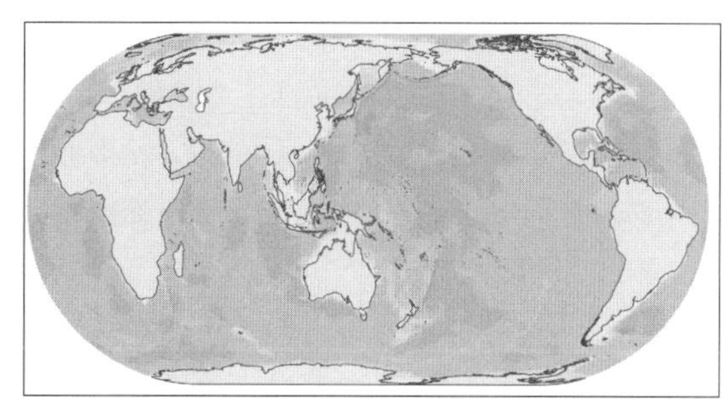

図 5-6　東経 150 度を中心としたエケルト第 4 図法の世界地図

5-2. GIS データの座標系の設定

ここでは、座標系の情報が設定されていないシェープファイル形式の GIS データが読み込まれている「北海道」マップを開き、座標系の設定をしてみましょう。

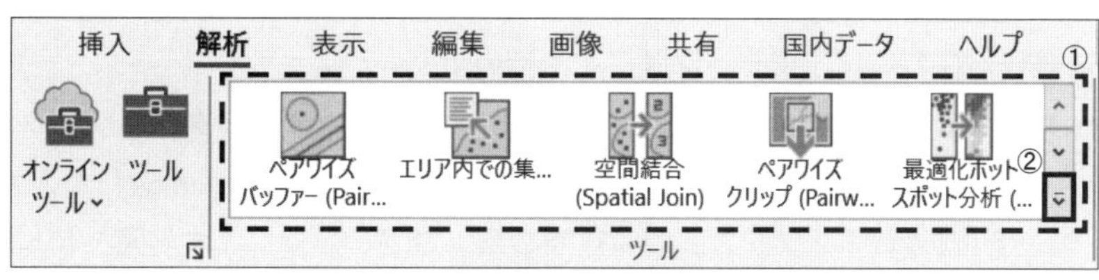

図 5-7　ジオプロセシングツール

(1)「北海道」マップをアクティブにして、北海道のポリゴンが表示されていないものの、レイヤーの一覧に「ne_10m_land_hokkaido」レイヤーが含まれていることを確認します。

※座標系の情報が設定されていないため、正しい位置に表示することができていません。

(2) コンテンツウィンドウの「ne_10m_land_hokkaido」レイヤーを右クリックして、「プロパティ」を開きます。

(3)「ソース」をクリックして「空間参照」欄を開いて、「不明な座標系」と表示されていることを確認しましょう。

(4)「解析」タブの「ツール」をクリックします（図 5-7）。

(5) ジオプロセシングウィンドウの「ツールボックス」をクリックして（図 5-8）、「データ管理ツール」の中の「投影変換と座標変換」の中の「投影法の定義（Define Projection）」をクリックします。

ジオプロセシングツールへのアクセス

ArcGIS Pro のさまざまな空間解析ツール（ジオプロセシングツール）は、この「ツール」ボタンからアクセスできます。よく使われるツールは、ボタンのすぐ右のツール欄（①）から利用できます。破線の枠内の右下端にあるボタン（②）をクリックすると、解析ツールギャラリーが展開し、さらにいくつかのよく使われるツールを表示できます。それ以外のものを利用したり、検索しながら利用したりしたい場合は、画面の右に表示されるジオプロセシングウィンドウから、すべてのツールにアクセスできますので、そちらを使いましょう。

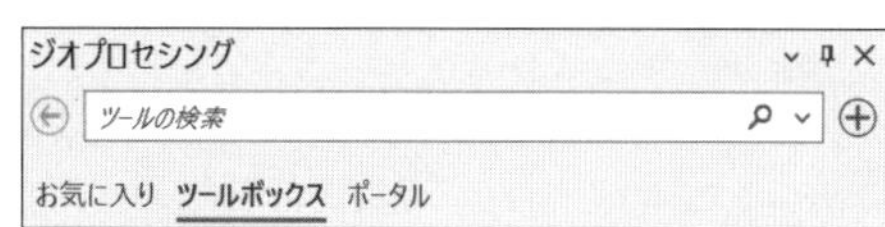

図 5-8　ジオプロセシングウィンドウ

(6)「入力データセット、またはフィーチャクラス」欄で「ne_10m_land_hokkaido」を選択します。

(7)「座標系」欄で、🌐をクリックして、検索ボックスで「wgs」と入力し、Enter キーを押して絞り込みます。

(8)「使用可能な XY 座標系」欄で、「地理座標系」のうちの「世界」のうちの「WGS 1984」を選択し、「OK」をクリックします。

(9) 座標系欄が「GCS_WGS_1984」になったことを確認し、「実行」をクリックして、処理が終わるのを待ちます。

※処理が終われば、正しい位置に北海道のポリゴンが表示されるはずです。

(10)「ne_10m_land_hokkaido」レイヤーのプロパティを開き、「ソース」の「空間参照」欄を再度確認してみてください（図 5-9）。

空間参照

地理座標系	WGS 1984
WKID	4326
出典	EPSG
角度単位	Degree (0.0174532925199433)
本初子午線	Greenwich (0.0)
測地基準	D WGS 1984
楕円体	WGS 1984
赤道半径	6378137.0
極半径	6356752.314245179
扁平率の逆数 (1/f)	298.257223563

図 5-9　設定された空間参照の情報

5-3. 座標系変換（投影変換）

地理座標系で作成されている GIS データを、投影座標系に変換します。変換された GIS データは、新しい GIS データとして保存されます。

(1)「解析」タブの「ツール」をクリックします。

(2)「投影変換と座標変換」の中の「投影変換 (Project)」をクリックします。

(3)「入力データセット、またはフィーチャクラス」欄で、「ne_10m_land_hokkaido」を選択します。

(4)「出力データセット、またはフィーチャクラス」欄で、📂をクリックし、「プロジェクト」の「データベース」にある、「giswork05.gdb」をダブルクリックして、名前として「hokkaido_utm54」と入力して「保存」をクリックします（図 5-10）。

(5)「出力座標系」については、5-2 (7) の手順で、検索ボックスで「utm」で検索して、「投影座標系」の「UTM 座標系」の「アジア」にある、「UTM 座標系 第 53 帯 N (JGD 2000)」を選択して「OK」をクリックします。

(6)「実行」をクリックします。

(7)「hokkaido_utm54」レイヤーのプロパティで、「ソース」の「空間参照」欄を確認しましょう。

※投影されていますので、投影座標系に加えて、地理座標系も表示されているはずです。

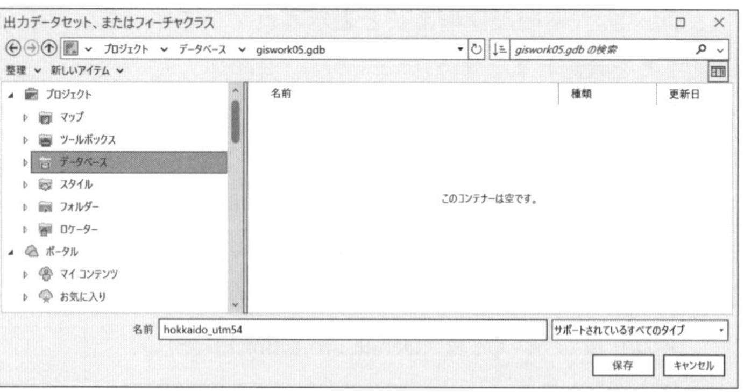

図 5-10　出力データセットの名前の設定

第6章

インターネット上のGISデータを使う

Point

- ArcGIS Pro で新しいプロジェクトを作る
- 基盤地図情報や国土数値情報、e-Stat のデータを使って地図を描く

GIS を使うためには、GIS データが必要になります。GIS データは、自分で作ってしまうこともできますが、例えば市町村境界のデータなどを自分で作成するのは大変です。幸いにも、GIS データについては、オープンデータが普及する以前から、行政機関を中心に、インターネット上で無料公開されてきました。ここでは、それらの代表的な GIS データについて、ダウンロード方法や ArcGIS Pro 上での利用方法などを紹介します。

(1) 基盤地図情報 (https://www.gsi.go.jp/kiban/)

基盤地図情報は、国土地理院が公開している GIS データです。名前の通り、基盤になる GIS データで、建物や水面のポリゴン、標高のポイントデータなど、さまざまな分析、地図化に活用できるデータが公開されています。基盤地図情報のダウンロードには、ユーザー登録が必要になります。また、ArcGIS Pro で直接そのまま読み込むことができないので、ArcGIS Pro 上のツールでファイルジオデータベース形式に変換する必要があります。

(2) 国土数値情報ダウンロードサイト (https://nlftp.mlit.go.jp/ksj/)

国土数値情報ダウンロードサイトは、国土交通省国土政策局が提供しているウェブサイトで、このサイトからは、行政が作成・提供しているような GIS データだけでなく、一部の市販データに基づく GIS データもダウンロードできます。行政区域のポリゴンデータや鉄道路線のラインデータ、浸水想定区域のポリゴンデータなど、さまざまな分野に関連する GIS データが提供されており、一部は過去の年次のバージョンも利用できます。ただし、商用利用が禁じられている GIS データもありますので、ビジネス利用の際には注意してください。

国土数値情報の GIS データは、原則シェープファイル形式でダウンロードできますが、一部には、座標系の情報（拡張子 prj のファイル）が含まれていないことがあります。ほとんどの GIS データは、世界測地系の JGD2000 あるいは JGD2011 という地理座標系のデータですが、念のためダウンロードページに記載されている座標系の情報を確認したうえで、適切な座標系を ArcGIS Pro 上で設定する必要があります。

(3) e-Stat 政府統計の総合窓口 (https://www.e-stat.go.jp/)

e-Stat 政府統計の総合窓口は、名前の通り、日本政府が公開する統計データがダウンロードできるポータルサイトです。このサイトでは、統計データに対応する、主に小地域（町丁･字や地域メッシュ）単位の GIS データをダウンロードすることができます。統計データに対応するものに限られますが、他の 2 つのサイトと大きく異なるのは、町や丁目の GIS データを利用できる点です。シェープファイル形式の GIS データをダウンロードできます。

(4) その他ウェブサイト

・農林水産省　漁業集落境界データ：2013年の漁業センサスに対応するGISデータです。
https://www.maff.go.jp/j/tokei/census/fc/database/mapdata/index.html

・Natural Earth：世界地図のGISデータをダウンロードできます。
https://www.naturalearthdata.com/downloads/

・MMM：1970年～2019年の任意の年月日のGISデータをダウンロードできます。
http://www.tkirimura.com/mmm/

6-1. 新しいプロジェクトの作成

今回は、ArcGIS Proのプロジェクトを新たに作成するところから進めてみましょう。

(1) ArcGIS Proを起動します（図6-1)。

(2)「新しいプロジェクト」のうち､「マップ」をクリックし、プロジェクトを作成するフォルダーの場所と、プロジェクトの名前を設定しましょう。

※ここで設定した名前が、プロジェクトファイル（拡張子aprx）とファイルジオデータベース（拡張子gdbのフォルダー）の名前になります。なお、「このプロジェクトのための新しいフォルダーを作成」にチェックを入れておくと、「場所」で設定したフォルダー内に、プロジェクトの「名前」のフォルダーが作成され、その中にプロジェクトファイルとファイルジオデータベースが格納されます。特に問題がなければ、チェックを入れたままでよいでしょう。

(3)「OK」をクリックすると、新しいプロジェクトが開かれ、マップも表示されます。

6-2. 基盤地図情報のダウンロードと変換

基盤地図情報のGISデータは、ESRIジャパンが提供している「変換ツール（国内データ）for ArcGIS Pro」を使用することで、簡単にファイルジオデータベース形式に変換できます。もし、このツールが利用できない場合は、基盤地図情報のウェブサイトでGISデータとともに公開されている､「基盤地図情報ビューア」を使って、シェープファイル形式に変換する必要があります。「基盤地図情報ビューア」の使い方については、基盤地図情報のサイトから確認してください。

(1) 基盤地図情報サイト（https://www.gsi.go.jp/kiban/）にアクセスし、「基盤地図情報のダウンロード」をクリックしましょう。

(2) ダウンロード欄の「基盤地図情報 基本項目」のところの｢ファイル選択へ｣をクリックします。

(3) 日本地図が表示されますので、必要な範囲をメッシュ番号や市区町村などで指定したうえで、「ダウンロードファイル確認へ」をクリックし、ZIPファイルをすべてダウンロードしましょう（ログインしていない場合はログインが求められます)。

(4) ArcGIS Proで「国内データ」タブのうち､「国土地理院」の「基盤地図情報のインポート」をクリックします。

(5)「入力ファイル」欄で、ダウンロードしたZIPファイルを選択します。

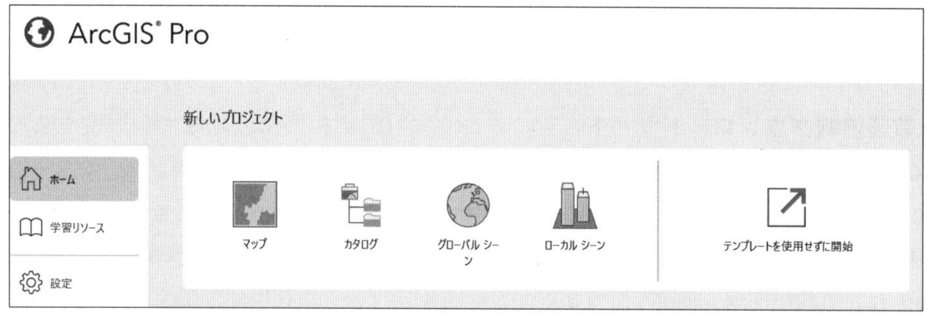

図6-1　スタートメニューからのArcGIS Proの起動画面

※基盤地図情報のダウンロード時に、「まとめてダウンロード」をクリックしてダウンロードした場合、「PackDLMap.zip」というファイル名になりますが、このファイルをここで選んでも、処理できません（エラーメッセージが表示されます）。その場合は、「PackDLMap.zip」内のZIPファイルを、どこかのフォルダーに展開してから、「入力ファイル」欄で選択するようにしてください。

(6)「出力ジオデータベース」欄では、現在のプロジェクトのファイルジオデータベースの情報が表示されていることを確認しましょう（別のファイルジオデータベースにしても構いません）。

(7)「同一種別のデータは1レイヤーとして保存」にチェックを入れます（そうすると、「異なる測量成果の…」がチェックできるようになりますが、今回は数値標高モデルのデータを含みませんので関係ありません）。

(8) 測地系は表示されているままのものにしましょう（変更しません）。

(9)「実行」をクリックすると、変換がスタートしますので、完了するまで待ちましょう。

※完了しても、ArcGIS Proのマップ上には表示されませんので、「データの追加」から、データを自分で追加する必要があります。

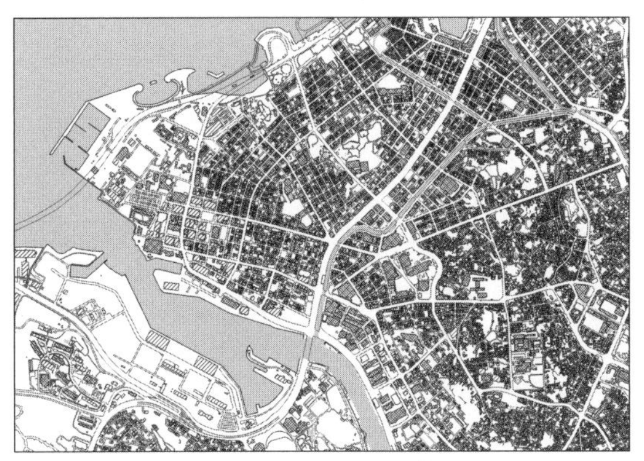

図6-2　那覇市の基盤地図情報の一部

6-3. 国土数値情報からのGISデータのダウンロードと表示

(1) 国土数値情報ダウンロードサイト（https://nlftp.mlit.go.jp/ksj/）にアクセスします（図6-3）。

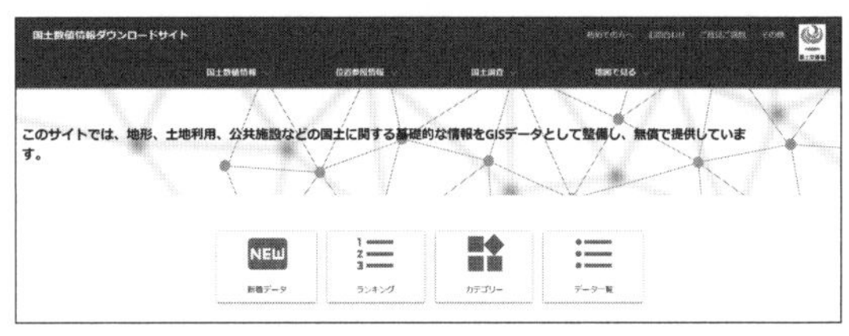

図6-3　国土数値情報ダウンロードサイト

(2)「2. 政策区域」のうちの「災害・防災」にある、「津波浸水想定（ポリゴン）」をクリックしましょう。

(3) データの説明が記載されたページが表示されますので、よく読みながら下にスクロールして、ダウンロードするデータの選択欄で、「沖縄県」をクリックしましょう。

(4) 沖縄県のダウンロードボタンをクリックして表示された画面で「ダウンロードへ進む」をクリックし（アンケートの回答も可能です）、「OK」をクリックするとダウンロードが開始されます（図6-4）。

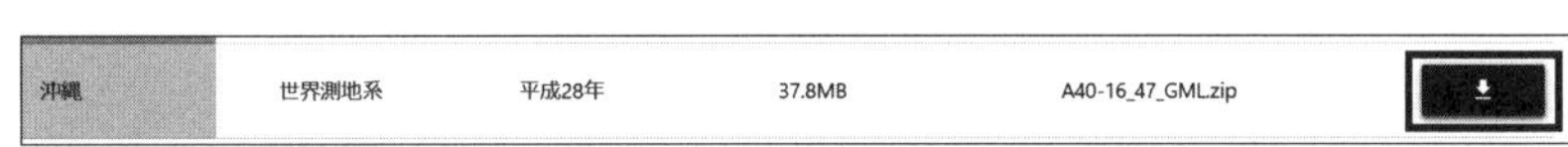

図6-4　沖縄県のデータのダウンロードボタン

(5) ダウンロードしたZIPファイルを、プロジェクトのフォルダー内に移動させましょう。

※国土数値情報のGISデータをダウンロードした場合、拡張子prjのファイルがあるかどうか確認しておくとよいでしょう。拡張子prjのファイルが無ければ、座標系を設定する必要があります。

(6) ArcGIS Proで、「マップ」タブの「データの追加」をクリックし、「プロジェクト」の「フォルダー」にある、プロジェクトの名前と同じフォルダーを開きましょう。

(7)「A40-16_47.shp」が表示されていれば、選択して「OK」をクリックしましょう。

※表示されていなければ、このウィンドウの上部の更新ボタン（図 6-5 の画像の太枠部分のボタンです）をクリックして、表示されるか確認してください。それでも表示されなければ、正しく展開されていないか、ファイルが正しく配置されていない可能性があります。

図 6-5　データの追加ウィンドウでの更新ボタン

6-4. 国土数値情報データの属性の見方

(1)「A40-16_47」レイヤーの属性テーブルを開いて、各フィールドの情報を確認しましょう（図 6-6）。A40_003 フィールドに浸水の深さのような値が入っています。

A40-16_47

フィールド: 追加 計算 | 選択セット: 属性条件で選択

	FID	Shape	A40_001	A40_002	A40_003
1	0	ポリゴン	沖縄県	47	0.01m以上 ～ 0.3m未満
2	1	ポリゴン	沖縄県	47	0.01m以上 ～ 0.3m未満
3	2	ポリゴン	沖縄県	47	0.01m以上 ～ 0.3m未満
4	3	ポリゴン	沖縄県	47	0.01m以上 ～ 0.3m未満
5	4	ポリゴン	沖縄県	47	0.01m以上 ～ 0.3m未満

図 6-6「A40-16_47」レイヤーの属性テーブル

(2) 国土数値情報のデータをダウンロードしたブラウザ画面に戻り、津波浸水想定データのページの上のほうにある、属性情報の欄を確認しましょう（図 6-7）。

※属性テーブルから読み取れたように、A40_003 は、やはり津波浸水深の区分のデータでした。属性名のところに、「(かっこ内は shp 属性名)」とありますが、この通りかっこ内の名前が、シェープファイル形式の GIS データのフィールド名になっています。このように、国土数値情報のデータの場合、シェープファイル形式の GIS データの属性に関する情報が、属性情報欄などに示されています。今回のデータは見ればわかる形式でしたが、コード化されていることもあります。その場合には、この例の都道府県コードのように、リンクなどの形で、コードとの対応表を確認することができます。なお、属性情報欄に十分な情報がないデータについては、データフォーマット（符号化）欄の「シェープファイルの属性について」をクリックしてダウンロードできる Excel ファイルに詳細な情報がある場合があります。

	属性名（かっこ内はshp属性名）	説明	属性の型
属性情報	都道府県名（A40_001）	都道府県の名称	文字列型（CharacterString）
	都道府県コード（A40_002）	都道府県を示す2桁のコード	コードリスト「都道府県コード」
	津波浸水深の区分（A40_003）	各都道府県の報告書等に記載あるランク区分	文字列型（CharacterString）

図 6-7　国土数値情報ダウンロードサイト内に示された属性情報

6-5. e-Stat からの GIS データのダウンロードと表示

e-Stat からは、シェープファイル形式の GIS データをダウンロードできます。ただし、ここでダウンロードできる GIS データを有効活用するためには、第 7 章で紹介する属性結合の処理が不可欠ですので、ここではダウンロードしてそのまま表示するだけにとどめます。

(1)「e-Stat 政府統計の総合窓口」(https://www.e-stat.go.jp) を開きます (図 6-8)。

図 6-8　e-Stat 政府統計の総合窓口

(2)「統計データを活用する」の「地図」をクリックしましょう。

(3) 統計地理情報システムのページが表示されますので、「境界データダウンロード」をクリックします。

(4) 境界一覧のうちの「小地域」をクリックします。

(5) 政府統計名のうちの「国勢調査」をクリックします。

(6)「2020 年」をクリックして開き、「小地域（町丁・字等）(JGD2011)」をクリックします (図 6-9)。

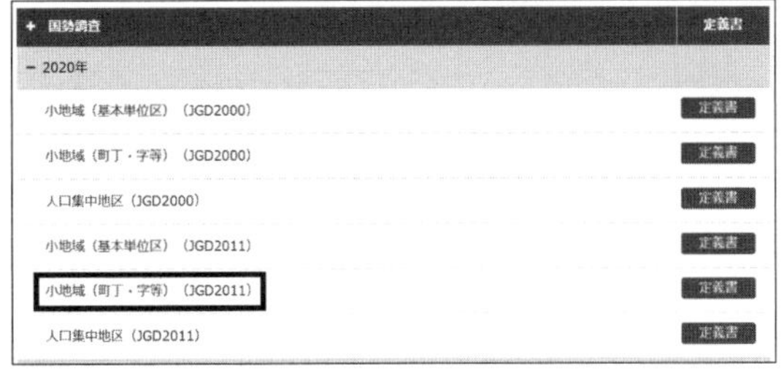

図 6-9　ダウンロードできる国勢調査の 2020 年の境界データ

(7) データ形式一覧のうちの「世界測地系平面直角座標系・Shapefile」をクリックします。

(8)「47 沖縄県」を探してクリックします。

(9) 47201 那覇市の行の「世界測地系平面直角座標系・Shapefile」をクリックすると、2020 年の国勢調査結果の町丁・字等で集計された統計データに対応する、GIS データがダウンロードされます (図 6-10)。

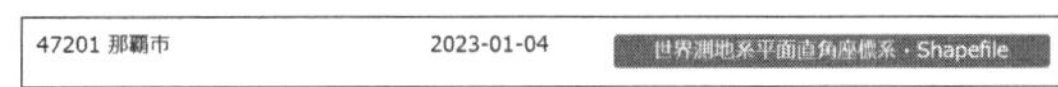

図 6-10　那覇市の「世界測地系平面直角座標系・Shapefile」

(10) ダウンロードされた ZIP ファイルをプロジェクトのフォルダー内に展開し、ArcGIS Pro に追加しましょう (図 6-11)。

図 6-11　那覇市の人口密度の地図 (2020 年)

※ここでダウンロードできる GIS データには、人口 (JINKO) と世帯数 (SETAI) が含まれており、面積 (AREA) のフィールドを使うことで、人口密度を簡易的に求められます（ただし、地域・データによっては正しくない場合があります)。また、HCODE の値が 8101 であるもののみを、レイヤーのプロパティのフィルター設定で表示するという設定も行っています（水面の地区が表示されなくなります)。

≪練習≫

・国土数値情報の GIS データを使って、居住地域周辺のハザードマップを作ってみましょう。

・国勢調査の町丁・字等の GIS データを使って、居住している市町村の人口密度の地図を作ってみましょう。

MEMO

コラム 3 データの文字コードについて考える

インターネットを見ていると、時々文字化けしたサイトを見かけることはありませんか。コンピューター上の文字は、特定の値の組み合わせによって表現されています。特定の値の組み合わせを、どの文字と判断するのかがコード表として定義されており、シフト JIS や UTF-8 がよく知られています。文字化けは、このときのコード表を間違ってしまうことによって生じます。

GIS の場合、テキスト形式の属性データや、拡張子 dbf のシェープファイル形式の GIS データの属性データを取り扱うときに、文字コードの問題が生じます。特に、日本のデータや中国のデータなど、2 バイトや 3 バイト、場合によっては 4 バイトで 1 文字を取り扱う必要がある言語の属性データを取り扱う場合には、文字コードを正しく定義しておかないと、GIS ソフト上で文字化けしてしまうことがあります。

日本で作成・公開されているシェープファイル形式の GIS データの属性データの多くは、文字コードをシフト JIS（SJIS や Shift JIS などと呼ばれることもあります）としています。一部には、UTF-8 もあり、特に海外のデータなどはそうしたケースがよくあります。このようなシェープファイル形式の GIS データの取り扱いについては、ArcGIS Pro の場合、2 つの解決方法があります。

解決方法①

ESRI ジャパンが提供・公開している、**シェープファイル文字コード設定ユーティリティ**を使って、ArcGIS Pro で取り扱うシェープファイルの文字コードをあらかじめ設定することができます。日本の GIS データを取り扱う場合には、このユーティリティで「Shift_JIS」にするだけでほとんど解決します。ただし、UTF-8 かシフト JIS かのどちらかしか設定できないため、他の文字コードのデータを取り扱う必要がある場合や、設定していないほうの文字コードのデータを読み込む際には不便です。

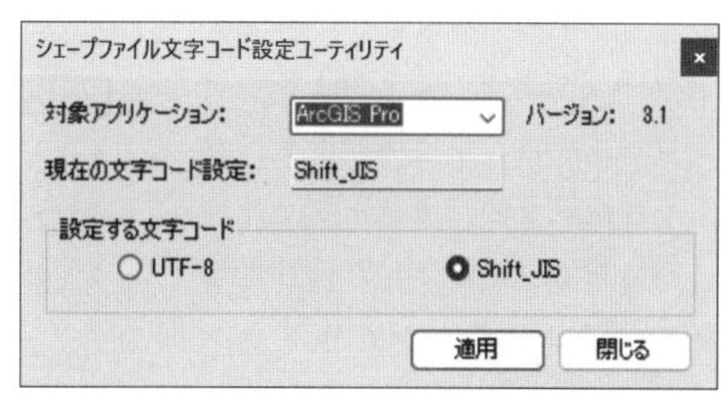

コラム図 3-1　シェープファイル文字コード設定ユーティリティ

解決方法②

拡張子 cpg のファイルを作成し、その中に文字コードの名称を書いておくだけで対応できます。例えばメモ帳を起動し、「SJIS」とだけ書いて保存し、シェープファイルと同じファイル名に変更し、拡張子を cpg にしてみましょう（例えば、road.shp というシェープファイルであれば、road.cpg）。それだけで、ArcGIS Pro は、シフト JIS の文字コードのデータであることを認識してくれます。UTF-8 の場合は「UTF-8」とするだけで OK です。

コラム図 3-2　メモ帳での cpg ファイルの作成例

テキスト形式のデータの解決方法

CSV などのテキスト形式のデータの場合、メモ帳などのテキストエディターで対応できます。メモ帳も、保存時にエンコードとして「UTF-8」を選択して保存すると、UTF-8 になります。シフト JIS にしたい場合は、「ANSI」を選ぶことになります。

コラム 4　e-Statの小地域統計データをGISで使うために準備する

e-Statからは、第6章で説明したように、町丁・字や地域メッシュなどの小地域単位のGISデータと統計データ（小地域統計データ）をダウンロードできます。e-Statからダウンロードできる小地域統計データはカンマ区切りのテキストファイルで、第6章6-5で紹介した統計地理情報システムのページからダウンロードできるデータは拡張子txtのファイル、通常の国勢調査の統計表のダウンロードページからダウンロードできるデータは拡張子csvとなっています。いずれのデータでも、第7章で説明する属性結合という処理を行うためには、Excelで若干の加工を行う必要があります。ここでは、前者の拡張子txtのファイルについての加工手順を解説します。

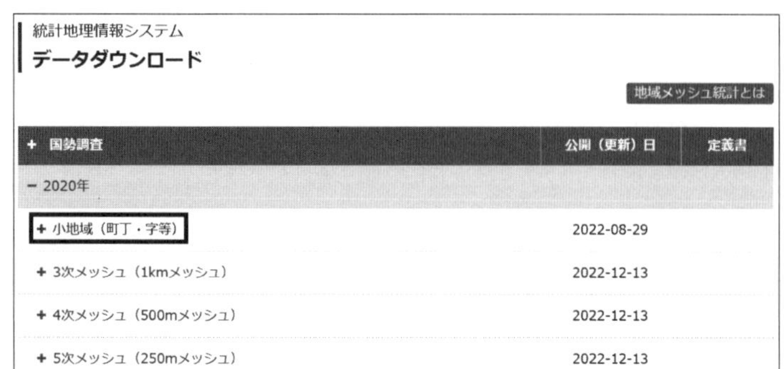

コラム図4-1　国勢調査の2020年の統計データの空間単位の選択

統計地理情報システム
データダウンロード

定義書

<< < 1 2 3 > >>　1/3ページ

統計表	地域	公開（更新）日	形式
年齢（5歳階級、4区分）別、男女別人口	01 北海道	2022-06-24	CSV
年齢（5歳階級、4区分）別、男女別人口	02 青森県	2022-06-24	CSV
年齢（5歳階級、4区分）別、男女別人口	03 岩手県	2022-06-24	CSV

コラム図4-2　CSV形式の統計データのダウンロードボタン

1. 小地域統計データのダウンロード

(1) 第6章6-5 (3) で、「境界データダウンロード」をクリックした統計地理情報システムのページを開き、「統計データダウンロード」をクリックします。

(2)「国勢調査」をクリックし、次のページで「2020年」をクリックしたうえで、「小地域（町丁・字等別）」をクリックします（コラム図4-1）。

※地域メッシュ（3次・4次・5次）のデータもあります。

(3) 統計表の一覧が表示されますので、いずれかの表のタイトルをクリックしましょう（例として、「年齢（5歳階級、4区分）別、男女別人口」を選びます）。

(4) 都道府県別の一覧が表示されますので、必要な都道府県の「CSV」ボタンをクリックして、ダウンロードします（コラム図4-2）。

(5) ZIPファイルがダウンロードされますので、ファイルを展開して、拡張子txtのファイルがあることを確認してください。

2. Excelでの加工

拡張子txtのファイルを、メモ帳などのテキストエディターで開くと次のページのようになっています。e-Statからダウンロードできる小地域統計データの大きな特徴は、2行目にフィールド名に対応する日本語の説明が入っている点と、KEY_CODE という一番左のフィールドが、一見数値のように見えますが、地域を示すコードになっている点です。GIS ソフトでそのまま読み込むと、前者の特徴のために、フィールドがすべて文字として取り扱われてしまったりしますし、後者の特徴については、反対にすべて数値として取り扱われてしまったりして、結合処理がうまくいかない可能性があります。例えば、コラム図 4-3 のデータのように、宮城県のデータであれば、KEY_CODE の値はすべて 0 で始まりますので、仙台市青葉区は、本来は 04101 であるはずですが、数値として扱われると 4101 になってしまいます。このあたりの問題を回避するためには、Excel で拡張子 txt のファイルを読み込み、フィールドごとの型を設定し、正しく ArcGIS Pro に読み込んでもらえるようにする必要があります。

```
tblT001082C04.txt
KEY_CODE, HYOSYO, CITYNAME, NAME, HTKSYORI, HTKSAKI, GASSAN, T001082001, T0010820
,,,,,,, 総数、年齢「不詳」含む, 総数０～４歳, 総数５～９歳, 総数１０～１４歳,
04101, 1, 仙台市青葉区, , 0, , , 311590, 10231, 11633, 11838, 15944, 23772, 17838, 1767
041010010, 2, 仙台市青葉区, 青葉町, 0, , , 649, 16, 15, 17, 23, 53, 62, 49, 40, 40, 40, 45,
041010020, 2, 仙台市青葉区, あけぼの町, 0, , , 741, 23, 18, 13, 26, 32, 55, 48, 42, 60, 51
041010030, 3, 仙台市青葉区, 旭ケ丘, 0, , , 9160, 279, 289, 272, 315, 766, 880, 771, 643,
04101003001, 4, 仙台市青葉区, 旭ケ丘一丁目, 0, , , 2617, 67, 60, 55, 92, 248, 288, 259,
04101003002, 4, 仙台市青葉区, 旭ケ丘二丁目, 0, , , 2619, 81, 102, 85, 84, 217, 253, 216
04101003003, 4, 仙台市青葉区, 旭ケ丘三丁目, 0, , , 1836, 68, 40, 50, 66, 160, 177, 138,
04101003004, 4, 仙台市青葉区, 旭ケ丘四丁目, 0, , , 2088, 63, 87, 82, 73, 141, 162, 158,
041010040, 3, 仙台市青葉区, 荒巻, 0, , , 1997, 30, 26, 34, 236, 538, 153, 85, 60, 71, 75, 6
```

コラム図 4-3　宮城県のデータの中身

コラム図 4-4　Excel で拡張子 txt のファイルを開くときにクリックする場所

(1) Excel を起動します。

(2)「開く」ボタンから「参照」をクリックして、拡張子 txt のファイルを展開したフォルダーを開きます。

(3) 右下の「すべての Excel ファイル…」をクリックし、「テキストファイル…」を選びます（コラム図 4-4)。

(4) 表示された拡張子 txt のファイルをクリックして開きます。

(5) テキストファイルウィザード - 1/3 が表示されますので、まず「コンマやタブなどの・・・」が選択されていることを確認して、「次へ」をクリックします（コラム図 4-5)。

(6) テキストファイルウィザード - 2/3 で、区切り文字として「コ

テキスト ファイル ウィザード - 1 / 3
選択したデータは区切り文字で区切られています。
[次へ] をクリックするか、区切るデータの形式を指定してください。
元のデータの形式
データのファイル形式を選択してください：
コンマやタブなどの区切り文字によってフィールドごとに区切られたデータ(D)
スペースによって右または左に揃えられた固定長フィールドのデータ(W)
取り込み開始行(R): 1　元のファイル(O): 932：日本語 (シフト JIS)
先頭行をデータの見出しとして使用する(M)
ファイル C:¥Users¥kirit¥OneDrive¥GIS実習本¥workplace¥tblT001082C04.txt のプレビュー

```
1 KEY_CODE,HYOSYO,CITYNAME,NAME,HTKSYORI,HTKSAKI,GASSAN,T001082001,T001082002,T001082003,T001082004,T00108
2 ,,,,,,,総数、年齢「不詳」含む,総数０～４歳,総数５～９歳,総数１０～１４歳,総数１５～１９歳,総数２０～２４
3 04101,1,仙台市青葉区,,0,,,311590,10231,11633,11838,15944,23772,17838,17677,19028,21113,23299,20544,18295
4 041010010,2,仙台市青葉区,青葉町,0,,,649,16,15,17,23,53,62,49,40,40,40,45,33,28,38,38,48,413,143,67,307,8
5 041010020,2,仙台市青葉区,あけぼの町,0,,,741,23,18,13,26,32,55,48,42,60,51,48,47,38,55,43,54,447,209,111,
6 041010030,3,仙台市青葉区,旭ケ丘,0,,,9160,279,289,272,315,766,880,771,643,633,713,561,493,436,363,358,840
```

キャンセル　< 戻る(B)　次へ(N) >　完了(F)

コラム図 4-5　テキストファイルウィザードの最初の画面

ンマ」にもチェックを入れて、「次へ」をクリックしましょう。

(7) テキストファイルウィザード - 3/3 で、1 行目が KEY_CODE である、一番左の列が選択されている（黒くなっている）ことを確認して、列のデータ形式を「文字列」に変更します（コラム図 4-6）。

(8) 同様に、HTKSAKI、GASSAN も「文字列」に変更したうえで、「完了」をクリックして、Excel でデータを開きましょう（コラム図 4-7）。

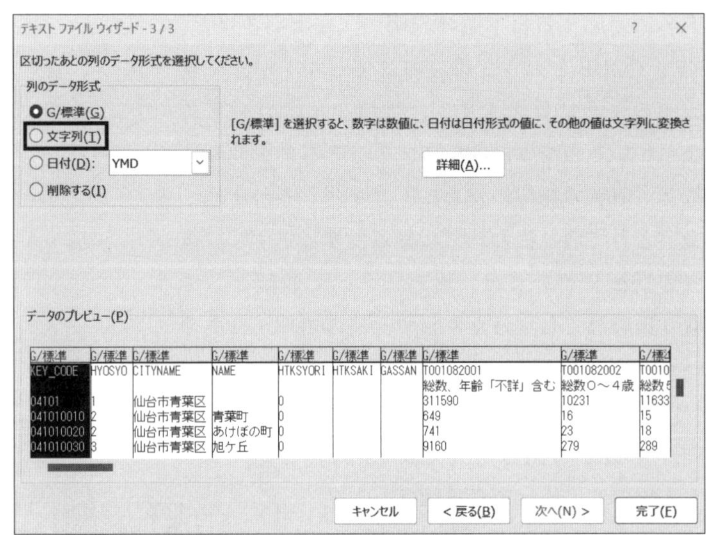

コラム図 4-6　テキストファイルウィザードでの列のデータ形式の設定

(9) 1 行目がフィールド名を示すヘッダーとなりますが（コラム図 4-7）、H 列よりも右のフィールドはこのままではわかりにくいため、2 行目にある情報を移動させて、上書きしましょう（選択してドラッグ＆ドロップでもできますし、コピー＆ペーストでもできます）。

	A	B	C	D	E	F	G	H	I	J	K	L
1	KEY_COD	HYOSYO	CITYNAM	NAME	HTKSYOR	HTKSAKI	GASSAN	T0010820	T0010820	T0010820	T0010820	T0010820
2								総数、年齢	総数０～４	総数５～９	総数１０～	総数１５～
3	04101	1	仙台市青葉区		0			311590	10231	11633	11838	15944
4	04101001(	2	仙台市青葉	青葉町	0			649	16	15	17	23
5	04101002(	2	仙台市青葉	あけぼの町	0			741	23	18	13	26
6	04101003(	3	仙台市青葉	旭ケ丘	0			9160	279	289	272	315
7	04101003(	4	仙台市青葉	旭ケ丘一丁	0			2617	67	60	55	92
8	04101003(	4	仙台市青葉	旭ケ丘二丁	0			2619	81	102	85	84
9	04101003(	4	仙台市青葉	旭ケ丘三丁	0			1836	68	40	50	66

コラム図 4-7　Excel で開いた宮城県のデータ

(10) 2 行目を行ごと削除します。

04102005(	4	仙台市宮城	岩切三丁目	0			877	42	43	45
04102006(	3	仙台市宮城	扇町	0			9	0	0	0
04102006(	4	仙台市宮城	扇町一丁目	1		006006	9	0	0	0
04102006(	4	仙台市宮城	扇町二丁目	0			0	0	0	0
04102006(	4	仙台市宮城	扇町三丁目	2	062003					
04102006(	4	仙台市宮城	扇町四丁目	0			0	0	0	0
04102006(	4	仙台市宮城	扇町五丁目	0			0	0	0	0
04102006(	4	仙台市宮城	扇町六丁目	2	006001					
04102006(	4	仙台市宮城	扇町七丁目	0			0	0	0	0
04102007(	2	仙台市宮城	大梶	0			2879	61	101	123

コラム図 4-8　置換後の秘匿・0 のデータ

(11) シート全体を選択した状態で、Excel の「置換」機能を使い、以下の条件で、「すべて置換」を実行しましょう（コラム図 4-8）。

検索する文字列：X（大文字半角の X）、
　置換後の文字列：（入力しない）
検索する文字列：-（半角のマイナス）、
　置換後の文字列：0

※ X は、人口などが少ないために、秘匿対象となっている地域の値です。X は文字ですので、ArcGIS Pro 上で正しく扱うことができません。空欄に置き換えることで、ArcGIS Pro で正しく扱うことができます。また、半角のマイナスは 0 を示しますので、そのように置き換えます。

(12)「ファイル」メニューから、「名前を付けて保存」で、同じフォルダーに、ファイルの種類を「Excel ブック」に切り替えて、適切なファイル名を付けて保存して、Excel を閉じましょう。

第7章

複数のデータを統合する

Point

- GIS データと属性データの結合方法
- 複数のデータのマージの方法
- 属性結合で e-Stat の統計データを地図化する

マージとは、通常、フィールドの構成と図形が全く同じである複数の GIS データを結合する処理です。属性テーブルを基準に考えれば、縦方向の結合といえるでしょう。例えば、フィールドの構成が全く同じである 100 レコード（フィーチャ）ずつの 2 つのポリゴンデータをマージすれば、200 レコードのポリゴンデータが出力されるということになります。フィールドの構成がほとんど同じデータに対して用いるのが一般的ですが、フィールドの構成が違ってもマージ処理を行うことはできます。ちなみに、ArcGIS Pro のマージは、このようなマージによって結合された新しい GIS データを出力する処理ですが、一方のデータに、別のデータを追加する、**アペンド**という処理も別のツールで行うことができます。

一方、**属性結合**については、値に対応関係があるフィールドを持った 2 つの GIS データを対象に、1 レコードずつ、そのフィールドの値が一致するかどうかを確認し、一致する場合に、一方のレコードにもう一方の GIS データのそのレコードの情報を結合する処理です。例えば図 7-1 では、2 つのデータがあり、地域名がある程度対応しています。左側の人口のデータを基準にして、地域名フィールドを使って、右にある売上高のデータを結合すると、下のようなテーブルが生成されます。売上高のテーブルには、C という地域のデータがないため、結合した後のテーブルでは、C の売上高のデータはありません。少し複雑ですが、DBMS で JOIN（結合）処理を行ったことがある人は理解しやすいでしょう。

地域名	人口
A	30000
B	50000
C	20000
D	100000
E	75000

地域名	売上高
A	5000
E	6000
D	20000
B	8000
F	1000

地域名フィールドを使って結合

地域名	人口	売上高
A	30000	5000
B	50000	8000
C	20000	×
D	100000	20000
E	75000	6000

図 7-1　2 つのデータの属性結合の例

属性結合については、多くの場合、図形データを持つ GIS データと、属性のみのデータとの間で行われます。例えば、e-Stat からは、第 6 章で紹介した GIS データ（境界データ）と、コラム 4 で紹介した属性のみのデータをダウンロードできます。これらを結合することで、小地域単位の年齢階級別人口など、詳細な属性を用いたデータの分析、地図化が可能になります。また、自分でデータを作るような場合でも、詳細な属性情報は Excel などで別途作成しておき、ArcGIS Pro 上でそれに対応するフィールドの情報をもった、ポイントデータやポリゴンデータなどを作成しておくと、結合するだけで詳細な属性情報の地図化が可能になります。このとき、詳細な属性情報のデータに変更や修正があったとしても、GIS データを編集する必要がなく、属性データの更新だけで済むことになり、データ管理が容易になります。ちなみに、第6章とコラム4で紹介した、e-Stat からダウンロードできるデータでは、KEY_CODE という文字列型のフィールドを使って属性結合することができます。

また、属性結合した結果として得られた GIS データは、そのままではメモリー上で結合した状態に過ぎません。ArcGIS Pro の場合、プロジェクトとして保存される情報は、どのレイヤー（GIS データ）と、どの属性データが結合しているかだけです。そのため、別のプロジェクトで GIS データだけを読み込んでも、結合した状態で読み込むことはできず、再度、属性結合を行う必要があります。また、元の属性データではなく、属性結合したデータを編集したいケースもあるでしょう。そのような場合には、属性結合を行った結果の GIS データを、別の新しい GIS データとしてエクスポートし、保存することができます。

ここでの作業では、マージ、属性結合ともに、e-Stat からダウンロードできる GIS データと属性データを利用します。まず、GIS データのマージを行いますが、これについては e-Stat の統計地理情報システムのページにある境界データのうち、国勢調査の 2020 年の小地域（町丁・字等別）（JGD2011）のうち、世界測地系平面直角座標系のシェープファイル形式である、宮城県仙台市の各区（青葉区、宮城野区、若林区、太白区、泉区）のデータを用います。ダウンロード方法については第6章 6-5 を確認してください。これらのシェープファイル形式の GIS データをマージして、仙台市の町丁・字等別のポリゴンデータを作成します。そのうえで、**ディゾルブ**という別の処理を行います。ディゾルブについては、作業を行いながら解説します。次に、属性結合のための属性データの準備として、Excel ファイルからファイルジオデータベースのテーブルへの変換を行います。ここで用いる Excel ファイルは、コラム4の手順でダウンロードし作成した、宮城県の年齢（5歳階級、4区分）別、男女別人口についての Excel ファイルです。そして、マージして作成した仙台市全域の GIS データと、宮城県全体の属性データを属性結合したうえで、新しい GIS データとしてエクスポートします。最後に、そのデータを使って、仙台市の 20 ～ 24 歳人口比率の地図を描きます。

それでは、データの準備ができたら、作業に入る前に、ArcGIS Pro を起動して、新しいプロジェクトを作成しておき、プロジェクトのフォルダー内に、必要なデータを移動させておきましょう。

7-1. GIS データのマージ

マージ処理で用いる、国勢調査の小地域単位の GIS データは、同じ年次のデータであれば、フィールドの構成がすべて同じ、ポリゴンデータですので、マージを行うことができます。

(1)「解析」タブの「解析ツール ギャラリー」を開き、「マージ」ツールを開きます（図 7-2）。

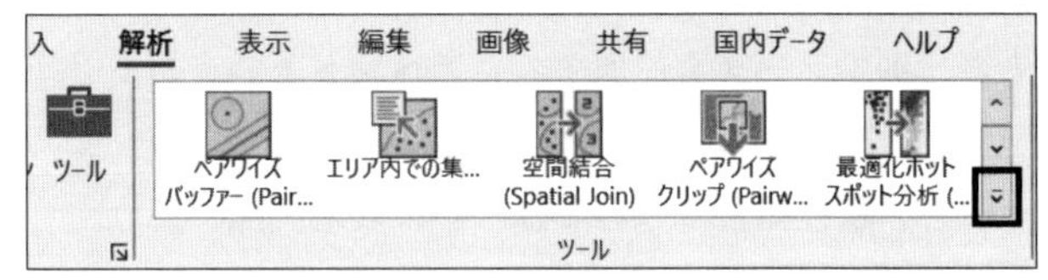

図 7-2 「解析ツールギャラリー」ボタン

(2) 右に表示されたジオプロセシングウィンドウのうち、入力データセット欄の参照ボタンをクリックし、「r2ka04101.shp」から「r2ka04105.shp」までの5つのシェープファイル形式の GIS データを選択し、「OK」をクリックします。

(3) 出力データセット欄で参照ボタンをクリックして、出力先と GIS データ名を決定します。

(4) フィールドマップ欄を確認したうえで、「実行」をクリックしましょう（図 7-3）。

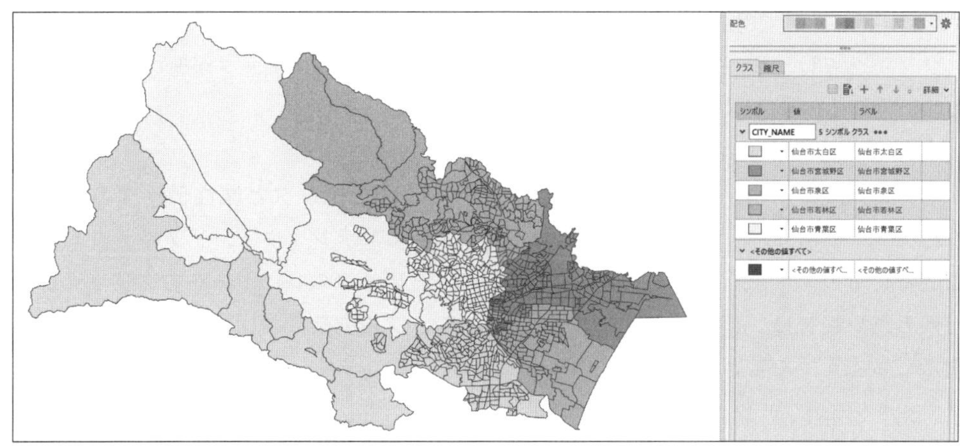

図 7-3　区単位の GIS データをマージして表示

7-2. GIS データのディゾルブ

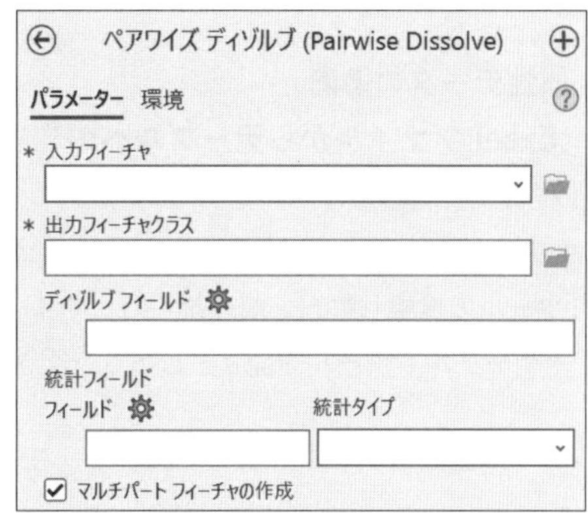

図 7-4 「ペアワイズ ディゾルブ」ツール

国勢調査の小地域単位の GIS データには、同じ KEY_CODE であっても、別々のフィーチャ（レコード）であるデータが含まれています。例えば、A 町 1 丁目という範囲があるときに、飛び地があると、この GIS データの場合は、別々のフィーチャになっており、属性結合を行うと、A 町 1 丁目の主要部側と飛び地側の両方に、A 町 1 丁目全体の人口データなどが結合されてしまいます。そうなると、分析方法によっては正しい処理ができなくなります。ディゾルブという処理は、属性が同じ値であるフィーチャを統合して、1 つのフィーチャにまとめてくれる処理です。飛び地のように、2 つのポリゴンになっていても、マルチパートフィーチャと呼ばれる、複数の図形からなる 1 つのフィーチャにまとめてくれます。1 つのフィーチャであれば、属性テーブル上は 1 レコードですので、属性結合を行っても特に問題が生じません。それでは、仙台市の GIS データを用いて、KEY_CODE でディゾルブしてみましょう。

(1) 「解析」タブの「解析ツール ギャラリー」を開き、「ペアワイズ ディゾルブ」ツールを開きます（図 7-4）。

(2) 入力フィーチャで、マージした GIS データを選び、出力フィーチャクラスで出力名を設定します。

(3) ディゾルブフィールドで「KEY_CODE」と「CITY_NAME」、「S_NAME」を選びます。

(4) マルチパートフィーチャの作成にチェックが入っていることを確認して、「実行」をクリックしましょう。

(5) 出力された GIS データの属性テーブルを開いてみましょう（図 7-5）。

	OBJECTID *	Shape *	KEY_CODE	CITY_NAME	S_NAME	Shape_Length	Shape_Area
1	1	ポリゴン	041010010	仙台市青葉区	青葉町	1660.061678	132477.041557
2	2	ポリゴン	041010020	仙台市青葉区	あけぼの町	1768.069709	98653.106919
3	3	ポリゴン	04101003001	仙台市青葉区	旭ケ丘一丁目	2701.003388	230482.74835
4	4	ポリゴン	04101003002	仙台市青葉区	旭ケ丘二丁目	2407.892873	273389.173471
5	5	ポリゴン	04101003003	仙台市青葉区	旭ケ丘三丁目	1827.964421	204185.967466

図 7-5　出力された GIS データの属性テーブル

※ディゾルブフィールドで選んだフィールドの値が同じフィーチャは、すべて1つにまとまっています。元のGISデータの属性テーブルも確認してみると、フィーチャの総数が少し減っているはずです。また、属性テーブルを見ればわかるように、属性としてはディゾルブフィールドで選んだもののみになっています。他の情報を残したい場合は、ディゾルブフィールドで選んでおくか、あるいは統計フィールドで、フィールドを選び、統計タイプ（Sum：合計、First：最初のもの、など）を選んで、属性として残すようにしましょう。

7-3. 属性データの準備（Excel ファイルからテーブルへの変換）

(1)「解析」タブの「ツール」をクリックしてジオプロセシングウィンドウを表示したうえで、「ツールの検索」欄で「excel」と入力して、「Excel → テーブル」ツールを開きましょう（図 7-6）。

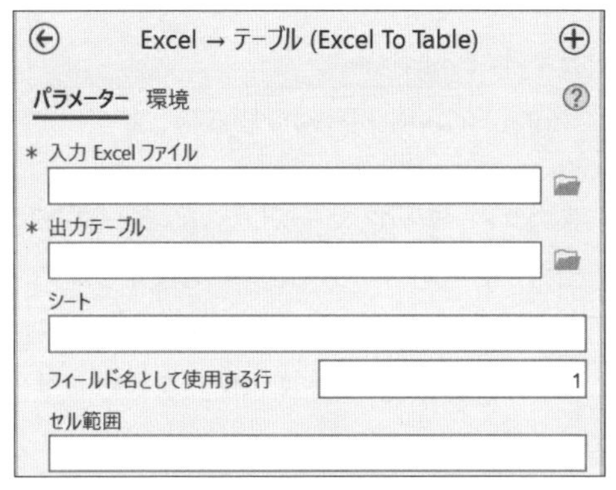

図 7-6 「Excel → テーブル」ツール

(2) 入力 Excel ファイル欄の参照ボタンをクリックして、「プロジェクト」の「フォルダー」内にある、コラム4の手順で準備した Excel ファイルを選び、「OK」をクリックしてから、出力テーブル名を設定してください。

(3) シート欄については、プルダウンをクリックして、データが入っているシートを選んでおきましょう。

(4)「実行」をクリックすると、スタンドアロンテーブルとしてデータが追加されることを確認しましょう。

7-4. GIS データと属性データの属性結合

(1) コンテンツウィンドウでディゾルブした GIS データのレイヤーを右クリックして、「テーブルの結合とリレート」、「結合」の順にクリックします（図 7-7）。

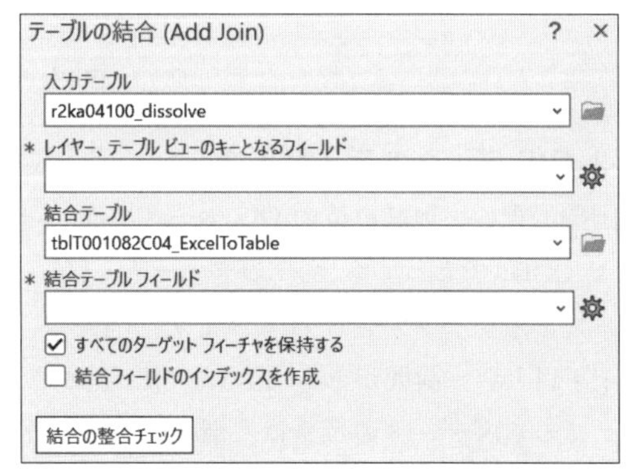

図 7-7 「テーブルの結合」ツール

(2) 入力テーブルと結合テーブルは、マップ内にあるレイヤー、テーブルから自動的に選択されて表示されていますので、それぞれ、今回属性結合しようとしているデータであるかどうかを確認しておきます（違っていれば変更してください）。

(3) レイヤー、テーブル ビューのキーとなるフィールド欄では、「KEY_CODE」を選択します（結合に用いるフィールドの名称を選ぶことになります）。

(4) 結合テーブル フィールド欄は、結合に用いるフィールドを選ぶ欄ですが、ここでは、KEY_CODE という (3) で選んだものと同じ名称のフィールドがあるために、自動的に選択・入力されますので、確認してください（結合に用いるフィールド名が異なる場合は自分で選択する必要があります）。

(5) 他の設定はそのままで、「OK」をクリックして、ディゾルブした GIS データの属性テーブルを確認し、右側に結合テーブルの内容（年齢階級別人口など）が結合されていることを確認しましょう。

※もし、フィールド名が出ているだけで、中身がすべて「<NULL>」になっていて、1 レコードも結合できていない場合は、コラム 4 の手順で、KEY_CODE 列が文字列として正しく読み込むことができていない可能性があります。結合テーブルの内容を確認し、KEY_CODE の値が左に寄っていれば、文字列として認識されていることになりますので、そのあたりを確認してみましょう（右に寄っていると数値ということになります)。なお、「<NULL>」は、結合対象となるレコードが結合テーブル上にない場合に表示されますので、一部のデータが「<NULL>」になっていることはよくあります。

7-5. 結合済みデータのエクスポート

(1) コンテンツウィンドウで、属性結合を行った GIS データのレイヤーを右クリックし、「データ」、「フィーチャのエクスポート」の順にクリックしましょう。

(2) 出力フィーチャクラス欄で、参照ボタンをクリックし、「プロジェクト」の「データベース」の中にある、作成したプロジェクト名のファイルジオデータベースの中に、新しい GIS データの名前を「名前」欄に入力して、「保存」をクリックします（ここでは、「仙台市年齢階級別人口 2020」としてみます）。

(3)「OK」をクリックすると処理が始まりますので、完了を待ちます。

7-6. 属性結合の解除と地図の作成

属性結合している状態は、解除することができます。例えば、属性結合してみたものの、結合がうまくいかない場合などに、やり直したいことがあります。その場合は、属性結合を行う場合と同じで、属性結合を行った GIS データのレイヤーを右クリックして、「テーブルの結合とリレート」をクリックし、「すべての結合を解除」をクリックしてから、表示されたメッセージで「はい」をクリックしてください。これで、結合が解除できます。個別に 1 つずつ結合を解除することもできますが、基本的には一括して行うほうが簡単です。さて、7-5 の手順でエクスポートした、「仙台市年齢階級別人口 2020」レイヤーを使って、等級色シンボルで、20 ～ 24 歳人口比率を求めてみましょう。フィールドに「総数 20 ～ 24 歳」、正規化に「総数、年齢「不詳」含む」を選べば簡単に描くことができます（図 7-8）。

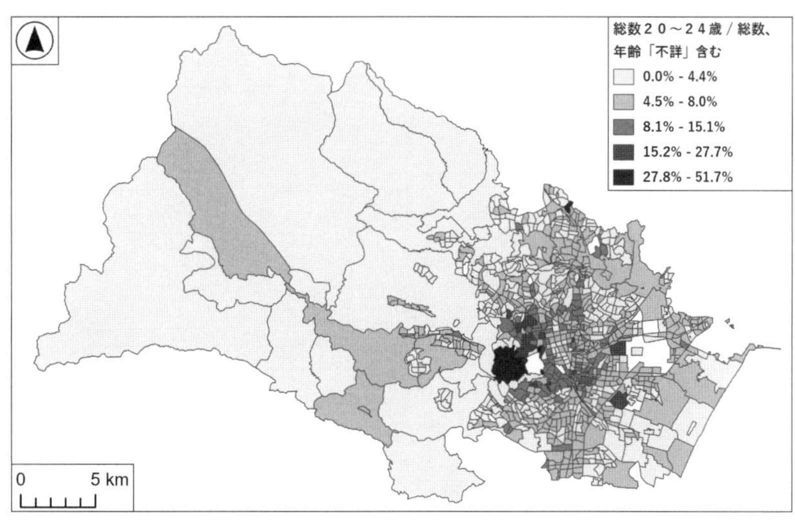

図 7-8　地図の作成例

≪練習≫

・作成した仙台市の 20 〜 24 歳人口比率の地図について、レイアウトを作成して見た目を整えてみましょう。

・コラム 4 の手順を参照しながら、2020 年の国勢調査結果のうち、宮城県の職業（大分類）別就業者数の統計データをダウンロードして Excel ファイルとして加工したうえで、属性結合してみましょう。すでに年齢階級別の人口データを結合している状態で、さらに属性結合してみてください。

MEMO

第8章 ベクターデータを編集する

Point

- ベクターデータ（ポイント・ポリゴン）の作成と属性の入力
- すでにあるデータの編集

1つのベクターデータには、ポイントやライン、ポリゴンなどの複数の図形の種類や異なる座標系を混在させることはできません。そのため、ベクターデータを作成するにあたっては、図形の種類と座標系をまず決めておく必要があります。また、データの名称や、属性の構成、ファイル形式、データの作成場所についても考えておく必要があります。今回は、ファイルジオデータベース内のGISデータを作成する手順を解説します（シェープファイル形式で作成する場合も、手順にはそれほど大きな違いはありません）。

GISデータのうち、図形の情報は座標値の組み合わせから構成されています。そのため、図形の形状を編集するには、地図上に表示された頂点を移動させたり、追加したり、削除したりする必要があります。ポイントデータの場合、1つのフィーチャは通常、1つの頂点のみからなるので、頂点を追加すれば1フィーチャ増えることになり、削除すればそのフィーチャが消えることになります。ラインデータやポリゴンデータの場合は、既存のフィーチャについては、頂点を追加／削除／移動して、ライン／ポリゴンの辺を長く／短くしたり、ライン／ポリゴンを変形させたりすることができます。新しいフィーチャを作る場合は、ライン／ポリゴンを構成する頂点を、順に入力していくことになります。なお、頂点を編集する際には、**スナップ**機能を活用することでズレや隙間のない図形データを作成することができます。

属性データの編集には、特定のレコード（フィーチャ）について、すでにあるフィールドの値を入力・修正する場合と、属性データにフィールドを新たに追加する場合とがあります。まず、前者は、既存のフィーチャの属性を修正したり、新しく作成したフィーチャに属性を与えたりするような作業です。通常は、地図上で、編集するフィーチャを選択したうえで値を入力・修正することになりますが、属性テーブルから修正することもできます。一方、後者については、新しいフィールドとして、フィールドの型や長さ、名称などを設定して追加することで、新しい属性情報を当該のGISデータのすべてのフィーチャに設定することができます。**フィールド演算**という機能を用いれば、元からあるフィールドの情報に基づいて、新たなフィールドの値を設定することもできます。

なお、一部の処理を除いて、図形データや属性データを編集した結果については、明示的に「保存」の操作をしないと保存できません。ArcGIS Proでも、編集結果についての保存ボタンが、プロジェクトの保存ボタンとは別に用意されていますので、図形・属性に関わらず、編集した際には、編集結果を保存することを忘れないようにしましょう。プロジェクトだけを保存して、編集した内容を保存していないケースは発生しやすいので注意してください。

8-1. ファイルジオデータベース形式の
ポイントデータの作成

(1) ArcGIS Pro を起動して、新しいプロジェクトを作成し、マップを表示しておきます。

(2)「表示」タブの「カタログウィンドウ」をクリックし、カタログウィンドウを右に開きます（図 8-1）。

図 8-1　「カタログウィンドウ」ボタン

(3)「データベース」の左の三角をクリックして開き、プロジェクトの名称がついたファイルジオデータベースを右リックして、「新規」→「フィーチャクラス」の順にクリックして「フィーチャクラスの作成」ツールを開きます。名前欄に「コンビニ」と入力し、 フィーチャクラスタイプは「ポイント」を選択します（図形の種類はここで選ぶことができます）。「次へ」をクリックしましょう。

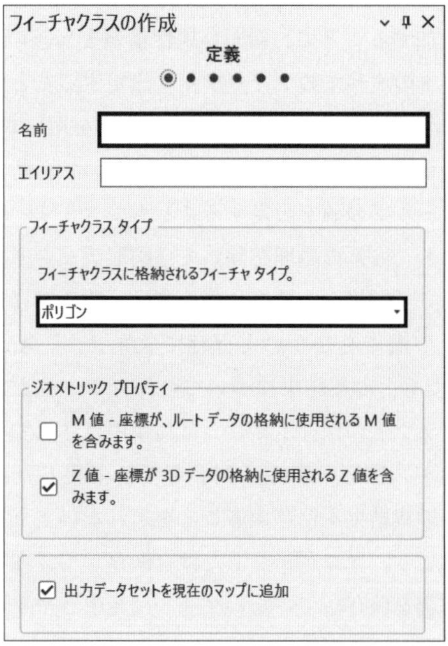

図 8-2　フィーチャクラスの作成

※**フィーチャクラス**というのは、ファイルジオデータベース内のベクターデータを指します。名前欄で入力した情報は、フィーチャクラスの名前となります。ここではコンビニのポイントデータを作成しています。

(4) 次はフィールドの作成画面で、「ここをクリックして…」をクリックして、フィールドの情報を追加します（図 8-3）。

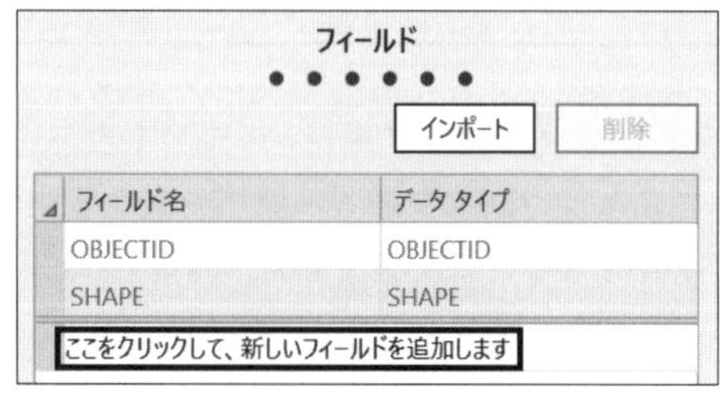

図 8-3　フィールドの追加

ここでは、フィールド名に「ID」（半角英字）と入力して Enter キーを押してから、ID 行のデータタイプ欄をダブルクリックして、「Long Integer」に変更して、Enter キーを押してみましょう。これで、Long Integer（長整数）型の ID という名前のフィールドを追加できます。追加が完了すれば、「次へ」をクリックしましょう。

(5) 空間参照（座標系）については、マップの座標系が最初から表示されていますが、ここでは、「日本測地系 2011（JGD 2011）」に変更したうえで、「次へ」をクリックします。

(6) 許容値、座標精度でそれぞれ「次へ」をクリックしたうえで、格納のコンフィグレーションで「完了」をクリックします（これらのパラメーターは通常は変更する必要はありません）。

(7) カタログウィンドウ内で、「コンビニ」というフィーチャクラスが追加されたことと、マップにもレイヤーが追加されたことを確認しましょう。

8-2. ポイントの追加・編集と属性の入力

ここでは、名古屋市の都心部で、背景の地形図を利用して、コンビニのポイントデータを作成してみます。

(1) 名古屋市中心部にズームし、コンビニを探してみましょう（図 8-4）。

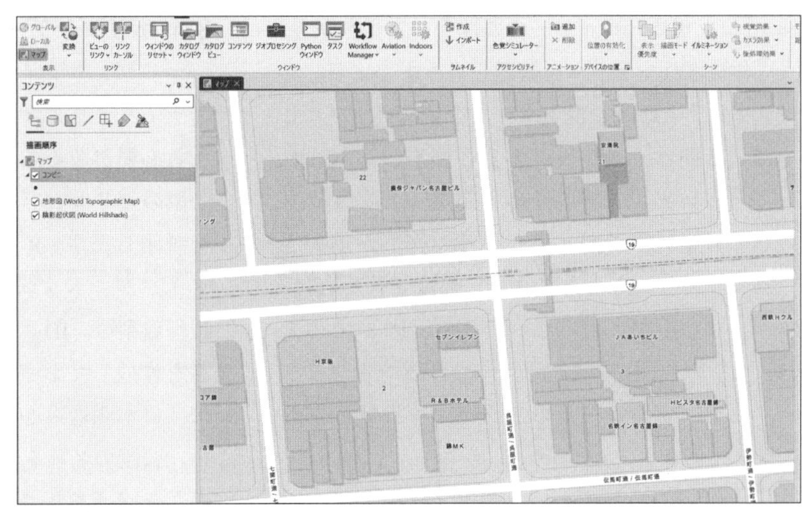

図 8-4　名古屋市中心部のコンビニ

(2)「コンビニ」レイヤーがアクティブになっていることを確認して、「編集」タブの「作成」をクリックします（図 8-5）。

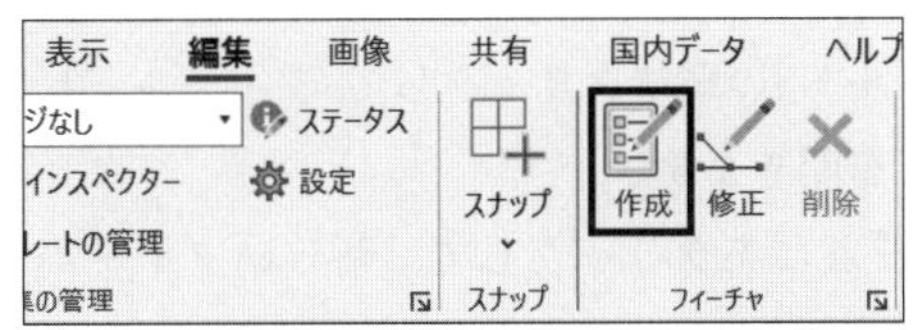

図 8-5　フィーチャの「作成」ボタン

(3) フィーチャ作成ウィンドウが表示されますので、「コンビニ」をクリックして、フィーチャ作成のための編集ツールをアクティブにします（図 8-6）。

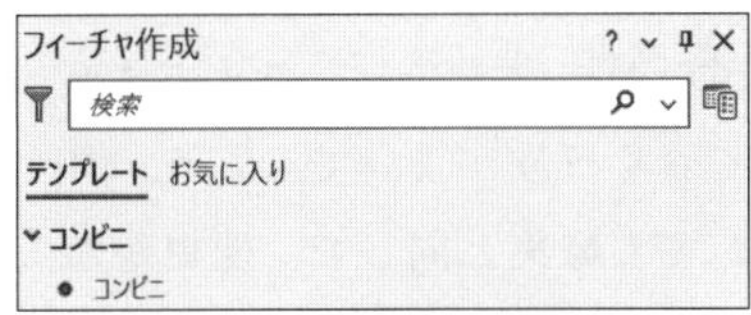

図 8-6　フィーチャ作成ウィンドウ

(4) 地図上のコンビニのところでクリックします（図 8-7）。

図 8-7　コンビニの場所でクリック

(5)「編集」タブの「属性」をクリックして、属性ウィンドウを表示します（図 8-8）。

図 8-8　「属性」ボタン

(6) 一番下の「自動的に適用」にチェックを入れておき、ID 欄の「<NULL>」となっているところをクリックして、「1」と入力して、Enter キーを押します。

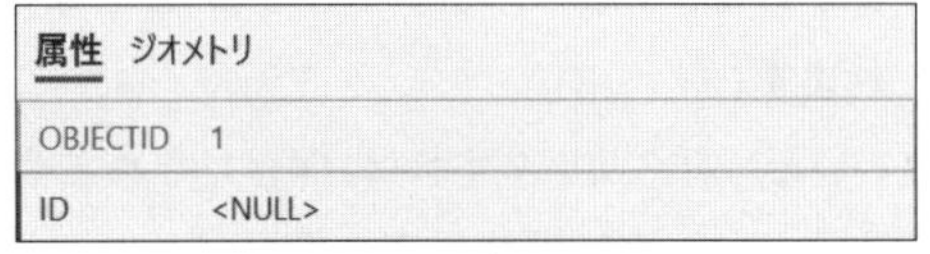

図 8-9　属性の入力画面

(7) 他のコンビニを探し、同様にポイントを作成していき、順番に ID フィールドに 2、3…と入力して、10 地点のデータを作成してみましょう。

※場所を間違えた場合は、選択状態を確認したうえで、「編集」タブのツールにある、「移動」ツールを使って移動させるか、「削除」ボタンあるいは Delete キーで削除してから、再度追加しましょう。

(8)「コンビニ」レイヤーの属性テーブルを開き、作成されたデータを確認してみましょう。

※フィーチャ作成の編集ツールをアクティブにしている間は、クリックすると図形が追加されてしまいます。そのため、間違ってクリックしてしまい、予期せぬところに図形が追加されてしまうこともあります。作成が終われば、マップの下部に表示されている、図8-10のようなツール群のうち、完了（✓）ボタンをクリックして、編集ツールのアクティブな状態を解除しておきましょう。

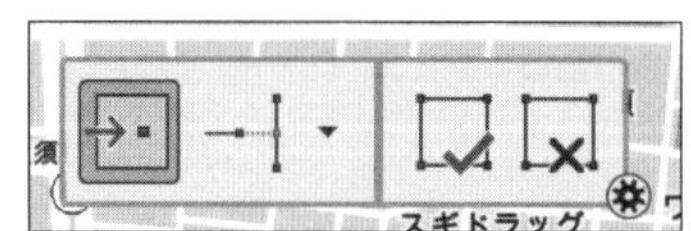

図8-10　マップの下部に表示されるツール

8-3. 編集結果の保存

(1)「編集」タブの「保存」をクリックします（図8-11）。

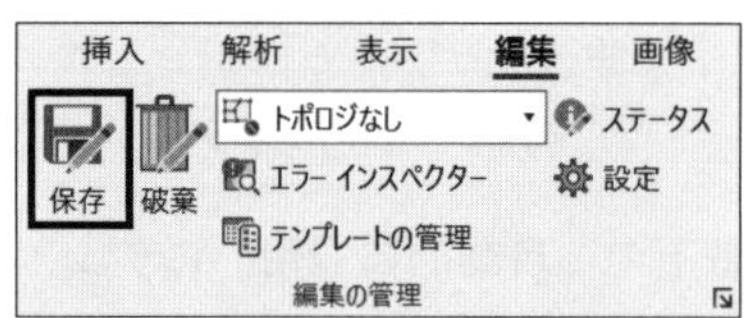

図8-11　「編集」タブの「保存」ボタン

(2)「すべての編集を保存しますか？」と聞かれますので、「はい」をクリックすると保存されます。

※「いいえ」をクリックすれば、保存はされません。保存されていない編集結果を取り消すのであれば、「破棄」ボタンをクリックする必要があります。

8-4. ポリゴンデータの作成

ポリゴンやラインデータの作成方法も、ポイントデータと基本は同じですが、複数の頂点を作成する必要がある点が大きく異なります。ここでは、公園のポリゴンデータを作成しながら、その方法を説明します。8-1の手順で、フィーチャクラスタイプが「ポリゴン」で「公園」という名前で、長整数型の「ID」フィールドを持つポリゴンデータを作成しておきましょう。空間参照（座標系）は「日本測地系 2011（JGD 2011）」としてください。公園の名前を格納するフィールドも必要ですが、今回はあとで追加する方法についても最初に解説します。

(1) コンテンツウィンドウで、「公園」レイヤーを右クリックして、「データ設計」→「フィールド」の順にクリックして、フィールドビューを開きます。

(2)「ここをクリックして、新しいフィールドを追加します。」をクリックして、フィールド名に「NAME」と入力し、データタイプを「Text」にします。

(3)「フィールド」タブの「保存」をクリックします（図8-12）。

(4) フィールドビューを閉じます。

※これでフィールドの追加が完了しました。編集しながら追加することもできますが、先に追加しておくほうがよいでしょう。フィールドについても編集と同じで、変更があるのであれば「保存」ボタンをクリックしておく必要があります。

(5) 名古屋市中心部で公園を探します（大きすぎないもののほうがよいでしょう）。

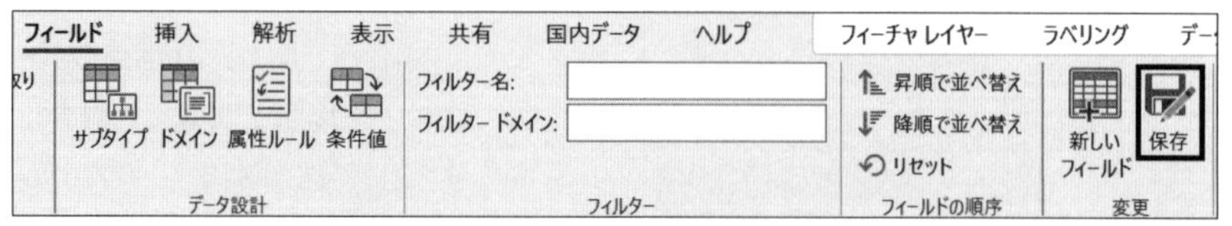

図8-12　「フィールド」タブの「保存」ボタン

(6)「編集」タブの「作成」をクリックし、フィーチャ作成の「公園」をクリックして、編集ツールを開始します。

(7) 公園の外周を順番になぞるように、左クリックして頂点を順次追加します。クリックする場所を間違えた場合は、Ctrl + Z で戻りましょう（図 8-13）。

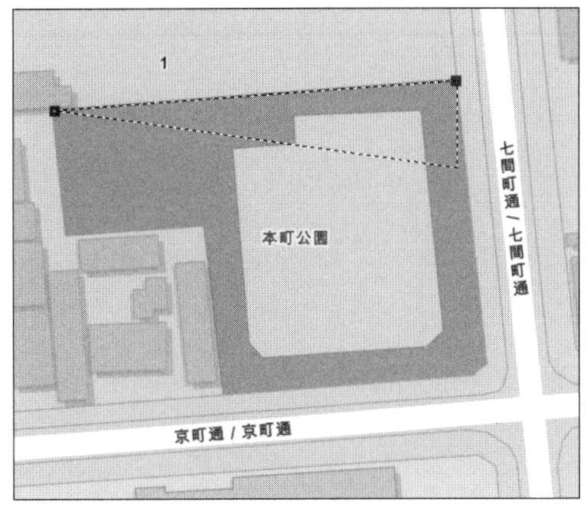

図 8-13　ポリゴンの頂点の追加

(8) 最後の頂点を作成するときにダブルクリックし、図形を完成させます。

(9)「編集」タブの「属性」をクリックして、「ID」フィールドに 1 を、「NAME」フィールドに公園名を入力します。

※形状を変更・修正したい場合は、「編集」タブのツールの「頂点の編集」をクリックして、頂点をドラッグすることで実現できます。頂点の編集を終了するためには、マップ下部に表示されている「完了」ボタンをクリックする必要があります。

(10)「編集」タブの「保存」で編集結果を保存します。

8-5. スナップ機能の利用

スナップ機能は、すでにあるデータとのズレを生じさせないように図形を作成するときに便利な機能です。ここでは、その基本的な使い方について確認しておきましょう。

(1)「編集」タブの「スナップ」をクリックしてアクティブにします（図 8-14・15）。

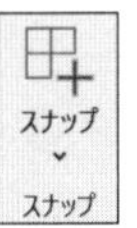

図 8-14 「スナップ」クリック前

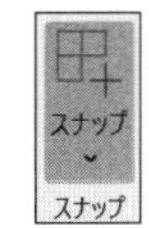

図 8-15 「スナップ」クリック後（アクティブな状態）

※「スナップ」の下の矢印部分をクリックすると、どの要素にスナップさせるかを選択できます。

(2)「編集」タブの「作成」をクリックして、フィーチャ作成の「公園」をクリックして、すでに作成した公園のポリゴンの頂点の近くにカーソルを移動させて、カーソルの動きと表示される情報を確認しましょう（図 8-16）。

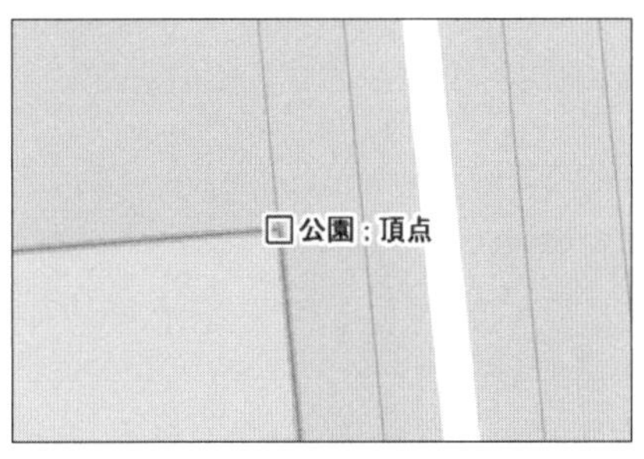

図 8-16　カーソルが頂点にスナップされた状態

※既存の頂点の近くまでカーソルを移動させると、自動的にその頂点にカーソルが移動します。クリックすると、その頂点に重なる頂点が作成されます。また、既存の直線上にカーソルを近づけると、「エッジ」と表示され、そこでクリックすると、その直線上に頂点を作成することができます。このスナップ機能は、ポリゴンだけでなく、ラインやポイントでも同様に使うことができます。ただし、既存の頂点をわずかに移動させたい場合などは、スナップ機能がかえって邪魔になることがありますので、必要に応じてアクティブ・非アクティブを切り替えるようにしましょう。

≪練習≫

・10カ所ぐらいの公園のポリゴンを作成してみましょう。

・新たに高速道路のラインデータを作成し、高速道路をなぞって、フィーチャを作成しましょう。

MEMO

第9章 住所データをジオコーディングする

Point

- 住所データをGISで扱うための方法
- ジオコーディング結果をArcGIS Proで表示・修正する

ジオコーディング（Geocoding）とは、住所の情報を解析して、対応する座標値の位置情報を求める処理です。例えば、通天閣のある大阪市浪速区恵美須東1-18-6という住所についてジオコーディングすれば、経度135.506375度、緯度34.652525度という座標値の情報が求められます。ジオコーディングは、住所（アドレス）が一致する地点のデータを照合する（マッチング）処理なので、**アドレスマッチング**とも呼ばれます。

ジオコーディングの際には、住所が分解され、それぞれの段階でマッチングされることになります。先ほどの例であれば、大阪市／浪速区／恵美須東／1／18／6というように分解されて、段階的にマッチング処理が行われます。このようなマッチング処理のためには、位置参照情報と呼ばれる、住所と緯度・経度（平面直角座標系の場合はX座標・Y座標）の対応表が必要になります。この対応表のデータについては、有料で販売されているものもありますが、街区単位（通天閣の例でいえば「18」まで）の位置情報であれば、国土数値情報のダウンロードサイト内で「位置参照情報」としてダウンロード可能です。

ジオコーディングの際には、住所が解析されて分解されますが、このときに注意が必要な点があります。例えば、「丸の内」という地名は、「の」をどう表記するかによって、正式名としては異なる地域を指すことになります。東京都千代田区などにある「丸の内」や、三重県津市などにある「丸之内」、高知県高知市などにある「丸ノ内」などのパターンがあります。正式な町名がそうであっても、多くの場合、混在した表記で住所が示されることがあり、「津市丸の内」という住所表記であれば、津市には存在しないため、ジオコーディングができなくなります。また、「いちがや」の表記の際に、「市ヶ谷」、「市谷」のように、「が」を「ヶ」としたり、省略したりすることもありますが、「ケ」や「が」、「ガ」とする表記もあります。さらに、漢字の旧字体との混在もあって、「島」と「嶋」、「竜」と「龍」、「釜」と「竈」などの表記の違いもあります。このような住所表記の「ゆれ」は、人間による目視であれば、同じものを指していると考えて処理できますが、GISでジオコーディングをする際には、同じ文字・地名であると認識させる必要があります。ただし、ある程度はパターンが想定できるため、多くのジオコーディングサービスでは、自動的な処理が可能になっていますので、処理できなかったデータがあった場合に、そのような点に注意しながらデータを確認するとよいでしょう。

ジオコーディングをより効率的に行うためには、住所の情報に建物名や部屋番号などを含まないようにする必要があります。「○○市△△1-5-3××マンション802号室」のような住所データの場合、マンション名や部屋番号のせいで、正しくジオコーディングできないことがあります。このような情報はあらかじめ削除しておくとよいでしょう。また、マンション名を省略して「○○市△△ 1-5-3-802」というケースがより多いかもしれませんが、このような場合も、地番なのか部屋番号なのかが区別しづらくなり、結果的にエラーが生じることがあります。もちろんジオコーディングサービスの多くは、ある程度の表記のゆれには自動的に対応してくれますが、あらかじめ自分で確認しておき、エラーが生じそうなデータがないか確認・修正しておくほうが、結果的に効率良くジオコーディングができるようになります。

ジオコーディングを行うためには、位置参照情報のような住所と位置情報の対応表が必要になりますが、大学や民間企業が提供するジオコーディングサービスを利用して、簡単にジオコーディングを行うことができます。日本でよく利用されているのは、東京大学空間情報科学研究センターが提供している、**CSV アドレスマッチングサービス**（https://geocode.csis.u-tokyo.ac.jp/）です。このサービスでは、位置参照情報を中心としたデータを用いて、街区レベルのジオコーディングができます。地理院地図でも同様にジオコーディングができますが、実際に動作しているのは東京大学が提供する CSV アドレスマッチングサービスです。街区ではなく、号や建物レベルでのジオコーディングを行う無料のジオコーディングサービスは今のところありませんので、そのレベルでのデータが必要になる場合は、街区レベルのジオコーディングを行ったうえで、ArcGIS Pro 上で、背景の地形図などを見ながら位置を修正していく必要があります。特に、住居表示が実施されていないような、街区ではなく番地のみで表記される住所の地域の場合、ジオコーディングの結果が大きくずれてしまうことがありますので、厳密さが求められる場合には、手動による確認・修正は必ず行うようにしましょう。なお、ArcGIS Online のクレジットを利用するか、ArcGIS Pro でのジオコーディング用の住所データを購入することができるのであれば、号や建物レベルのジオコーディングが可能ですが、ずれが全くないとも限りませんので、いずれにしても手動での確認は必要でしょう。

ここでは、住所の一覧データとして、三重県のオープンデータを用いて、三重県伊勢市の喫茶店のポイントデータを、東京大学空間情報科学研究センターの CSV アドレスマッチングサービスを利用して、ジオコーディングを行って作成する手順を紹介します。

まずはデータの準備として、「三重県オープンデータカタログサイト」（https://odcs.bodik.jp/240001/）にアクセスし、「食品営業許可施設」と検索して、食品営業許可施設の Excel データをダウンロードしてください。ダウンロードされた Excel データにはフィルターが設定されていますので、「営業所住所」列で「伊勢市」で始まるものに絞り込んだうえで、「業態」列で、「飲食店営業（喫茶店）（旧）」と「飲食店営業（喫茶店）」のみを表示させましょう。そのうえで、表示されているデータをすべてコピーし、新しいシートに貼り付け、「営業所住所」列の幅を広げておいてから、Excel ファイルを上書き保存しておいてください（図 9-1）。なお、データの件数（レコード数）は 223 件ですが、このデータは随時更新されますので、みなさんが作業されている時点とは異なる場合があります。

	A	B	C	D	E	F	G	H
1	初許可日	業種	業態	営業者氏名	営業所住所	営業所屋号	営業所電話	許可番号
2	2000/02/1	飲食店営業	飲食店営業	二見正夫	伊勢市小俣町元町５１３－１	Ｋ-ｚｏｏ	0596-23-4	伊 保第 57
3	2000/03/1	飲食店営業	飲食店営業	廣垣肇	伊勢市西豊浜町５４２８－２	喫茶ぽえむ		伊 保第 57
4	2000/06/0	飲食店営業	飲食店営業	樋口京子	伊勢市円座町１１５９－３	樫の実	0596-39-0	伊 保第 57
5	2000/07/0	飲食店営業	飲食店営業	上村富美恵	伊勢市岩渕２丁目２－１８	喫茶チャン	0596-24-8	伊 保第 57
6	2000/09/2	飲食店営業	飲食店営業	株式会社ゴ	伊勢市大湊町１１２５－１０株式会社ゴーリキ内	ゴーリキ	0596-31-0	伊 保第 57
7	2001/05/2	飲食店営業	飲食店営業	大西計知	伊勢市岩渕１丁目６－２２三和ビル１Ｆ	ホットラ	0596-23-6	伊 保第 57
8	2001/05/3	飲食店営業	飲食店営業	大西喜代子	伊勢市黒瀬町１２６２－２	ニューエ	0596-26-0	伊 保第 57

図 9-1　三重県の食品営業許可施設のオープンデータ

9-1. 住所データの整形

ジオコーディングを効率的に行うために、まずは住所データを整えていきましょう。

(1)「営業所住所」列の右に列を挿入して、「営業所住所」列の内容をコピーし、1 行目を「住所」として、「住所」列を作ります（図 9-2）。

E	F
営業所住所	住所
伊勢市小俣町元町５１３－１	伊勢市小俣町元町５１３－１
伊勢市西豊浜町５４２８－２	伊勢市西豊浜町５４２８－２
伊勢市円座町１１５９－３	伊勢市円座町１１５９－３
伊勢市岩渕２丁目２－１８	伊勢市岩渕２丁目２－１８
伊勢市大湊町１１２５－１０株式会社ゴーリキ内	伊勢市大湊町１１２５－１０株式会社ゴーリキ内
伊勢市岩渕１丁目６－２２三和ビル１Ｆ	伊勢市岩渕１丁目６－２２三和ビル１Ｆ

図 9-2　住所列の作成

※これで、元の住所データを残して、ジオコーディング用の住所データを作成することができます。

(2)「住所」列をよく確認しながら、会社名や建物名、ビルやマンションなどの階数・部屋番号があればその部分を削除しましょう。

(3) 削除が終了すれば、Excel で一度、上書き保存しておきます。

(4) 住所の列が左から何番目にあるかを確認しておきましょう（今回は 6 列目になります）。

※ CSV アドレスマッチングサービスを利用する際にこの情報が必要になります。

(5) Excel のファイルメニューから、「名前を付けて保存」（あるいは「コピーを保存」）で「ファイルの種類」を「CSV（コンマ区切り）(*.csv)」として、任意のファイル名を付けて保存します。

※複数のシートが含まれるデータであれば、「選択したファイルの種類は複数のシートを含むブックをサポートしていません」というエラーが表示されますが、そのまま「OK」を押してください。

(6) Excel を閉じましょう。

9-2. 東京大学 CSV アドレスマッチングサービスを使ったジオコーディング

(1) ブラウザで「東京大学 アドレスマッチング」をキーワードとして検索します。

(2)「CSV Geocoding Service」を開くと、図 9-3 のような画面が表示されます。

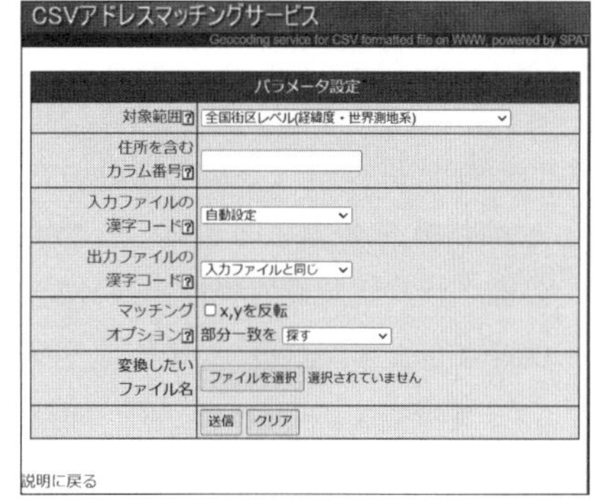

図 9-3　東京大学空間情報科学研究センターの CSV アドレスマッチングサービス

(3) 対象範囲で「三重県 街区レベル（経緯度・世界測地系）」を選びます。

※別の地域のデータを選ぶ際は、該当する都道府県のデータを選びましょう。複数の都道府県にまたがる場合は、全国で構いません。また、「（経緯度・世界測地系）」という部分にも注意してください。ここを間違ってしまうと、位置情報が得られても、ArcGIS Pro 上で正しく表示することができません。

(4) 住所を含むカラム番号に「6」と入力します。

(5) 入力ファイルの漢字コード、出力ファイルの漢字コードで「シフト JIS コード（SJIS）」を選びます。

(6) 変換したいファイル名で、「ファイルを選択」をクリックして、9-1 で保存した CSV ファイルを選択します。

(7)「送信」をクリックし、アドレスマッチング結果のファイルがダウンロードされるのを待ち（数百件であればすぐに終わります）、ダウンロードされれば、クリックしてファイルを開きましょう。

	A	B	C	D	E	F	G	H	I	J	K	L	M	N
1	初許可日	業種	業態	営業者氏	営業所住	住所	営業所屋	営業所電	許可番号	LocName	fX	fY	iConf	iLvl
2	#######	飲食店営	飲食店営	二見正夫	伊勢市小	伊勢市小	K-ｚｏｏ	0596-23-4	伊 保第 57	三重県/伊	136.6767	34.5076	5	7
3	#######	飲食店営	飲食店営	廣垣肇	伊勢市西	伊勢市西	喫茶ぽえむ		伊 保第 57	三重県/伊	136.6992	34.52197	5	7
4	2000/6/9	飲食店営	飲食店営	樋口京子	伊勢市円	伊勢市円	樫の実	0596-39-(	伊 保第 57	三重県/伊	136.649	34.44152	5	5
5	2000/7/7	飲食店営	飲食店営	上村富美	伊勢市岩	伊勢市岩	喫茶チャ	0596-24-8	伊 保第 57	三重県/伊	136.7136	34.48738	5	7
6	#######	飲食店営	飲食店営	株式会社	伊勢市大	伊勢市大	ゴーリキ	0596-31-(	伊 保第 57	三重県/伊	136.7381	34.52722	5	7
7	#######	飲食店営	飲食店営	大西計知	伊勢市岩	伊勢市岩	ホットラ	0596-23-6	伊 保第 57	三重県/伊	136.7095	34.48797	5	7
8	#######	飲食店営	飲食店営	大西喜代	伊勢市黒	伊勢市黒	ニューエ	0596-26-(	伊 保第 57	三重県/伊	136.7403	34.49474	5	7
9	#######	飲食店営	飲食店営	伊勢銀座	伊勢市一	伊勢市一	伊勢銀座	0596-28-5	伊 保第 57	三重県/伊	136.7045	34.49456	5	7
10	#######	飲食店営	飲食店営	片出百合	伊勢市神	伊勢市神	Ｃａｆｅ	23-6226	伊 保第 57	三重県/伊	136.7183	34.49155	5	7

図 9-4　アドレスマッチングの結果

※ LocName 以降の列が新たに追加されていることがわかります（図 9-4)。LocName は解析・分割された住所の情報で、fX が経度、fY が緯度となります。iConf と iLvl は変換の精度に関する情報です。iConf は処理の信頼度を示し、5 であれば問題ありません。iLvl は 7 であれば街区・地番レベルでの一致ができていることになります。今回の結果では iLvl が 5 のものがありますが、これは町・大字レベルでの一致にとどまっているものです。

(8) ダウンロードされたファイルの名称は、元の CSV ファイルの名称と同じで紛らわしいので、Excel を閉じて別の名前に変更しておくか、あるいは Excel で新たな CSV 形式のファイルとして保存し直すようにしましょう（その場合は保存後に Excel を閉じてください)。

9-3. ArcGIS Pro でのジオコーディング結果の地図表示

(1) まず、ArcGIS Pro を起動して新しいプロジェクトを作成しておきましょう。

(2) ジオコーディング後の CSV ファイル（ここではファイル名を「ise_cafe_xy.csv」としました)を、作成したプロジェクトのフォルダーに移動させます。

(3)「マップ」タブの「データの追加」をクリックし、プロジェクトのフォルダー内の「ise_cafe_xy.csv」を選択して「OK」を押してマップに追加します。

(4) コンテンツウィンドウのスタンドアロンテーブルとして追加された「ise_cafe_xy.csv」を右クリックして、「XY データの表示」をクリックして「XY データの表示」ツールを起動します（図 9-5)。

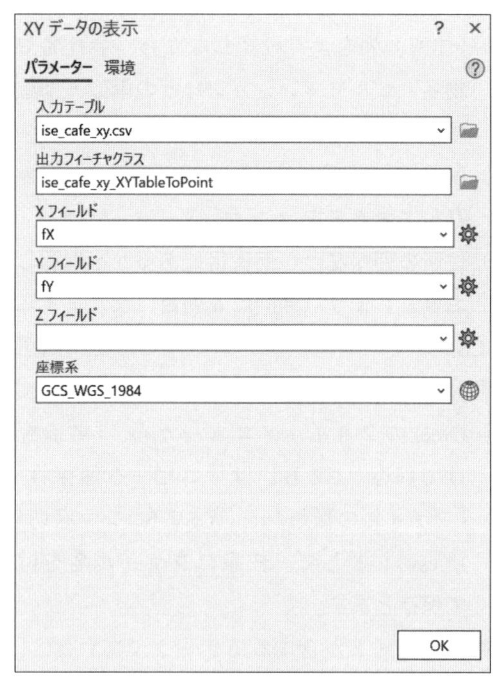

図 9-5 「XY データの表示」ツール

(5) 入力テーブル欄はそのままで構いません。

(6) 出力フィーチャクラス欄は「喫茶店ポイントデータ」としましょう。

※出力フィーチャクラス名は、標準では、プロジェクトのファイルジオデータベース内に、入力テーブル名に基づいて決められた名前になります。

区別できるのであればそのままでも問題ありません。

(7) X フィールド欄は「fX」が選ばれていることを確認してください。ここでは、経度や X 座標のフィールドを指定します。

(8) Y フィールド欄は「fY」が選ばれていることを確認してください。ここでは、緯度や Y 座標のフィールドを指定します。

(9) Z フィールド欄は空欄で構いません。

(10) 座標系欄は、座標系の選択ボタンをクリックして、「jgd」で絞り込んで、「日本測地系 2011 (JGD 2011)」を選択しましょう。

(11)「OK」をクリックすると地図が表示されます（図 9-6)。

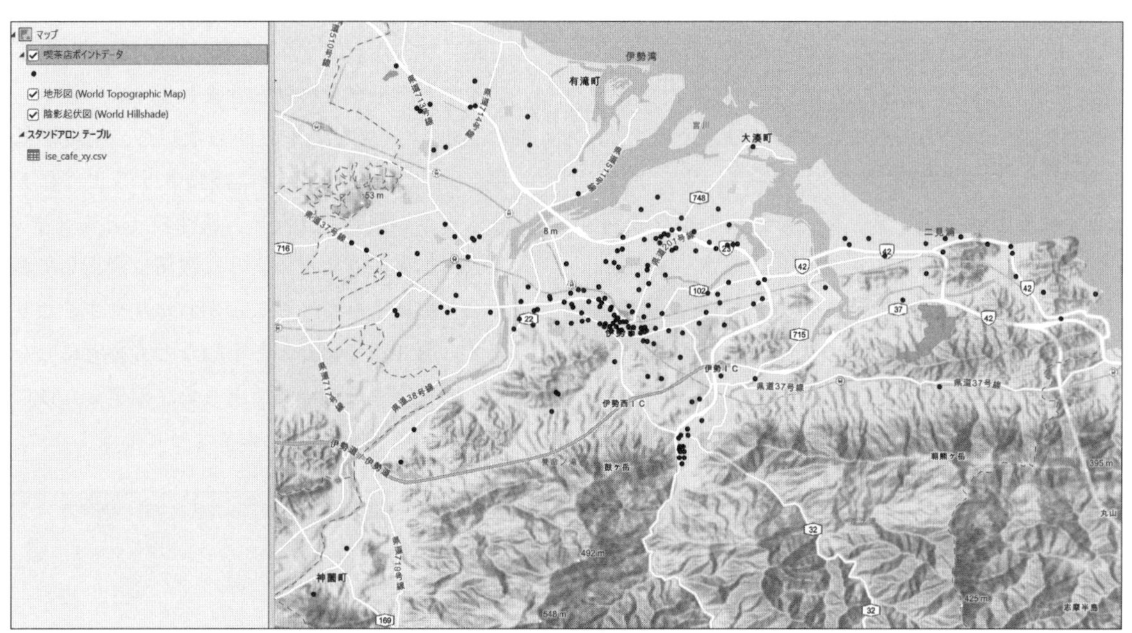

図 9-6　ジオコーディング結果の地図表示

9-4. ジオコーディングの精度の確認と位置の修正

東京大学の CSV アドレスマッチングサービスで得られる結果には一定の精度があり、広範囲の分析であれば、それほど影響がない程度のずれしか生じませんが、500 m の範囲内の商圏分析など、ミクロな視点から分析したい場合は、街区レベルで特定できている場合と、大字レベルでしか特定できていない場合が混在するデータでは不都合が生じます。そこで、iLvl の値で色分けして表示し、7 以外となっているデータについては、位置を修正するとよいでしょう。

(1)「喫茶店ポイントデータ」のシンボルを個別値にし、フィールド 1 を iLvl に設定しましょう。iLvl が 5 や 6 のデータを修正したいので、これらについては目立つようにしておくと便利です（図 9-7・口絵参照）。

(2)「喫茶店ポイントデータ」の「ラベリング」タブの「ラベル」をアクティブにし、ラベルクラスのフィールドを「住所」にしてみましょう。

(3) 背景として表示されている地形図では、ある程度ズームすると、地番などが表示されますので、ラベルとして表示されている住所や地形図上の地番の表示を頼りに、正しい場所を探してみてください。

(4) 正しい場所が見つかれば、「編集」タブの「移動」ツールをアクティブにし、対象としたポイントデータを移動させましょう。

※ Google マップなども駆使しながら、精度が低いデータを正しい場所に移動させるようにしましょう。移動させたら、属性の iLvl を 8 や 9 など、本来ありえないような数値に修正しておくと、編集済みであることがわかりやすくなります。第 8 章で紹介した手順なども参考にしながら修正作業を進めてください。編集した後には忘れずに「保存」しておくようにしましょう。

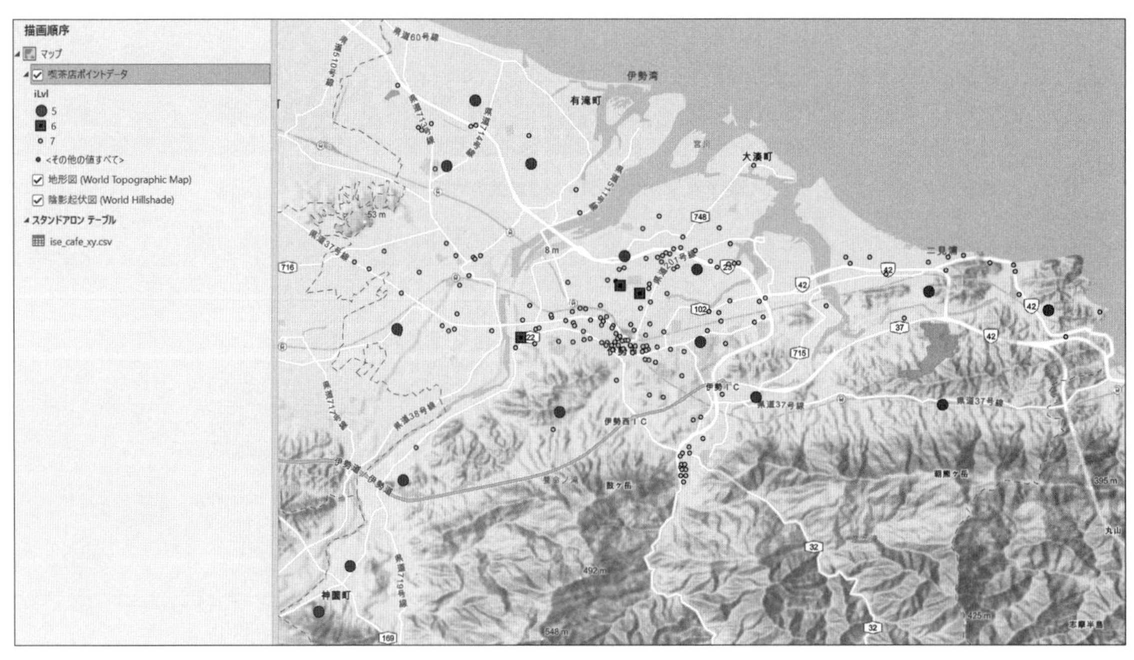

図 9-7　アドレスマッチング結果の喫茶店ポイントデータ（iLvl が低いものを強調）

第10章 内挿でラスターデータを作る

Point

- 内挿という処理で何ができるのか
- 地価のポイントデータからラスターデータを作成する
- ラスターデータから任意の地点の値を抽出する

ラスターデータは、個々の図形で表現されるベクターデータとは違って、面的に連続した地理情報です。衛星画像や空中写真のように、一定の範囲内の情報が画像として記録されたデータは、位置情報さえ与えられていれば、そのままラスターデータとして利用できますが、新たにラスターデータを作成するには、面的にすべての場所についての情報を収集・作成する必要があります。ただし、そのような作業は非常に困難です。そのため、一般的には、サンプリングした地点を調査することで得られた複数の観測点のポイントデータをもとにして、データのない場所の数値を空間的に補間することで、ラスターデータを作成する方法が採用されます。この空間的な補間の処理を、**内挿**処理と呼びます。

例えば、DEMデータである標高のラスターデータは、地形をすべて計測して、土地の標高を連続的に求めることは難しいため、観測点ごとの標高を内挿して作成されることが一般的です（図10-1）。大気汚染の状況なども、観測点のデータをもとにして内挿することで、ラスターデータとして地図上に表現することができます。

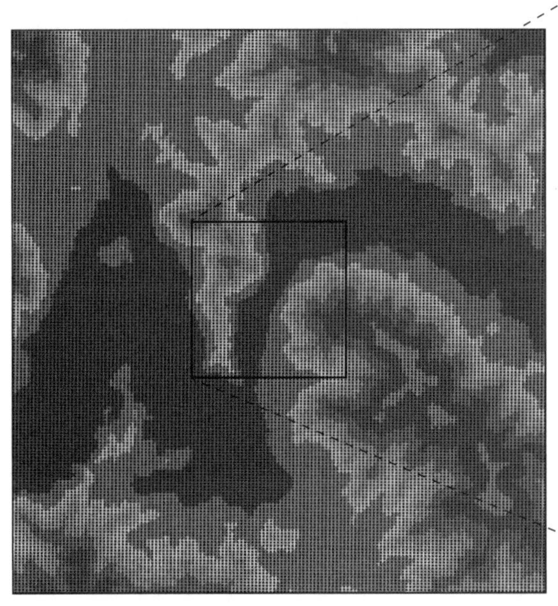

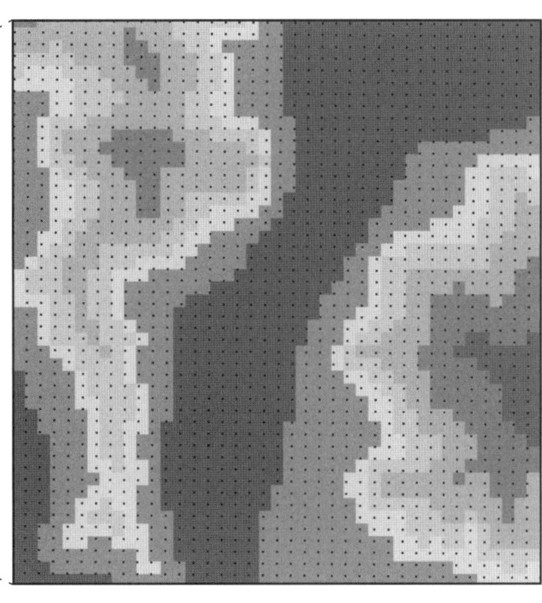

図10-1　標高のポイントデータとこれを内挿して作成した標高のラスターデータ（DEM）
（ポイントデータの間隔は約50 mで、右画像は中央付近をズームしたもの）

このような自然現象や環境に関するデータのように、本来は空間的に連続した現象であるものの、観測が難しいような現象についてのラスターデータは、内挿によって作成されることが一般的です。

一方、自然とは関連しないようなデータでも、内挿が行われることがあります。例えば、地価のデータが代表的です。すべての土地の1筆ごとのGISデータがあって、それぞれに地価の情報が付与されていれば、内挿を行わなくても、地価についてのラスターデータを生成することができます（ベクターデータとしてそのまま利用することもできます）。2023年には、法務省が登記所備付地図のGISデータをオープンデータとして公開しましたが、すべての地域について入手できるのではなく、地価の情報も付与されていませんので、そのような方法でラスターデータを作成するのは現実的ではありません。一方、毎年、国による公示地価の調査と、都道府県地価調査が実施されており、それぞれの調査地点別の地価のポイントデータが国土数値情報で公開されています。これを用いて内挿することで、便宜的な地価のラスターデータを生成することができます。

ラスターデータとして作成することで、空間的な分析の幅が広がります。例えば、ラスターデータとベクターデータを重ね合わせて、ラスターデータの情報をベクターデータの図形ごとに抽出することができます。ポイントデータの場合、その地点のラスターデータの値を抽出でき、ラインデータ、ポリゴンデータの場合、図形が重なる部分のラスターデータについての集計値（平均値や最大値、最小値など）を抽出できます。すなわち、内挿処理によってラスターデータを作成することで、サンプリングされたデータがない場所についての推定値を取得できるようになります。ただし、内挿処理の元になるデータが少ない場所では、必ずしも正確な値にはなりません。標高データのように、観測点の多いデータであれば誤差は小さくなりますが、観測点が少ない地価データについては、一定の誤差が生じやすくなります。

ここでは、国土数値情報の地価公示データをダウンロードしたうえで、内挿によって名古屋市の地価のラスターデータを作成する手順を解説します。事前の準備として、以下の作業を行ってください。まず、ArcGIS Proを起動して、新しくプロジェクトを作成してください。そして、最新の年次のもので構いませんので、国土数値情報ダウンロードサイトから、愛知県の地価公示のポイントデータをダウンロードし、プロジェクトのフォルダーに展開してください。

また、同じく国土数値情報ダウンロードサイトから、令和5年の愛知県の行政区域のポリゴンデータをダウンロードし、プロジェクトのフォルダーに展開しておきましょう。内挿の際にポリゴンデータを利用することで、そのポリゴンの範囲内のみのラスターデータを作成することができます。さらに加えて、愛知県の郵便局のポイントデータもダウンロードして、プロジェクトのフォルダーに展開してください。このデータについては、ラスターデータからの値の抽出に用います。ポイントデータであれば郵便局以外でも構いません。なお、この章では、Spatial Analystのジオプロセシングツールを使用しますので、Spatial Analystのエクステンションが必要になります。準備ができれば、それぞれのシェープファイルを、プロジェクトのマップに追加しておきましょう。

10-1. マップの座標系の設定

ラスターデータは、**セル**という正方形のマス目からなるデータですので、緯度・経度で表現される地理座標系でラスターデータを作成すると、正確なデータになりません。そのため、事前に、どのような投影座標系でラスターデータを作成するのかを決めておく必要があります。

今回は、国土数値情報の愛知県のデータを用いますので、世界測地系（JGD2011）の平面直角座標系第7系を用います。出力する際の座標系の設定は、内挿処理の際に個別に指示することもできますが、マップの座標系としてあらかじめ設定しておくことで、作業が楽になりますので、マップのプロパティから、投影座標系のうちの「平面直角座標系 第 7 系（JGD 2011）」に設定しておいてください。

10-2. 内挿処理（IDW）の実行

ここでは、内挿処理の手法として、**IDW** という手法を利用します。IDW は、Inverse Distance Weighting の略で、日本語では逆距離加重となります。内挿では、観測点のデータを元に、ラスターの各セルの値を求めることになります。IDW は、ラスターの各セルの値として、観測点に空間的に近いほど観測点の値に近くなるように、観測点からの距離の逆数で加重して求めていく方法です。

(1) 「解析」タブの「ツール」をクリックし、ジオプロセシングウィンドウを表示します。
(2) 「ツールボックス」の「Spatial Analyst ツール」の中の、「内挿」にある、「IDW」をクリックします（図 10-2）。
(3) 「環境」をクリックして、出力座標系欄で、「現在のマップ」を選択します。
(4) 「パラメーター」をクリックして、入力ポイントフィーチャで、「L01-23_23」（愛知県の地価公示のデータ）を選択します。
(5) Z 値フィールドで「L01_006」が選択されていることを確認しましょう（このフィールドに地価（単位：円）の値が入っています）。
(6) 出力ラスター欄で、参照ボタンをクリックして、プロジェクトのファイルジオデータベースの中に、「地価ラスター」という名前を入力して「保存」をクリックします。
(7) 出力セルサイズ欄で 50 と入力します。
(8) 「実行」をクリックして、出力結果を確認してみましょう。

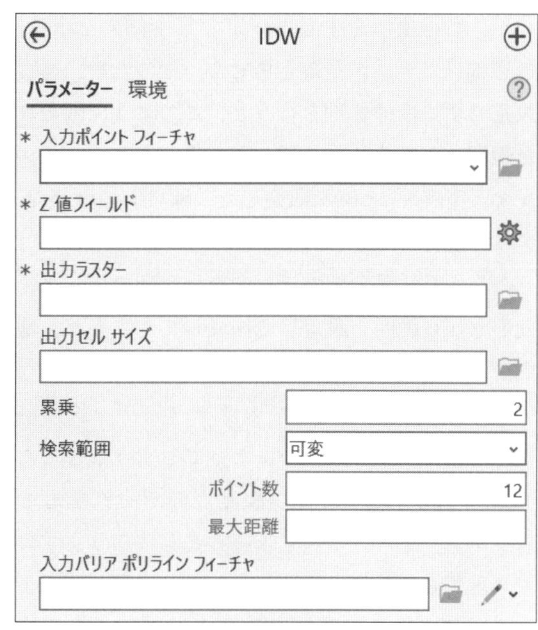

図 10-2 「IDW」ツール

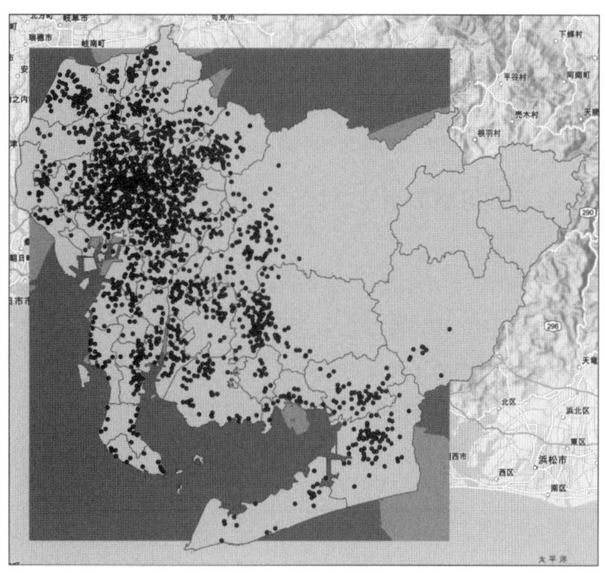

図 10-3 IDW で内挿して作成した地価公示のラスターデータ

どのような範囲のラスターデータが作成されたのでしょうか。図 10-3 のように、愛知県全域というわけでもありません。地価公示のポイントデータとの対応関係を見ればわかりますが、地価公示のポイントデータがある範囲のみで、ラスターデータが作成されています。地価公示のポイントデータは、愛知県全域にまんべんなく存在しているわけではなく、名古屋市を中心に一定の集中傾向を示し、縁辺部ほどデータがありません。そのため、何も設定せずに内挿処理を行うと、このように限られた範囲のみでラスターデータが作成されてしまいます。座標系について設定した「環境」の画面で、データ作成の範囲を指定することができます。

一方、愛知県全域のデータを、今回のデータを使いながら範囲を設定して作成してしまうと、地価公示のポイントデータ（すなわち観測点）がない北東部の地域についてのラスターデータの値は、非常に不正確なものになってしまうことになります。内挿処理では、観測点のデータをもとにラスターデータの値を求めることになりますので、理想としてはラスターデータが必要な範囲よりも外側も含めた範囲の観測点のデータを用意し、それらを使って内挿して、必要な範囲のみを切り出すほうがよいでしょう。今回は、そのような点を考慮して、名古屋市の範囲の地価のラスターデータを作成することにします。

10-3. 行政区域のポリゴンデータのフィルター設定

第3章3-2に示した「レイヤープロパティのフィルター設定」を参考にして、行政区域のポリゴンデータに、図10-4のようなフィルターを設定しましょう。これで「適用」し、「OK」をクリックすれば、名古屋市の範囲のみのポリゴンになります。

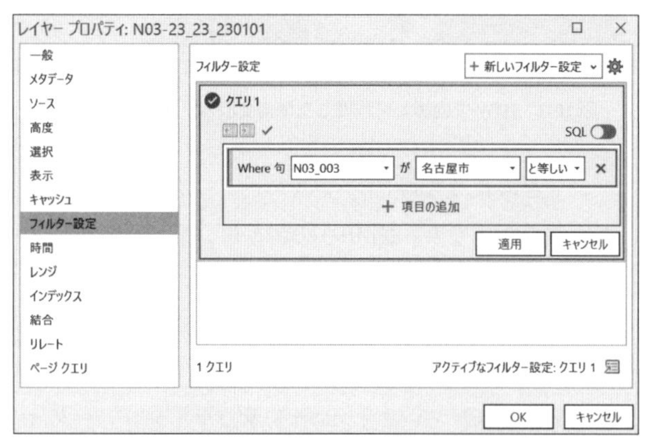

図10-4　行政区域のポリゴンデータへのフィルターの設定

10-4. IDWによる名古屋市の範囲の地価データの作成

ラスターデータから、特定の範囲のみを抽出することもできますが、ここでは再度IDWを行うことにし、IDWの「環境」で条件を設定するようにします。まずは、10-2の（1）～（7）の手順で、パラメーターを設定しておきましょう。出力ラスターについては、名前を「名古屋市地価ラスター」にしておきましょう。

（1）「環境」をクリックし、マスク欄で「N03-23_23_230101」（行政区域のポリゴンデータ）を、処理範囲の「範囲」欄でも、「N03-23_23_230101」（行政区域のポリゴンデータ）を選びます。

（2）「実行」をクリックして、出力結果を確認してみましょう（図10-5・口絵参照）。

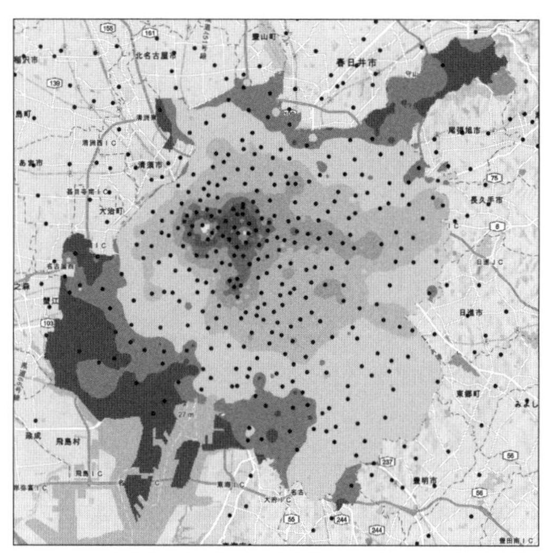

図10-5　名古屋市の範囲の地価のラスターデータ

※**マスク**は、指定したポリゴンなどの範囲のみのラスターデータを出力するための設定です。また、**処理範囲**は、IDWによる計算を、どの範囲まで行うかという設定です。今回の場合は、名古屋市の範囲がデータの処理範囲に完全に入るため、処理範囲の設定は必要ありませんが、セットで設定するものと理解しておくとよいでしょう。マスクや処理範囲は、IDW以外のジオプロセシングツールでも設定できます。

10-5. ラスターデータからの値の抽出

郵便局のポイントデータを使って、郵便局の地点の地価を求めてみましょう。

(1)「解析」タブの「ツール」をクリックしてジオプロセシングウィンドウを開き、「Spatial Analyst ツール」の中の「抽出」の中にある、「抽出値 → ポイント（Extract Values to Points）」をクリックします。

(2) 入力ポイントフィーチャ欄で、「P30-13_23」（郵便局のポイントデータ）を選択します。

(3) 入力ラスター欄で、「名古屋市地価ラスター」を選択します。

(4) 出力ポイントフィーチャ欄で、参照ボタンをクリックして、プロジェクトのファイルジオデータベースの中に、「郵便局地価データ」という名前を入力して「保存」をクリックします。

(5)「実行」をクリックしましょう。

※空間インデックスについての警告が表示されることがあるかもしれませんが、「郵便局地価データ」レイヤーが追加されており、地図上に表示されていれば問題ありません。

(6) 出力された「郵便局地価データ」レイヤーの属性テーブルを開いて、「RASTERVALU」というフィールドが作成されていることを確認しましょう（図 10-6）。

※この RASTERVALU というフィールドにラスターの値、すなわち地価が入っています。ここでの単位は円です。

(7)「RASTERVALU」のフィールド名のところで右クリックして、「降順で並べ替え」をクリックし、地価が最も高い地点にある郵便局を探してみましょう。

郵便局地価データ

フィールド: 追加 計算 選択セット: 属性条件で選択 ズーム 切り替え 解除 削除 コピー

	OBJECTID *	Shape *	P30_001	P30_002	P30_003	P30_004	P30_005	P30_006	P30_007	RASTERVALU
1	1	ポイント	23101	18	18003	18006	名古屋覚王山郵便局	覚王山通9-25	0	605203.1
2	2	ポイント	23101	18	18003	18006	名古屋希望丘郵便局	希望ケ丘4-10-19	0	220928
3	3	ポイント	23101	18	18003	18006	名古屋宮根台郵便局	宮根台1-6-3	0	174121
4	4	ポイント	23101	18	18003	18006	名古屋今池郵便局	今池2-26-20	0	456108.7
5	5	ポイント	23101	18	18001	18006	千種郵便局	今池4-9-18	0	796859.7
6	6	ポイント	23101	18	18003	18006	名古屋大久手郵便局	今池南17-2	0	511859
7	7	ポイント	23101	18	18003	18006	名古屋星丘郵便局	桜が丘11	0	367157.9
8	8	ポイント	23101	18	18003	18006	名古屋自由ケ丘郵便局	自由ケ丘3-2-27	0	236644.5
9	9	ポイント	23101	18	18003	18006	名古屋汁谷郵便局	汁谷町109	0	189857.6

図 10-6 「郵便局地価データ」の属性テーブル

≪練習≫

・他の施設のポイントデータを使って、地価を求めてみましょう。ジオコーディングによって新たにポイントデータを作成して地価を求めるのもよいでしょう。

第11章 位置関係でGISデータを結合する

Point

- 位置関係に基づいてGISデータ同士を結び付ける
- 空間結合を使って2つのGISデータ間で距離を求める

建物形状のポリゴンと、公共施設のポイントデータがあるとします。建物形状のポリゴンには、建物の名前の属性があり、公共施設のポイントデータは、その建物の中心点の位置で作られており、施設名や利用可能な時間、施設の規模などの属性があります。このとき、建物形状のポリゴンに、公共施設のポイントデータの情報を付与するには、どのようにすればよいでしょうか。1つの解決策は、第7章で紹介した属性結合です。建物の名前と施設名はある程度一致するはずですので、一致するものについては属性結合で、公共施設の情報を建物形状のポリゴンに付与することができます。しかし、完全に対応させることはできません。このような場合に使用する処理が**空間結合**です。

空間結合とは、2つのGISデータ間の空間的な位置関係が、一定の条件下にある場合に結合する処理です。ポイントデータとポリゴンデータの場合の空間的な位置関係のいくつかの例を示しました（図11-1）。空間結合では、あらかじめ設定した位置関係に基づいて、フィーチャ単位で照合し、条件に合致するものについて、結合処理が行われます。

空間結合は、先ほどの建物のポリゴンと施設のポイントデータのように、一定の空間的な関係はあるものの、属性に共通点がないような2つのGISデータに適用されることが多いでしょう。このような場合には、「含む／含まれる」の位置関係をもとに空間結合が行われます。ちなみに、特定のポイントが特定のポリゴン（の内部）に含まれるかどうかを判定することを、GISの世界では、**ポイントインポリゴン**と呼びます。頻繁に行われる処理だからこそ、そのような名前が付けられており、空間結合は、属性結合とともにGISデータを処理するうえでは非常に重要な作業です。

空間結合では、空間的な位置関係を求める際に、それぞれのフィーチャ間の距離が計算されるため、これを利用した空間的な分析も可能です。例えば、「最も近い」という位置関係を利用して、町丁目のポリゴンデータに、鉄道駅のポイントデータを空間結合することで、各町丁目のポリゴンの属性に、最も近い鉄道駅の名称と、そこまでの距離の属性を追加した新たなGISデータを作成できます。町丁目のポリゴンデータに、人口などの統計データが付与されていれば、このGISデータの属性テーブルをExcelファイルとしてエクスポートして、鉄道駅ごとの駅勢圏の人口を求めることができます。距離で上限を設定すれば、鉄道駅から500 m以内の人口なども簡単に求められます。また、鉄道駅が近いほど、単身世帯の比率が高くなる、というような関係も分析できます。

ポイントインポリゴンのような処理の場合、通常は、1つのポリゴン（またはポイント）に対して、空間的な位置関係が対応する1つのポイント（またはポリゴン）の情報が結合されます。もし、2つのポリゴンが重なり合っていて、重なり合っているところに1つのポイントがある場合に、ポイントデータを基準として、ポリゴンを空間結合

ポイントを「含む」ポリゴン　　ポリゴンに「含まれる」ポイント　　ポリゴンに「最も近い」ポイント

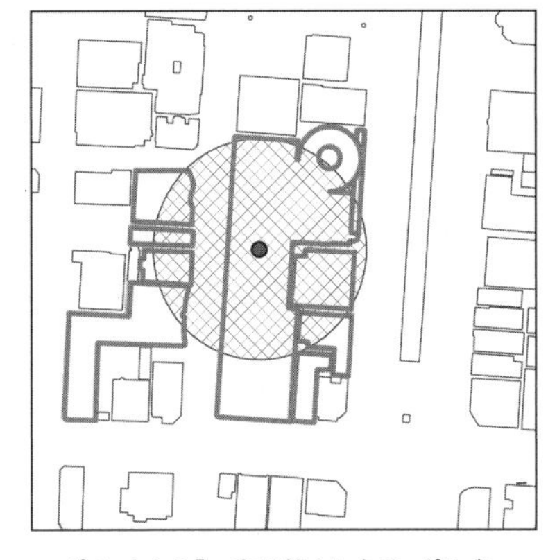

ポイントから「一定距離内にある」ポリゴン

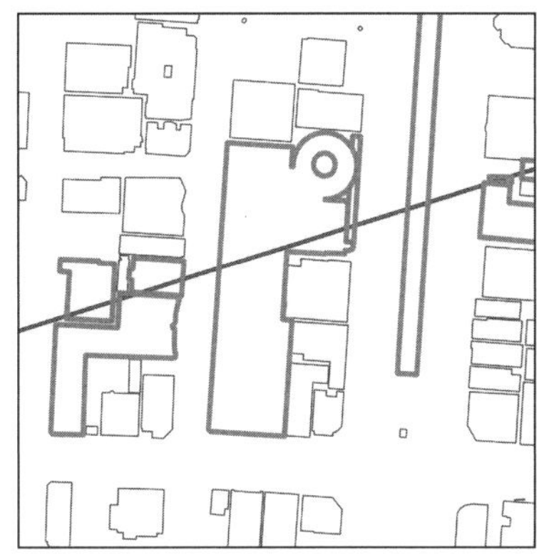

ラインと「インターセクト（交差）」するポリゴン

図 11-1　空間的な位置関係の例

しようとすると、どのようになるのでしょうか。ArcGIS Pro の空間結合では、このような場合にどうするかを事前に決めておく必要があり、1 対 1 と 1 対多のどちらにするかを選択できます。1 対 1 とした場合は、片方のポリゴンの情報がポイントに結合されます。1 対多とした場合は、ポイントがコピーされて 2 つになり、それぞれのポリゴンの情報が結合されます。1 対多とする機会はあまり多くないかもしれませんが、方法としては理解しておくとよいでしょう。

なお、ArcGIS Pro で空間結合を行うときには、「空間結合の追加」と「空間結合」の 2 つのツールが利用できます。「空間結合の追加」はコンテンツウィンドウでレイヤー名を右クリックして実行できるもので、属性結合と同様、メモリー上での結合が行われ、データをエクスポートしない限りはファイルやファイルジオデータベースとして出力されません。また、1 対多の空間結合には対応していません。結合状態は、属性結合と同様にレイヤー名の右クリックから解除することができます。「空間結合」は「解析」タブから実行でき、空間結合を行った結果を新たな GIS データとして作成・保存するツールで、1 対多の空間結合にも対応しています。1 対 1 の空間結合を行うのであれば、「空間結合の追加」を用いるのが簡単でしょう。結合した結果の GIS データが必要であれば、そのままエクスポートすれば OK です。

ここでは、「含む」の位置関係に基づいて、建物のポリゴンデータに含まれる医療施設のポイントデータの空間結合を行う手順と、「最も近い」

の位置関係に基づいて、町丁・字等のポリゴンデータと最寄りの鉄道駅のラインデータの空間結合を行う手順を解説します。なお、前者の手順では「空間結合の追加」を、後者の手順では「空間結合」を行います。

今回は、第6章で使用したプロジェクトとGISデータを活用しましょう。具体的には、第6章で使用した沖縄県那覇市のGISデータのうち、基盤地図情報の建築物ポリゴンデータと、国勢調査の町丁・字等別のポリゴンデータを用います。これらに加えて、国土数値情報ダウンロードサイトから、沖縄県の医療機関データ（令和2年）と、全国の鉄道データ（令和4年）をダウンロードして、プロジェクトのフォルダーに展開しておいてください。鉄道データはラインデータですが、今回は問題ありません。まずは第6章で使用したプロジェクトを開いておき、基盤地図情報の建築物（BldA）、国勢調査の「r2ka47201」、医療機関データ「P04-20_47」、鉄道データ「N02-22_Station」がマップに読み込まれた状態にしておいてください。

11-1.「含む」の位置関係による空間結合

(1) コンテンツウィンドウで「建築物」レイヤーを右クリックし、「テーブルの結合とリレート」、「空間結合の追加」の順にクリックします（図11-2）。

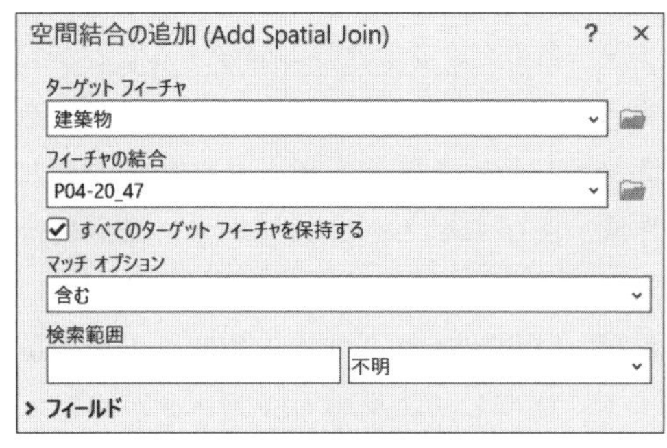

図11-2　「空間結合の追加」ツール

(2) ターゲット フィーチャ欄に「建築物」が入っていることを確認しましょう（ここが違うことはほとんどないはずです）。

(3) フィーチャの結合欄で、「P04-20_47」（医療機関データ）を選択します（最初から選ばれているかもしれません）。

(4) マッチ オプション欄で、「含む」を選択します。

※「含む（Clementini）」は、ポリゴンの境界線上にあるものを含まないものになります。また、「含まれる」もありますので、違いに注意しましょう。“ターゲット フィーチャ”（ここではポリゴン）が“フィーチャの結合”（ここではポイント）を「含む」ということになりますので、「含まれる」では不適切になります。

(5) 検索範囲を指定できますが、「含む」の場合には関係ありません。「一定距離内にある」などを使用する際に有効になります。

(6) フィールド欄を開くと、どのフィールドを結合するのかを選ぶことができます。一部のフィールドのみでよい場合は、不要なフィールドを削除しておきましょう。

(7)「OK」をクリックします。

(8)「建築物」レイヤーの属性テーブルを開き、医療機関データの属性が結合されていることを確認しましょう（図11-3）。

(9)「建築物」レイヤーのシンボルを変更し、個別値にしてJoin_Countフィールド（結合されたフィーチャ数のフィールド）で色分けしてみましょう。

図11-4の地図からわかるように、Join_Countが2以上のポリゴンがあるようです。「空間結合の追加」では、1対多ではなく、1対1で結合されているため、建築物のポリゴンには、1つの医療機関のポイントデータしか結合されません。したがって、Join_Countが2以上のポリゴンについては、先にマッチしたポイントデータの属性のみが結合されていることになります。「解析」タブから「空間結合」を実行し、1対多とした場合には、

建築物

フィールド: 追加　計算　選択セット: 属性条件で選択　ズーム　切り替え　解除　削除　コピー

	構成線	Shape *	Shape_Length	Shape_Area	OBJECTID	Join_Count	TARGET_FID	P04_001	P04_002	P04_004	P04_005
1	<NULL>	ポリゴン	0.016348	0.000004	1	1	1	2	那覇検疫所那覇空港検…	内科	
2	<NULL>	ポリゴン	0.007794	0.000003	2	0	2	<NULL>	<NULL>	<NULL>	<NULL>
3	<NULL>	ポリゴン	0.008981	0.000003	3	0	3	<NULL>	<NULL>	<NULL>	<NULL>
4	<NULL>	ポリゴン	0.005546	0.000002	4	0	4	<NULL>	<NULL>	<NULL>	<NULL>
5	<NULL>	ポリゴン	0.006756	0.000002	5	0	5	<NULL>	<NULL>	<NULL>	<NULL>
6	<NULL>	ポリゴン	0.034484	0.000001	6	0	6	<NULL>	<NULL>	<NULL>	<NULL>
7	<NULL>	ポリゴン	0.00592	0.000002	7	0	7	<NULL>	<NULL>	<NULL>	<NULL>
8	<NULL>	ポリゴン	0.005734	0.000001	8	1	8	3	サンエー経塚シティ　オレン…	歯科　歯科口腔外科…	
9	<NULL>	ポリゴン	0.007977	0.000001	9	0	9	<NULL>	<NULL>	<NULL>	<NULL>
10	<NULL>	ポリゴン	0.007985	0.000001	10	0	10	<NULL>	<NULL>	<NULL>	<NULL>
11	<NULL>	ポリゴン	0.004603	0.000001	11	0	11	<NULL>	<NULL>	<NULL>	<NULL>
12	<NULL>	ポリゴン	0.005445	0.000001	12	1	12	1	友愛医療センター	内科　呼吸器内科　消…	産婦人科（不妊治療）…

図 11-3　「建築物」レイヤーの属性テーブル

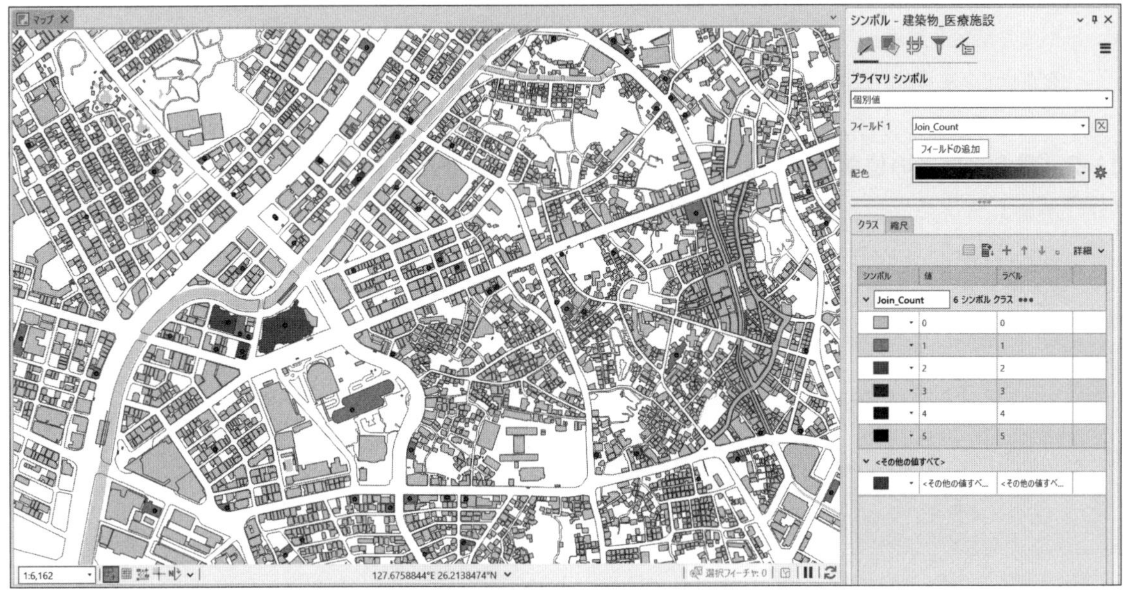

図 11-4　Join_Count フィールドでの色分け

Join_Count が 2 以上になっているような建築物のポリゴンはその数だけ複製され、それぞれの医療機関のポイントデータの属性と結合されることになります。どちらがよいのかはデータの特徴や利用目的に合わせて変わってくると思いますが、少なくとも、ポイントインポリゴンのような処理を行う場合には、Join_Count の値を確認して、2 以上になってしまうデータがあっても構わないのか、判断しながら作業を進める必要があるでしょう。今回のデータの場合は、ショッピングセンターやいわゆる医療モールなどに複数の医療機関が立地していれば、Join_Count が 2 以上になることになります。その場所でどのような診療科目が利用できるのか、というような分析をしたいのであれば、1 つのポイントデータの属性のみが結合されることは好ましくなく、1 対多の空間結合を行ったうえで分析を進めるほうがよいでしょう。

「空間結合の追加」の場合、ファイルやファイルジオデータベースではなく、メモリー上に保存されているだけですので、試行錯誤を繰り返しながら空間結合を行うことには適しています。

(10) コンテンツウィンドウで、「建築物」レイヤーがアクティブになっていることを確認し、「データ」タブの「フィーチャのエクスポート」をクリックして、出力フィーチャクラスの場所・名称を設定して「OK」をクリックしましょう（レイヤー名を右クリックして、「データ」、「フィーチャのエクスポート」の順にクリックするという手順でも同じことができます）。

※これで、実際のファイルジオデータベースなどとして、空間結合したデータを保存できます。

(11) コンテンツウィンドウで「建築物」レイヤーを右クリックし、「テーブルの結合とリレート」、「すべての結合を解除」の順にクリックし、「はい」をクリックすると、空間結合を解除できます。

11-2.「最も近い」の位置関係による空間結合

(1)「解析」タブのツール欄にある、「空間結合 (Spatial Join)」をクリックします（図 11-5）。表示されていない場合は、解析ツールギャラリーを表示して探してみましょう。

図 11-5 「解析」タブの「空間結合」ボタン

空間結合 (Spatial Join)

パラメーター　環境

＊ ターゲット フィーチャ

＊ フィーチャの結合

＊ 出力フィーチャクラス

結合方法
1 対 1 の結合

すべてのターゲット フィーチャを保持する

マッチ オプション
交差する

検索範囲
不明

フィールド

図 11-6 「空間結合」ツール

※ツール内で設定できる内容は、「空間結合の追加」とほとんど変わらず、出力フィーチャクラスが設定できることと、結合方法の選択ができるようになっていることぐらいです（図 11-6）。「ターゲット フィーチャ」、「フィーチャの結合」の意味は、「空間結合の追加」と同じです。

(2) ターゲット フィーチャ欄で、「r2ka47201」を選び、フィーチャの結合欄で「N02-22_Station」を選びます。

(3) 出力フィーチャクラス欄では、プロジェクトのファイルジオデータベース内に、「那覇市町丁 _ 最寄り鉄道駅」という名前を入力して「保存」をクリックしておきましょう。

(4) 結合方法欄は「1 対 1 の結合」のままで構いません。

(5) マッチ オプション欄では「最も近い」を選択します。

※「最も近い測地線」は、広大な範囲の距離計算が必要な場合に利用します。

(6) 距離フィールド名欄が表示されますので、欄に「距離」と入力します。

(7)「実行」をクリックし、出力された「那覇市町丁 _ 最寄り鉄道駅」レイヤーの属性テーブルを開きましょう（図 11-7）。

那覇市町丁_最寄り鉄道駅

フィールド: 追加 計算　選択セット: 属性条件で選択 ズーム 切り替え 解除 削除 コピー

	OBJECTID *	Shape *	Join_Count	距離	TARGET_FID	KEY_CODE	PREF	CITY	S_AREA	PREF_NAME
1	1	ポリゴン	1	1363.81795	0	47201001001	47	201	001001	沖縄県
2	2	ポリゴン	1	1729.137245	1	47201001002	47	201	001002	沖縄県
3	3	ポリゴン	1	1729.307612	2	47201001003	47	201	001003	沖縄県
4	4	ポリゴン	1	37.187559	3	472010020	47	201	002000	沖縄県
5	5	ポリゴン	1	1074.365565	4	472010031	47	201	003100	沖縄県
6	6	ポリゴン	1	740.92412	5	47201003201	47	201	003201	沖縄県
7	7	ポリゴン	1	1068.591839	6	47201003202	47	201	003202	沖縄県
8	8	ポリゴン	1	1161.777697	7	472010041	47	201	004100	沖縄県

図 11-7 「那覇市町丁 _ 最寄り鉄道駅」レイヤーの属性テーブル

Join_Count フィールドと、距離フィールド、TARGET_FID フィールドが冒頭に追加され、後半に結合された鉄道駅の属性が追加されています。「最も近い」ものであるため、Join_Count が 2 以上になることはありません。

N02_005 フィールドが駅名ですので、個別値のシンボルで、このフィールドで塗り分けてみましょう(図 11-8)。那覇市の場合、沖縄都市モノレール（ゆいレール）しか鉄道駅はありません。等級色のシンボルで距離フィールドで塗り分けると、当然ですが、鉄道駅からの距離帯別に塗り分けることができます（図 11-9)。距離が 500 m 以下のポリゴンについて属性条件で選択すると、駅から 500 m の範囲内の町丁を抽出することもできます。また、統計データと組み合わせられれば、鉄道駅から近い（遠い）地域に、どのような人々が居住しているのかについての分析などもできます。

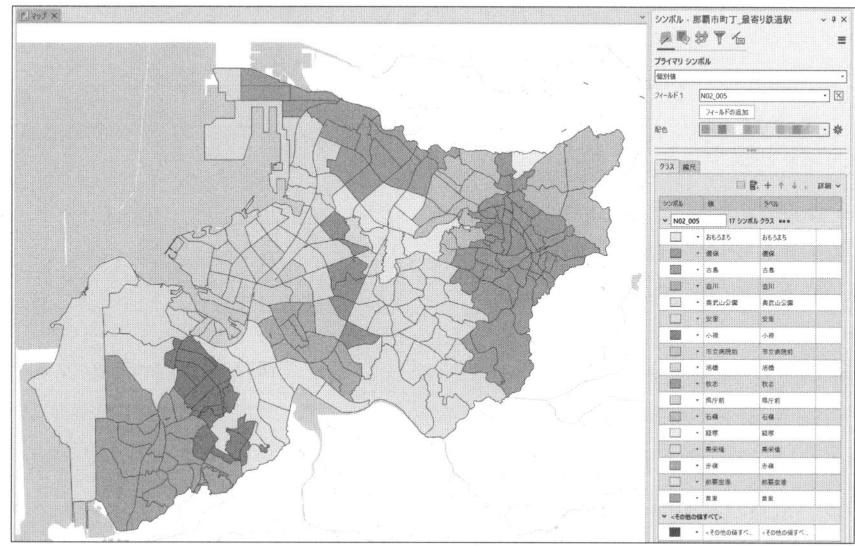

図 11-8　駅名（N02_005）での塗り分け

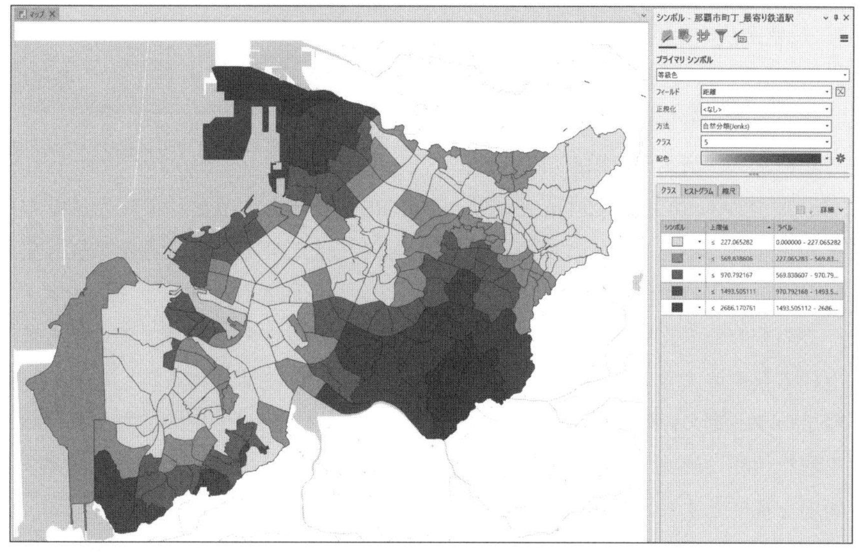

図 11-9　距離での塗り分け

第12章 バッファーデータを作成する

Point

- 一定の距離帯のGISデータ（バッファー）がどのような分析に使われるのか
- バッファーの作り方

「すべてのものは互いに関連しあっており、近くにあるものは、遠くのものよりも、より関連しあっている」という、トブラー（Tobler）の地理学の第一法則でも強調されているように、さまざまな現象は、距離が近いほど関連しあい、関係が強く、互いに影響を受けています。例えば、自動車の騒音は、交通量の多い道路から近いほど大きくなります。このとき、交通量の多い道路から 50 m の範囲というように、距離が近い範囲を空間的に限定することで、騒音の影響を受ける人々がどの程度存在するのかを考えやすくなります。交通量の多い道路から 50 m の範囲のポリゴンを基準に、建物のポリゴンを空間検索することで、影響を受ける建物の数を計算できますし、人口データがあれば、空間検索や空間結合を使って、影響を受ける人口を求めることができます。

このような一定の距離の範囲のことを、GIS では**バッファー**と呼びます。例えば、福島第一原発の事故の際には、原発から 10 km、20 km という範囲で避難指示が出されていました。この避難指示の範囲は、原発から一定の距離の範囲という点で、バッファーそのものです。また、花火大会の際には、打ち上げる花火の大きさに応じて定められた、保安距離という一定の距離を、打ち上げ場所から観客席や建物の間に確保する必要があります。打ち上げ場所を基準とすれば、半径が保安距離という範囲のバッファーになります。これらの例のように、ポイントを基準としたバッファーをGIS で作成しようとする場合、そのポイントを中心とした、指定した距離を半径とする正円のポリゴンが生成されます。ラインやポリゴンを基準としたバッファーを作成することもでき、それぞれポリゴンが生成されることになります（図 12-1・2）。

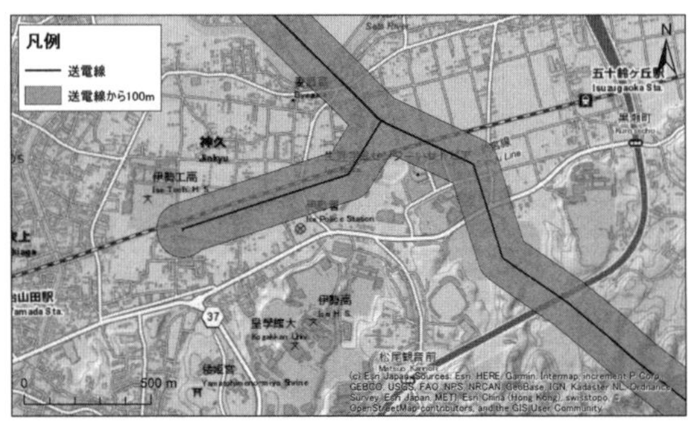

図 12-1　ラインからのバッファー

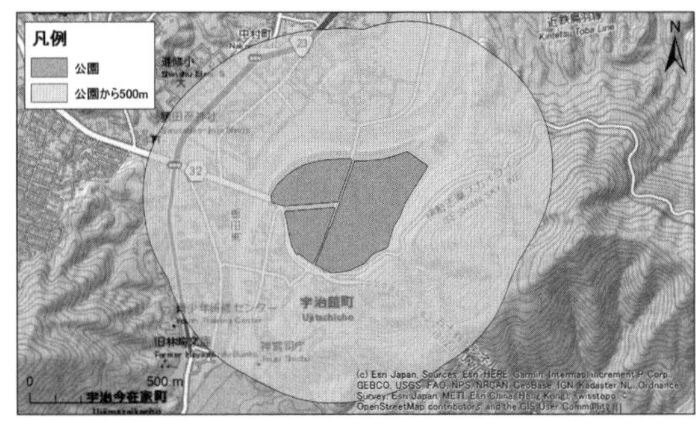

図 12-2　ポリゴンからのバッファー

バッファーは、空間的な分析では、さまざまな現象が影響する一定の範囲を簡易に設定するために用いられます。例えば、店舗ごとの売り上げやその特徴を分析するには、**商圏**という個々の店舗の顧客が居住している範囲を把握する必要がありますが、すべての店舗について、厳密な商圏を求めることは困難です。商圏の範囲を店舗から 5 km と仮定し、その範囲内の人口の特徴を分析することで、おおよその傾向をつかむことができます。大都市のコンビニであれば 1 km や 500 m 程度の半径でバッファーを生成すれば、商圏の分析ができます。新しい店舗を出店したい場合、店舗の候補地ごとにバッファーを生成し、人口、特に優良な顧客の人口の大小を分析することで、実際の利益を予測しながら、出店を計画することができます。

単純なバッファーは 1 つの距離だけを与えて生成するものですが、**多重リングバッファー**と呼ばれる、複数の距離を与えて生成するバッファーもあります。この場合は、距離帯のデータになります。例えば、ある地点から 1 km、2 km、3 km、4 km、5 km の多重リングバッファーを生成すると、図 12-3 のようになります。1 km ～ 5 km のそれぞれのバッファーが重なっているわけではなく、重なり合っている部分は削除されていますので、1 km のバッファー、1 ～ 2 km の範囲、2 ～ 3 km の範囲…となっており、一番外側は 4 ～ 5 km の範囲で、帯状になっています。

このように、“周辺地域の人口” のようなデータを求める際に、直線距離で “周辺” の範囲を求めることができるバッファーが便宜的に使われますが、より厳密に考えたい場合には、道路距離を用いて徒歩 15 分圏内、車で 30 分圏内のような範囲である、到達圏を計算することもできます。到達圏を求めるには、道路などのネットワークデータが必要になる点に注意が必要です。詳細は第 20 章で紹介します。

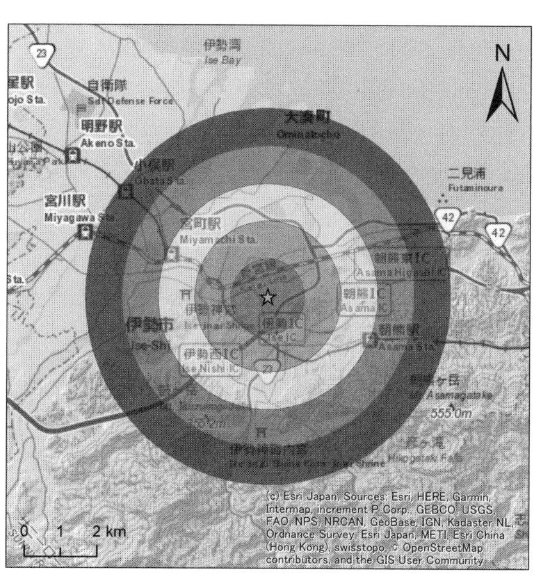

図 12-3　多重リングバッファー

ここでは、第 1 章で使用したデータを用いて、ポイントとラインからのバッファー作成を行います。データダウンロードサイトからダウンロードした データ1 を展開し、「giswork01.aprx」を開いて ArcGIS Pro を起動してから、「ise_rail」をマップに追加しておきましょう。なお、バッファーを作成・表示する際には、マップの座標系を何らかの投影座標系にしておくほうがよいでしょう。地理座標系（経緯度）のみの設定の場合、バッファーが楕円形に見えてしまいます。

12-1. ポイントのバッファー

(1)「解析」タブの「ツール」欄にある、「ペアワイズ バッファー（Pairwise Buffer）」をクリックします（図 12-4）。

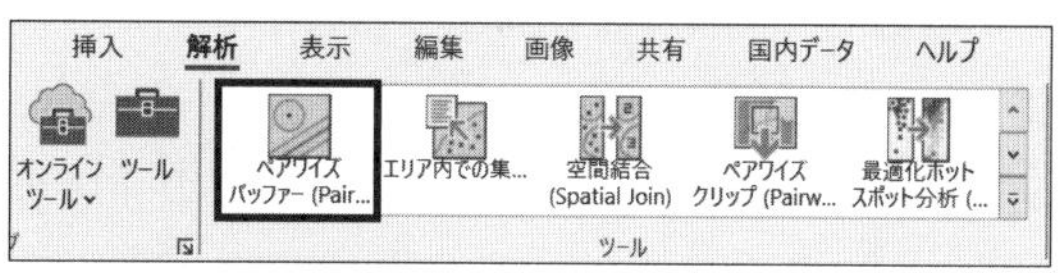

図 12-4　「解析」タブの「ペアワイズ バッファー」ボタン

(2) 図 12-5 の入力フィーチャ欄で、「ise_hoiku」を選びます。

(3) 出力フィーチャクラス欄で、参照ボタンをクリックし、プロジェクトのファイルジオデータベースの中で、「保育所 1 km バッファー」という名前を入力し「保存」をクリックします。

(4) バッファーの距離欄の「距離単位」はそのままにして、すぐ下のボックスに、「1」と入力し、すぐ隣の単位で「キロメートル」を選びます。

(5) 他の条件はそのままでよいので、「実行」をクリックしましょう。

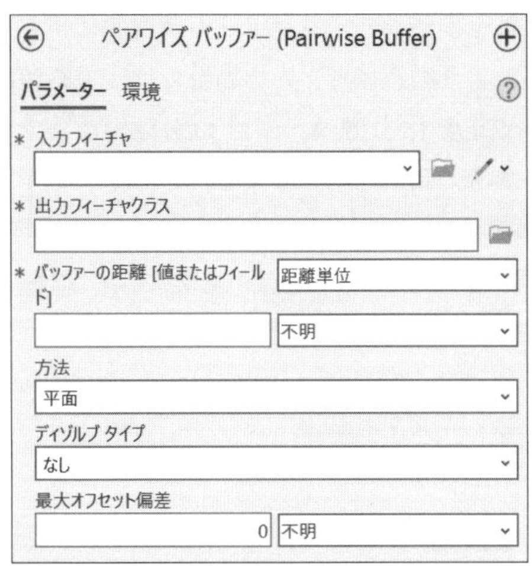

図 12-5 「ペアワイズ バッファー」ツール

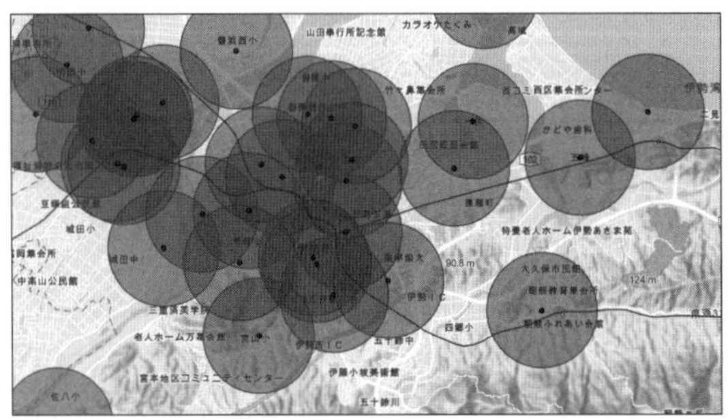

図 12-6 個々の保育所から 1 km のバッファー

(6) 生成されたバッファーのうちの 1 つをクリックして、属性を確認してみましょう。

※バッファーの GIS データには、ポイントデータの属性がそのまま与えられています。この「保育所 1 km バッファー」のデータは、個々の保育所からの 1 km の範囲を示すデータであって、すべての保育所から 1 km の範囲というわけではありません。例えば、市内のどの場所からでも 1 km の範囲内に何らかの保育所があるようにしたいので、現状でそれを満たす範囲を特定したい、ということであれば、これらをすべてディゾルブすればよいことになります。そのような場合は、ディゾルブ タイプ欄を調整する必要があります。

(7) ディゾルブ タイプ欄を「すべてディゾルブ」にして、出力フィーチャクラスを、「保育所から 1 km の範囲」に変更して、「実行」をクリックしましょう。

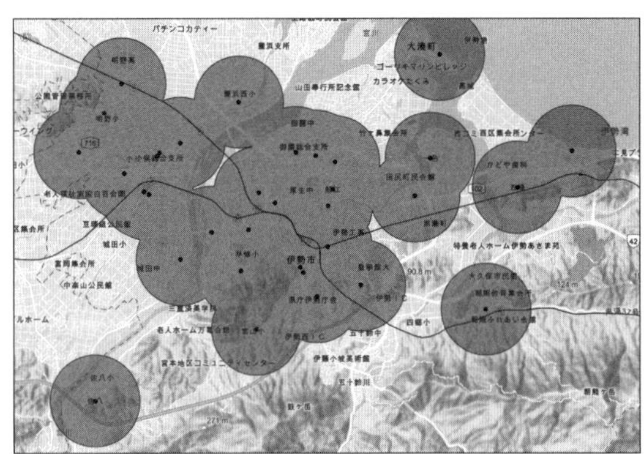

図 12-7 すべてディゾルブにした場合の保育所からの 1 km のバッファー

※ディゾルブされたポリゴンが出力されました。「リスト フィールドの属性値が共通のバッファーをディゾルブ」にすると、指定したフィールドの値が一致するもののみをディゾルブすることもできます。

12-2. ラインからの多重リングバッファー

(1)「解析」タブの「ツール」をクリックして、ジオプロセシングパネルを表示します。

(2)「ツールボックス」の「解析ツール」の中の「近接」をクリックし、「多重リングバッファー」をクリックします。

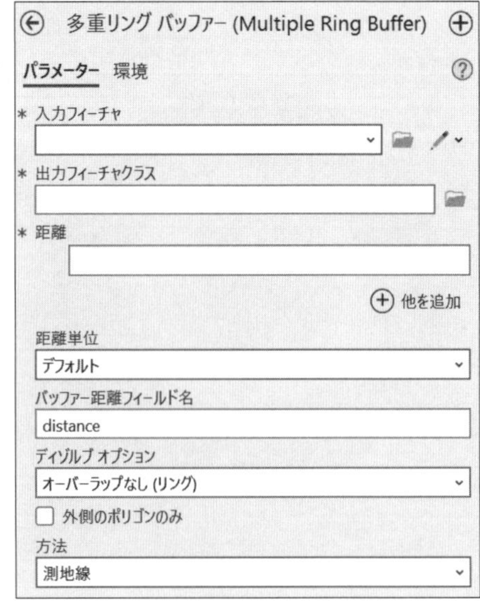

図 12-8 「多重リング バッファー」ツール

(3) 入力フィーチャ欄で「ise_rail」を選びます。

(4) 出力フィーチャクラス欄で、プロジェクトのファイルジオデータベースの中に、「鉄道からの多重バッファー」として「保存」をクリックします。

(5) 距離欄に、「500」と入力します。

(6)「他を追加」をクリックして、「1000」、「1500」、「2000」を順に追加します。

(7) 距離単位欄で、「メートル」を選びます。

(8) ディゾルブオプションで、「オーバーラップなし（リング）」を選びます。

(9)「実行」をクリックします。

(10) 生成された「鉄道からの多重バッファー」を、個別値のシンボルとして、distance フィールドで色分けして、透過表示も設定して表示してみましょう（図 12-9）。

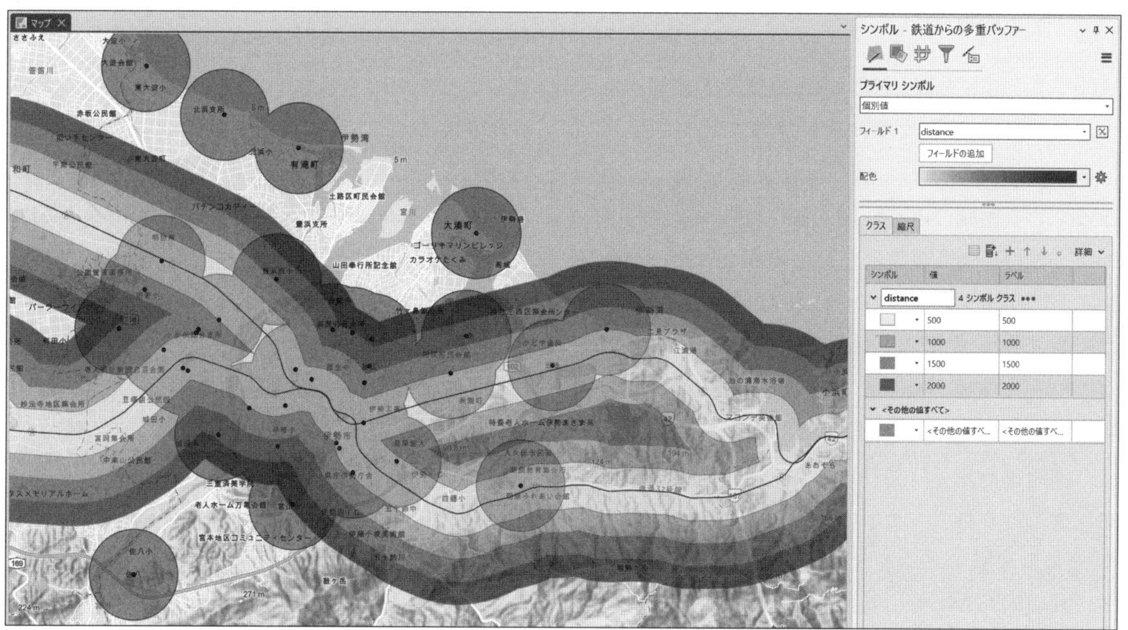

図 12-9　鉄道路線からの 500 m、1,000 m、1,500 m、2,000 m の多重リングバッファー

≪練習≫

・他のデータを使って、ポリゴンからのバッファーも作成してみましょう。

GISデータが重なる領域を抽出する

Point

- 複数のGISデータを重ねるオーバーレイの方法
- 2つの施設からのバッファーをユニオンして両方に近い領域を特定する
- 面積按分を使って小地域統計データと重ねて、バッファー単位の人口を計算する

GISを使うことで、空間的な位置関係に基づいて、レイヤーを重ね合わせができますが、単に複数のデータを重ねて表示するだけでなく、重なっている領域のみを抽出するようなこともできます。このような重ね合わせの処理を、**オーバーレイ**と呼びます。オーバーレイは、特定の空間的な条件を満たす領域を抽出する操作で、論理演算（ブール演算）の考え方に基づいたものです。通常は領域を抽出するだけでなく、属性も同時に“重ね合わせて”出力されます。ポリゴンデータ同士で行われることが多いのですが、ポイントデータに適用できるオーバーレイ処理もあります。代表的なものを示しましょう。

(1) ユニオン

GISデータとして、A･Bの2つの円を入力データとしたときに、全体としてはAとBを合わせた領域（和集合（A ∪ B））を出力する操作です。図13-1のようなポリゴンの場合、Aのみの領域のポリゴン、Bのみの領域のポリゴン、AとBが重なる領域のポリゴンの3つのフィーチャからなるデータが出力されます。この例では3つだけになりますが、実際のデータでは、元の境界が維持されます。出力データでは属性データも結合されており、重なっている領域では両方の値が入り、それ以外の領域では一方のみに値が入ることになります。Aのみの領域でのBに関する属性には、便宜的に-1などのエラーを示す値や空白が代入されることになります。ユニオンについては、どちらもポリゴンである必要があります。

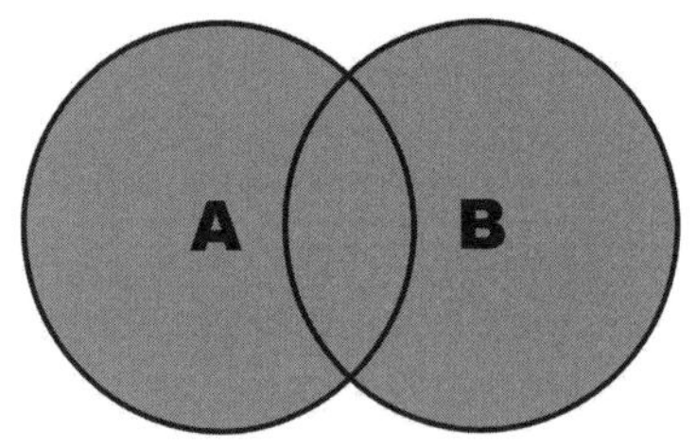

図13-1　ユニオン

ユニオンは、2つのポリゴンデータを空間的な位置関係に基づいて統合して処理するような場合に便利です。例えば、建物や街区単位の土地利用のポリゴンデータがあり、町丁目のポリゴンデータがあるとします。この2つのポリゴンデータをユニオンして、出力データを、町丁目別かつ土地利用別に面積を集計することで、町丁目別の土地利用の構成比を求めることができます。町丁目のデータに人口などの統計データがあれば、人口と土地利用の関係を検討することができます。

(2) インターセクト

同様に、A・Bが入力データであるとき、AとBが重なる領域（積集合（A ∩ B））を出力する操作です（図13-2)。出力データでは、属性データも結合され、AとBの両方の属性が与えられます。

インターセクトは、広範囲のデータから、一部の地域のみを分析対象として抽出するような場合に向いています。例えば、土地利用のポリゴンデー

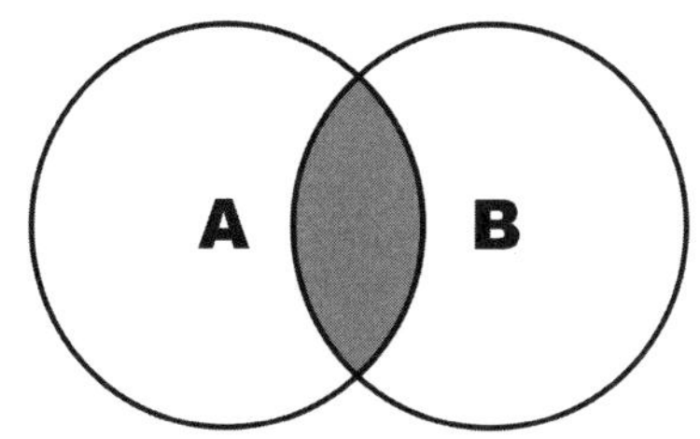

図 13-2　インターセクト

タと、鉄道駅からの 500 m のバッファーのポリゴンデータがあったときに、2 つのデータをインターセクトすると、鉄道駅からのバッファーの内側だけの土地利用データが抽出されます。これを利用すれば、鉄道駅ごとの半径 500 m の範囲内の土地利用別構成比を求めることができます。

なお、インターセクトは、重なり合う領域を抽出しつつ、属性を結合する処理ですが、よく似た処理にクリップというものがあります。クリップは、通常、属性を結合しません。

(3) その他のオーバーレイ処理

ArcGIS Pro では、ユニオンやインターセクトの他に、さまざまなオーバーレイ処理ができます。例えばイレースは、GIS ソフトによってはディファレンスという名称ですが、入力したデータと、イレースするためのデータを重ね合わせ、重なり合う範囲を削除して出力するものです。クリップは、インターセクトとほぼ同じような処理を行いますが、通常は属性の結合を行いません。広範囲のデータから、特定の対象地域のみのデータを抽出するような場合に用いられることが多いです。

(4) オーバーレイの応用と面積按分

オーバーレイ処理は、2 種類の異なる空間単位・形状の異なるポリゴンのデータを処理して、一方のデータに合わせて集計しなおすために用いられることがよくあります。ユニオンで紹介した事例はその典型的なものです。ユニオンやインターセクトを、もう少し応用的に利用すれば、一方のポリゴンの統計数値を、重なり合う部分の面積の比に応じて、もう一方のポリゴンの単位で集計し直すようなことができます。このような処理を**面積按分**と呼びます。

例えば、鉄道駅から 500 m の範囲内の人口を求めたい場合、500 m のバッファーを作成することは簡単ですが、そのポリゴン単位での統計データは得られません。人口データについては、町丁目や地域メッシュなどの単位で集計されていることが多く、そのままでは、500 m のバッファーの範囲の人口を知ることができません。そこで、各町丁目の範囲では、人口密度が均一で、半分の面積であれば、人口も半分になると考えて、町丁目ごとに 500 m のバッファーと重なり合う部分の面積を求め、元の町丁目の面積に対する比率を計算して、その比率から人口を求め、バッファーの範囲で足し合わせると、500 m のバッファー別の人口を計算することができます。このような処理が面積按分です。インターセクトやユニオンを使って、手作業で計算することもできますが、ArcGIS Pro では面積按分のためのツールも用意されています。

(5) 使用するデータ

ここでは、ユニオンと面積按分について、栃木県宇都宮市周辺のデータを用いながら解説します。まず、ユニオンについては、国土数値情報の学校データのうちの幼稚園のポイントデータと、小学校のポイントデータから、それぞれ 1 km のバッファーを生成し、それらのユニオンを行います。インターセクトについては同じデータを使って実行します。面積按分については、幼稚園のポイントデータから生成した 1 km のバッファーの範囲内の人口と世帯数を、国勢調査の基本単位区別の境界データを用いて計算します。

データの準備方法については以下の通りです。まず、ArcGIS Pro で新しいプロジェクトを作成しましょう。そして、国土数値情報ダウンロードサイトから、学校データのうち、栃木県の令和 3 年のものをダウンロードし、プロジェクトのフォルダーに展開してください。幼稚園と小学校のデータを用意する手順は解説しますので、まずは「P29-21_09.shp」をマップに追加しておいてください。次に、e-Stat の統計地理情報システムから、境界データのうち、国勢調査の 2020 年の小地域（基本単位区）（JGD2011）のうち、世界測地系平面直角座標系・Shapefile の栃木県宇都宮市のデータをダウンロードして、プロジェクトのフォルダーに展開し、「r2kb09201.shp」をマップに追加してください。マップの座標系は、平面直角座標系 第 9 系にしてください。

13-1. 幼稚園・小学校のバッファーデータの準備

国土数値情報の学校データのうち、幼稚園は「P29_003」が 16011 であるもので、小学校は 16001 であるものになります。それぞれを属性条件で選択してエクスポートすることで、それぞれのポイントデータを作成できますが、ここではレイヤーのプロパティのフィルター機能を使ってみましょう。

(1)「P29-21_09」レイヤーのプロパティを開き、フィルター設定で、図 13-3 のように新しいフィルターを設定し、「適用」、「OK」の順にクリックします。

(2)「P29-21_09」レイヤーのレイヤー名を、「小学校」に変更します。

(3)「データの追加」から、再度、「P29-21_09.shp」を追加し、追加された「P29-21_09」レイヤーのフィルターとして、「P29_003」が「16011」と「等しい」という条件を設定し、「適用」、「OK」の順にクリックします。

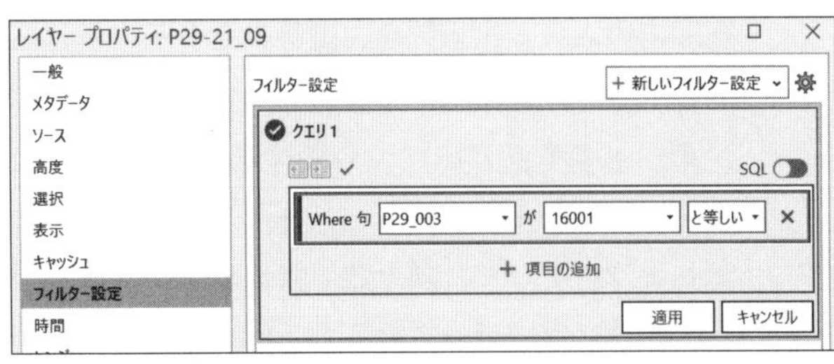

図 13-3　レイヤーのフィルター設定

(4)「P29-21_09」レイヤーのレイヤー名を、「幼稚園」に変更します。

(5)「解析」タブの「ペアワイズ バッファー」をクリックし、「小学校」から 1 km の範囲のバッファーとして、ディゾルブ タイプを「すべてディゾルブ」にして、「小学校 1 km バッファー」をプロジェクトのファイルジオデータベース内に作成します。

(6) 同じ条件・手順で、「幼稚園 1 km バッファー」を作成します。

13-2. ユニオン

(1)「解析」タブのツール欄の右下のボタンをクリックし、「オーバーレイ フィーチャ」にある、「ユニオン (Union)」をクリックします（図 13-4）。

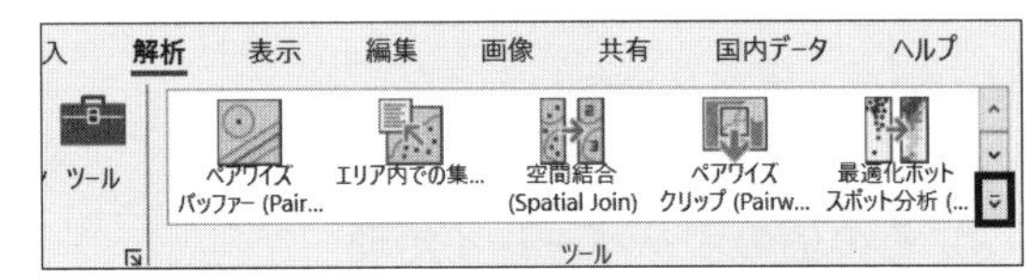

図 13-4　「ユニオン」ツールは右下のボタンから選択

(2) 入力フィーチャ欄で、「小学校 1 km バッファー」を選びます。

(3) 追加で表示された入力フィーチャ欄で、「幼稚園 1 km バッファー」を選びます。

(4) 出力フィーチャクラス欄では、プロジェクトのファイルジオデータベースの中に、「小学校と幼稚園のバッファーのユニオン」という名前を入力して「保存」をクリックします。

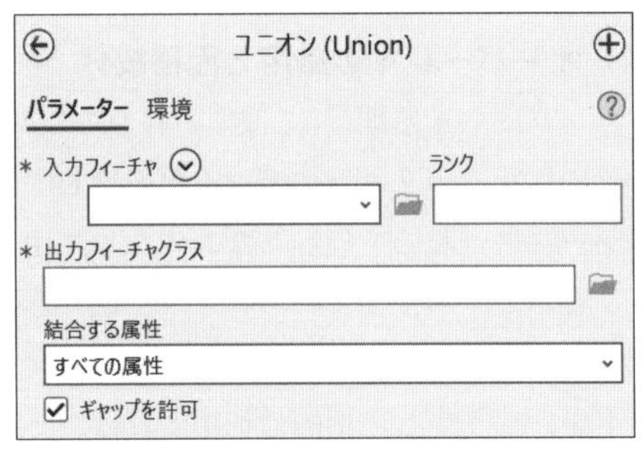

図 13-5　「ユニオン」ツール

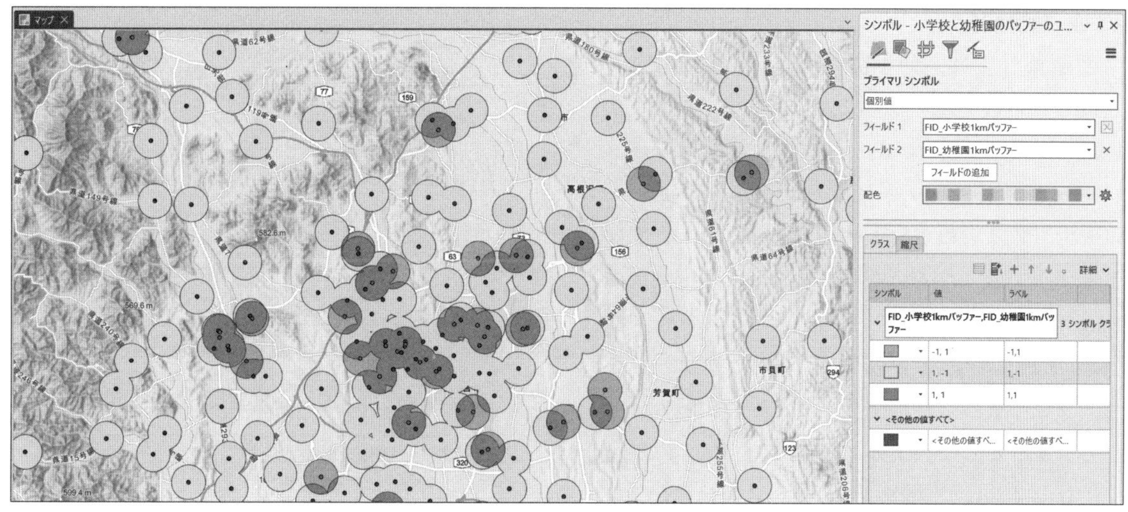

図 13-6　小学校の 1 km バッファーと幼稚園の 1 km バッファーのユニオン結果

(5) 他の条件はそのままで構いませんので、「実行」をクリックします。

出力された「小学校と幼稚園のバッファーのユニオン」レイヤーについて、個別値のシンボルとして、2 つのフィールドで色分けすると、図 13-6 ようになります。右側の値欄が、「-1, 1」となっているものは、小学校のバッファーの範囲外で、幼稚園のバッファーのみの範囲を示し、「1, -1」となっているものは、幼稚園のバッファーの範囲外で、小学校のバッファーのみの範囲を示します。「1, 1」は、両方が重なる範囲となり、インターセクトを実行した場合は、この部分のみが出力されます。確認してみましょう。

13-3. インターセクト

(1) 「解析」タブのツール欄を開き、「ペアワイズインターセクト (Pairwise Intersect)」をクリックします。

(2) 入力フィーチャ欄で、「小学校 1 km バッファー」を選びます。

(3) 追加で表示された入力フィーチャ欄で、「幼稚園 1 km バッファー」を選びます。

(4) 出力フィーチャクラス欄では、プロジェクトのファイルジオデータベースの中に、「小学校と幼稚園のバッファーのインターセクト」という名前を入力して「保存」をクリックします。

(5) 他の条件はそのままで構いませんので、「実行」をクリックします。

※インターセクトの出力結果は、ユニオンの「1, 1」の範囲と一致したでしょうか。一致していない場合は、フィーチャを選択してしまっていないか確認してから、再度実行してみましょう。

13-4. 面積按分

面積按分では、幼稚園から1 kmの範囲内の人口と世帯数を求めてみます。ただし、「幼稚園1 kmバッファー」では、すべての幼稚園のバッファーがディゾルブされており、幼稚園別の人口・世帯数は求められません。そのため、まずはディゾルブ タイプを「なし」にして、幼稚園別の1 kmバッファーを作成しましょう。

(1)「解析」タブの「ペアワイズ バッファー」をクリックし、「幼稚園」から1 kmの範囲のバッファーとして、ディゾルブ タイプを「なし」にして、「幼稚園別1 kmバッファー」をプロジェクトのファイルジオデータベース内に作成します。

(2)「解析」タブの「ツール」をクリックします。

(3) ジオプロセシングパネルで、「ツールボックス」をクリックし、「解析ツール」の中の「オーバーレイ」の中にある、「ポリゴンの按分（Apportion Polygons）」をクリックします。

(4) 入力ポリゴン欄で、「r2kb09201」を選びます。

(5) 按分フィールド欄の ボタンをクリックし、フィールドの一覧を表示してから、「JINKO」と「SETAI」のフィールドにチェックを入れて、「追加」をクリックします。

(6) ターゲットポリゴン欄で、「幼稚園別1 kmバッファー」を選びます。

(7) 出力フィーチャクラス欄で、プロジェクトのファイルジオデータベースの中に、「幼稚園別人口」という名前を入力して「保存」をクリックします。

(8) 他の条件はそのままで構いませんので、「実行」をクリックします。

(9) 出力された「幼稚園別人口」レイヤーのシンボルを等級色にし、「JINKO」や「SETAI」で色分けしてみましょう（図13-8）。

面積按分では、個々のポリゴンについて、オーバーレイ処理が行われています。そのため、今回のデータの場合、幼稚園の1つずつのバッファーについてインターセクトを行い、元の基本単位区の

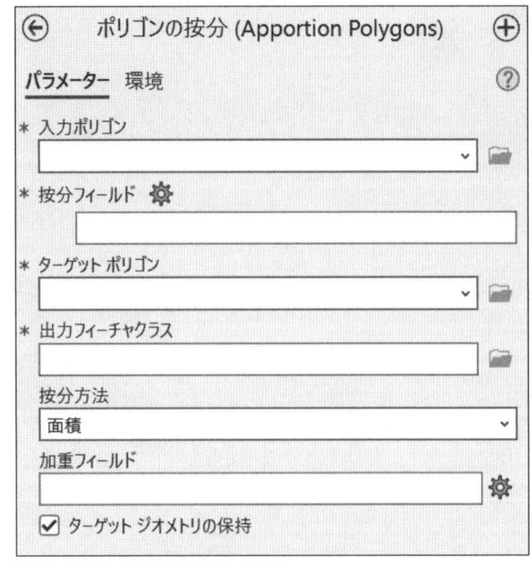

図13-7 「ポリゴンの按分」ツール

面積に占める、バッファー内の面積の比率を求め、その値をその基本単位区の人口に乗じ、バッファー全体で合計することで、個々のバッファー内の人口を計算しています。したがって、面積按分を行う場合、集計したい単位（今回であれば幼稚園から1 kmのバッファー）よりも、細かい空間単位で集計された統計データを用いるほうがよいでしょう。例えば、人口のデータとして宇都宮市単位のデータを用いると、個々のバッファーが宇都宮市の面積に占める割合で計算することになり、市内での人口分布の差が全く考慮されないことになります。その点では、基本単位区のデータは、最も詳細な空間単位ですので、さまざまなケースで利用できますが、基本単位区別に把握できるデータは、人口総数と男女別人口、世帯数ぐらいです。年齢階級別人口や職業別人口などで面積按分をしたい場合には、町丁・字等の単位を用いるほうがよいでしょう。

≪練習≫

・第6章6-5、コラム4、第7章の手順を参照しながら、町丁・字等のポリゴンデータを使って、幼稚園からの1 kmのバッファー別に、面積按分で0～4歳人口と総人口を計算し、0～4歳人口と、総人口に占める0～4歳人口の比率を地図化してみてください。

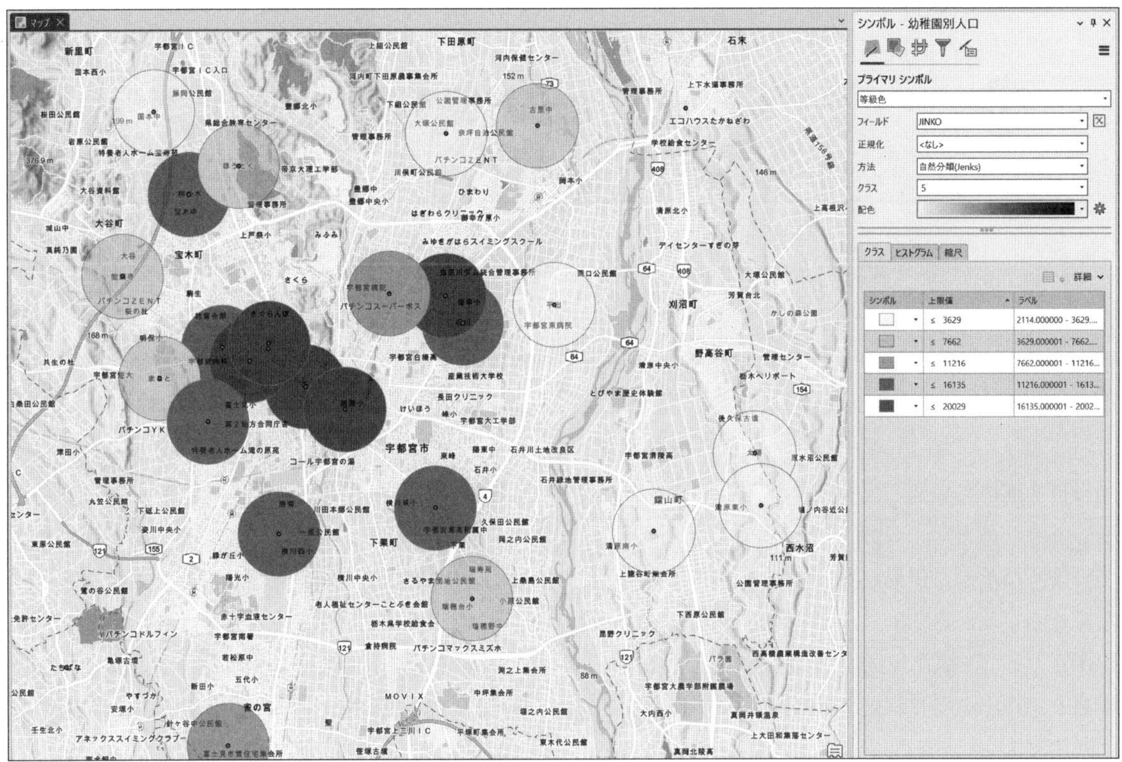

図 13-8　面積按分で求めたバッファーあたりの人口で色分け

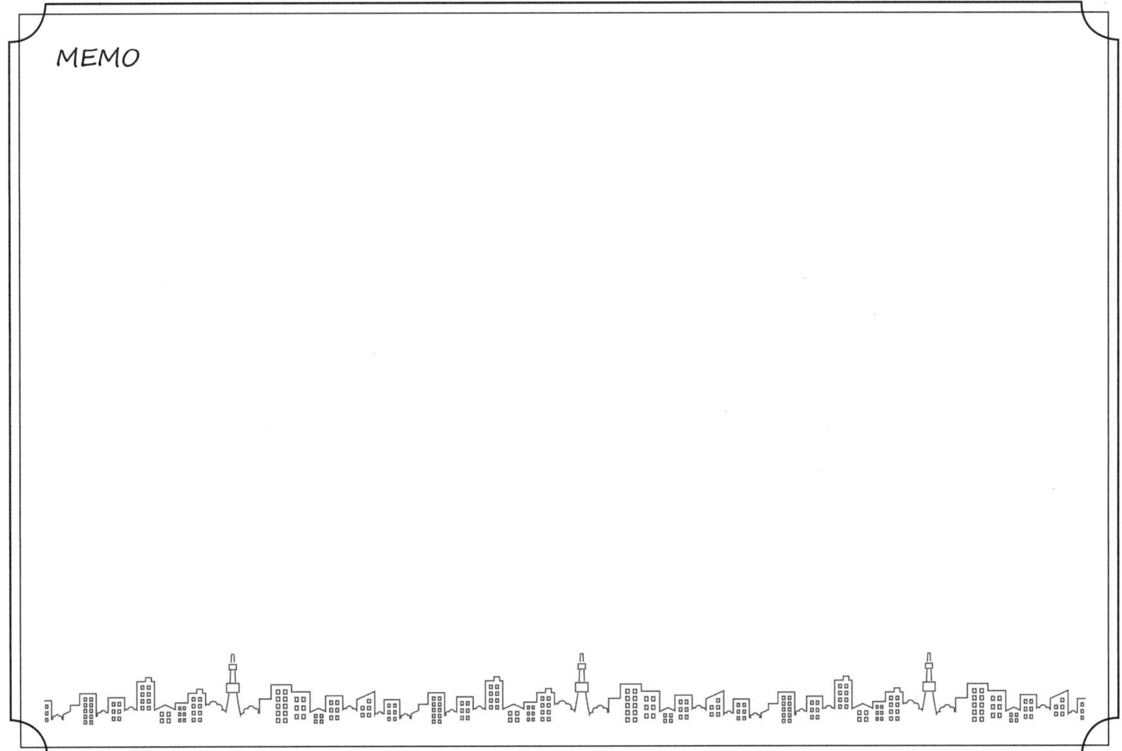

コラム 5 モデルビルダーで分析手順を見える化する

ArcGIS Pro では、「解析」タブの「ツール」ボタンから、ジオプロセシングウィンドウを開き、さまざまなジオプロセシングツールを使用して、空間分析を進めていくことができます。第 12 章のバッファー、第 13 章のオーバーレイなど、空間分析を進めていくと、多岐にわたるツールを使用したり、繰り返し使用したりすることがあり、どのような手順で作業を進めてきたのかがわからなくなることがあります。どこかの段階でエラーが出たり、正しくない結果が得られたりしても、手順を思い出せなければ、最初からやり直すことになってしまいかねません。1 つ 1 つの作業を記録しておけば、さかのぼっていくことができますが、パラメーターまで記録しておくのは大変です。また、別の地域のデータでもう一度、その手順を行いたい場合には、再度、順番に作業する必要があり、なかなか大変です。

このような場合に便利な機能として、**モデルビルダー**（**ModelBuilder**）があります。モデルビルダーを使うと、画面上に付箋のようにジオプロセシングツールやデータを配置し、フローチャートを描くことができ、分析手順を可視化（見える化）することができます。「解析」タブの「ツール」の少し左に「ModelBuilder」というボタンがあり、そこから開くことができます（コラム図 5-1）。ツールの配置は、ジオプロセシングウィンドウからドラッグ＆ドロップすることで可能で、データを追加したい場合は、カタログウィンドウからドラッグ＆ドロップをしてください。変数を追加したい場合は、「ModelBuilder」タブの「変数」ボタンから追加できます（コラム図 5-2）。データやツールを接続したい場合は、データやツールの内部からマウスでドラッグすることで、矢印が延びますので、接続したい先まで繋いでください。

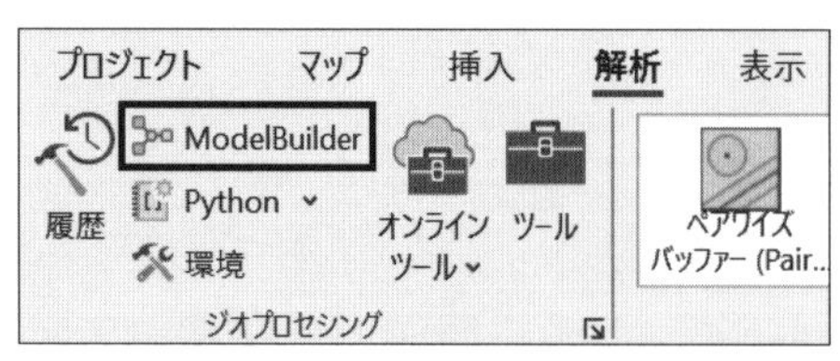

コラム図 5-1　ModelBuilder ボタン

例えば第 13 章 13-1・13-2 で行った手順をモデルビルダーで示すと、コラム図 5-3 のようになります。「P29-21_09.shp」から小学校、幼稚園のレイヤーを作成する手順は少し違っていて、レイヤーのプロパティではなく、「選択」ツール（「解析ツール」の「抽出」の中にあります）を使用して処理しています。「1 km」というのは変数で、バッファーの距離単位として、「1」と「km」の値を入れています。バッファーの距離を変更したいのであれば、この値を変更すればよいということになります。もし、小学校と幼稚園とで別の距離にしたいのであれば、「1 km」から延びる片方の矢印を削除し、もう 1 つ距離単位の変数を追加して、別の値を設定することで実現できます。

モデルが完成すれば、実行してみましょう。問題なくすべての処理が完了すれば、最後のデータ（「小学校と幼稚園のバッファーのユニオン」）を右クリックして、「マップへ追加」とすると、マップ上に追加されます。「小学校」や「幼稚園 1 km バッファー」などの中間データもマップに表示したい場合は、それぞれで「マップへ追加」をクリックしましょう。

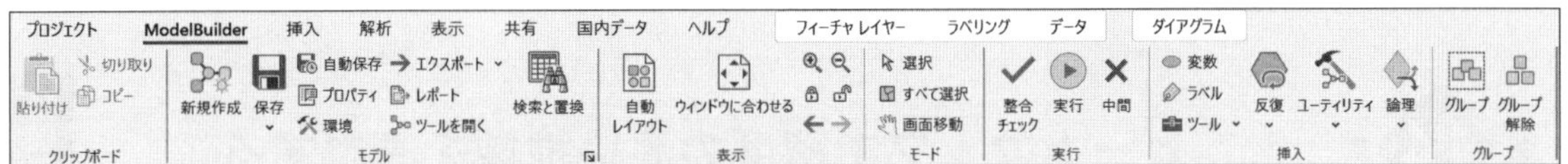

コラム図 5-2　ModelBuilder タブ

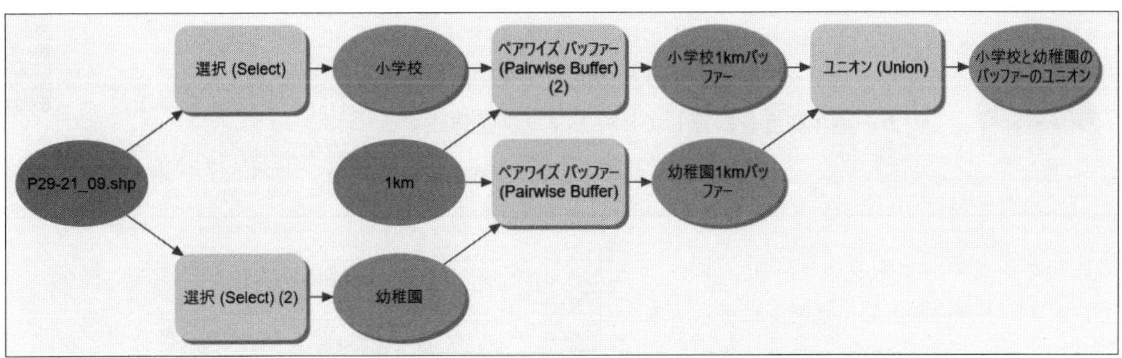

コラム図 5-3　モデルビルダーで示した 13 章 13-1・13-2 の手順

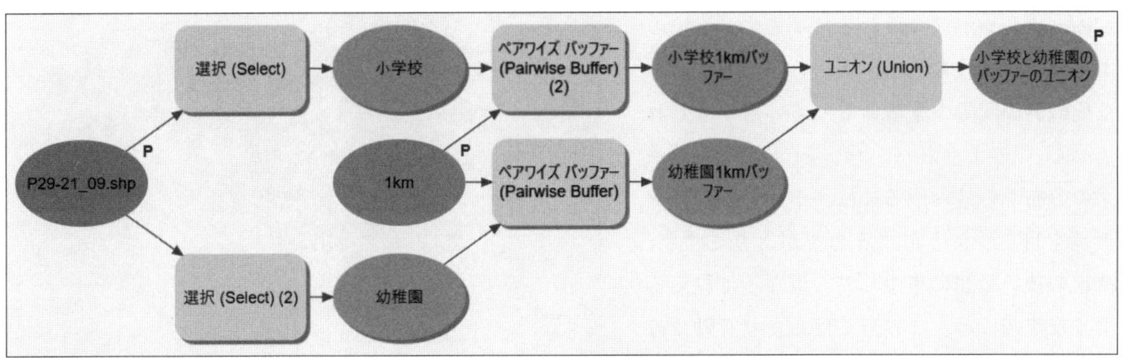

コラム図 5-4　パラメーターを設定したモデル

別の地域で同じ処理をしたければ、最初の「P29-21_09.shp」を別のファイルに変更すればOKですが、パラメーターとしておき、ジオプロセシングツールのように使うこともできます。コラム図 5-4 では、入力する学校データと、バッファーの距離、ユニオンの出力結果を、右クリックして「パラメーター」に設定しています（P と表示されています）。これを「保存」したうえで、カタログウィンドウから、プロジェクトのツールボックス内の「モデル」（名称を設定すればその名称になります）をダブルクリックすると、パラメーターを設定して実行することができます（コラム図 5-5）。

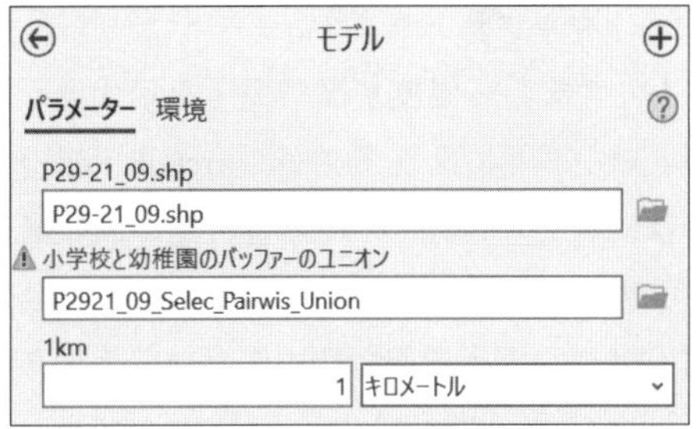

コラム図 5-5　右側のウィンドウでのモデルの実行画面

このように、モデルビルダーを有効に活用することで、分析手順を見える化できるだけでなく、バッチ処理を行うこともできますし、複雑な処理を組み合わせたツールを自作することもできます。複数のジオプロセシングツールを使用する際には、積極的にモデルビルダーを活用してみてください。

第14章 ヒートマップで密度の高い地域を表現する

Point
- ヒートマップがどのような方法で作成されているのか
- カーネル密度を計算してヒートマップを作成する

施設の住所データをジオコーディングして、ポイントデータとして地図上に表示すると、たいていの場合は特定の地域に集中したり、まばらに分布していたりするように、一定のパターンが読み取れるはずです。学校のような公共施設の場合、人口分布などに応じた比較的等間隔な配置になっているかもしれません。このようなパターンを、ポイントデータの分布から読み取るには、ポイントのシンボルを目立つようにする必要がありますが、特定の狭い範囲に集中して、重なって見えるような場合には、この方法はあまり有効ではありません。

このような場合に便利なシンボル設定として、**ヒートマップ**があります。ヒートマップは、ヒート、すなわち温度が高い場所を示すような図ということになりますが、ArcGIS Pro の場合は、ポイントデータの分布密度が高い場所を示すために使われます。

図 14-1 は、国土数値情報の医療機関データのうち、2020 年の東京都のデータについてヒートマップを描いたものです（場所がわかりやすいように、国土数値情報の鉄道データ（2022 年）も表示しています）。黄色いところが最も密度が高い場所で、銀座の周辺に大きな黄色い地域があり、鉄道路線に沿って、鉄道駅周辺に赤い地域がみられることがわかります（口絵参照）。ポイントデータのままの場合（図

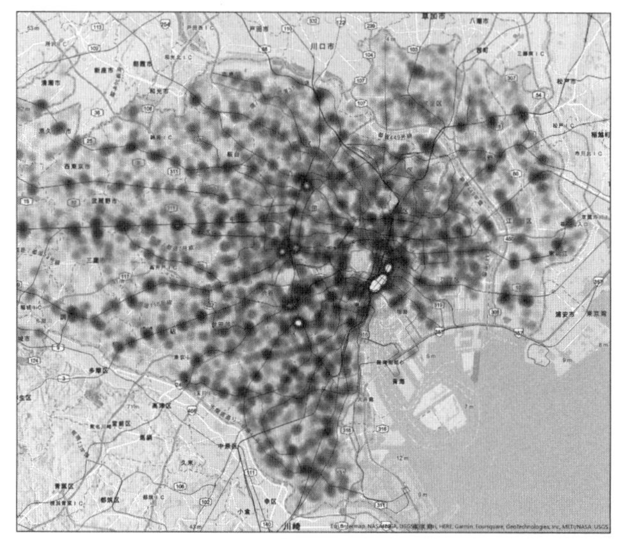

図 14-1　ヒートマップ

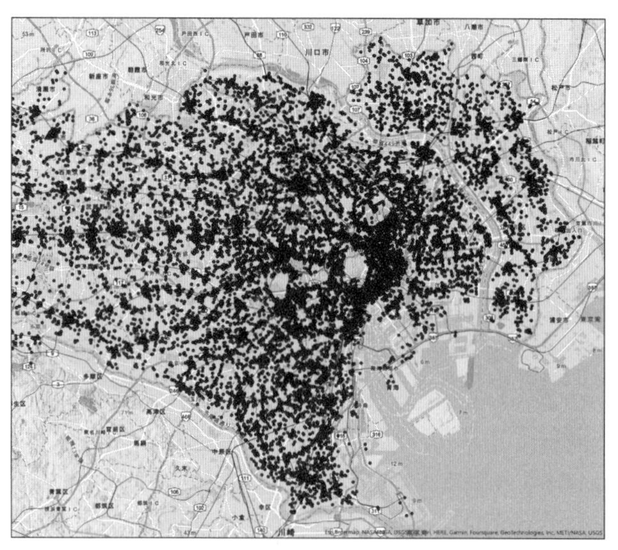

図 14-2　ポイントデータのまま（単一シンボル）

14-2）の見た目との差は、密集している地域では歴然で、どこに多いのかがはっきりとわかります。

ただし、このヒートマップは、ArcGIS Pro で現在表示しているマップの範囲に応じた表現で、人口密度のように、1 km^2 あたり何人、というような厳密な面積での密度ではなく、画面上の一定のピクセル数あたりの密度になっています。そのため、表示範囲を変化させると、密度の表現も変化してしまいます。実際の面積あたりの密度を表示するには、**カーネル密度**推定という手法（ArcGIS Pro では「カーネル密度」というツール）を用いて、ラスターデータとして密度を計算する必要があります。実はヒートマップも、カーネル密度として計算されたもので、画面上のピクセルごとに、一定の半径（画面上の距離）に含まれるポイントの数を、中心に近いほど影響を強くするように重みを付けながら、密度を計算しています。「カーネル密度」ツールを使うことで、ピクセルではなく、実際の距離による一定の半径に基づいて、ラスターデータとして密度を計算できます。ただし、「カーネル密度」ツールの使用には、Spatial Analyst のエクステンションが必要になります。

ここでは、国土数値情報の医療機関データのうち、東京都の令和 2 年のデータを使用します。また、鉄道データの令和 4 年のデータも使用します。ArcGIS Pro を起動して、新しいプロジェクトを作成しておき、医療機関データのシェープファイル「P04-20_13.shp」と、鉄道データのシェープファイル「N02-22_RailroadSection.shp」をマップに追加したうえで、マップの座標系を、「平面直角座標系 第 9 系（JGD 2011）」に設定しておいてください。

14-1. ヒートマップでの表示

(1) 「P04-20_13」レイヤーをアクティブにした状態で、「フィーチャレイヤー」タブの「シンボル」をクリックし、プライマリ シンボル欄で「ヒートマップ」を選択します。

(2) 半径欄の数値を少し大きくして、表示がどのように変わるか確認してみましょう。

(3) 半径欄の数値を少し小さくして、表示がどのように変わるか確認してみましょう。

(4) マップでズームインしたり、ズームアウトしてみたりしましょう。

半径欄の数値を大きくすると、ぼんやりとした表示になります。半径が大きくなると、極端に大きな値になりにくく、平滑化（スムージング）されてしまいます。半径欄の数値を小さくすると、鉄道駅ごとに、極端に密度が高い地域が表示されるはずです。小さくしすぎると、ポイントデータを表示しているのとほとんど変わらなくなることがあります。また、ズームインしたり、ズームアウトしたりすると、密度の表示が変わってくることがわかります。このように、ヒートマップという表現方法は、特定の縮尺で見るために固定された表現ではなく、現在表示しているマップの縮尺・

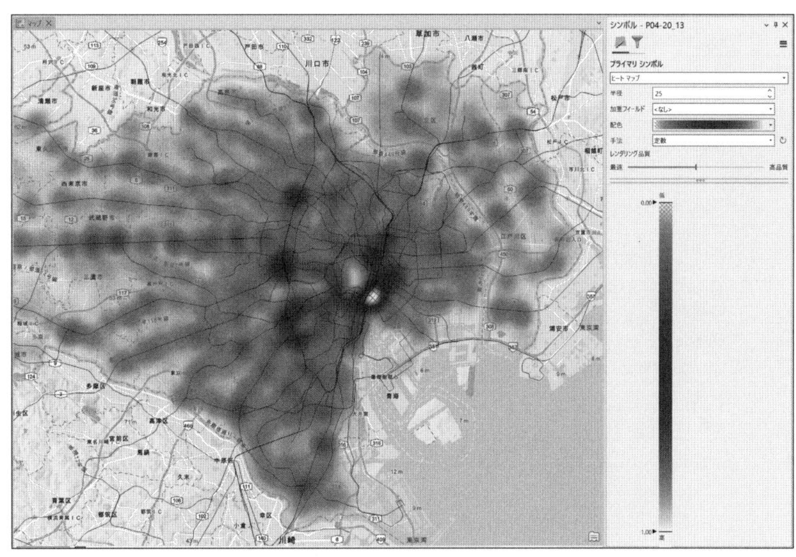

図 14-3　シンボルでのヒートマップ表示（低密度は透過表示）

範囲に応じて、その範囲内のどこで密度が高いのかを表現するものです。したがって、ポイントデータの分布状況について、ざっくりとパターンを把握するときにはヒートマップは有効な表現手法ですが、分析のために使用するには適していません。カーネル密度として計算し直して、実際の距離や面積に応じた密度のデータを作成する必要があります。

14-2. カーネル密度の計算

(1)「解析」タブのツール欄にある、「カーネル密度（Kernel Density)」をクリックします。

(2) 入力ポイント、またはライン フィーチャ欄で、「P04-20_13」を選択します。

(3) Population フィールド欄は「NONE」で構いません。

(4) 出力ラスター欄では、プロジェクトのファイルジオデータベースの中で、「医療機関カーネル密度」という名前を入力して「保存」をクリックします。

(5)「環境」をクリックして、出力座標系欄で、「現在のマップ」を選びます。

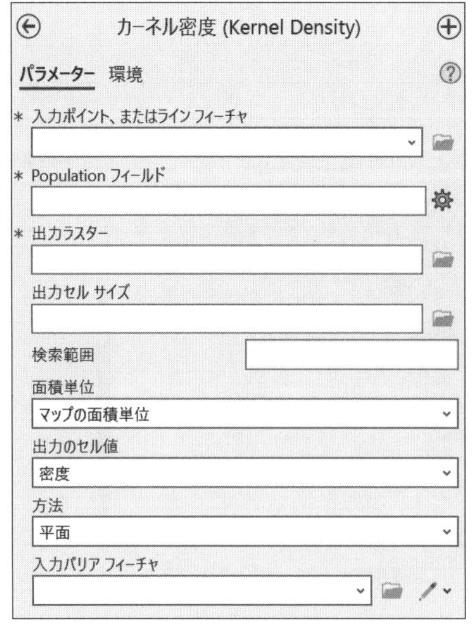

図 14-4 「カーネル密度」ツール

(6) マップの表示範囲を調整し、おおよそ東京23区全体が入るような範囲を表示してください。

(7) 処理範囲の範囲欄で、「現在の表示範囲」をクリックします。

(8)「パラメーター」をクリックして、出力セルサイズ欄を「50」とします。

(9) 検索範囲欄を「1000」とします。

※（5）の手順は、医療機関データが地理座標系（経緯度）で作成されたデータであるためです。そのままでは、経緯度の単位でラスターが作成されることになり、必ずしも正しいデータとはならないため、この手順で、マップの座標系である平面直角座標系（投影座標系）に設定しています。

※（6）・（7）の手順を行う理由は、そのままでは小笠原諸島を含めたラスターを出力してしまうためです。通常のデータであれば、特にここで範囲を限定する必要はありませんので、これらの手順を飛ばしましょう。

(10) 他の設定はそのままで構いませんので、「実行」をクリックします。

(11)「P04-20_13」レイヤーを非表示にして、カーネル密度を確認してみましょう（図 14-5)。

コンテンツウィンドウに表示された凡例の単位は、「カーネル密度」ツールで指定した面積単位での密度です。すなわち、ここでは「平方キロメートル」となりますので、色が濃いところでは、1平方キロメートルあたり350件ほどの医療機関があるということになります（密度ですので、実際にそれだけあるわけではありません)。単位を変えたい場合は、面積単位欄を変更して実行し直しましょう。

14-3. ヒートマップからのカーネル密度の計算

カーネル密度のラスターデータは、ヒートマップとして表示している状態から計算することもできます。

(1)「P04-20_13」レイヤーを表示し、アクティブにしてから、「フィーチャレイヤー」タブの「シンボル」をクリックします。

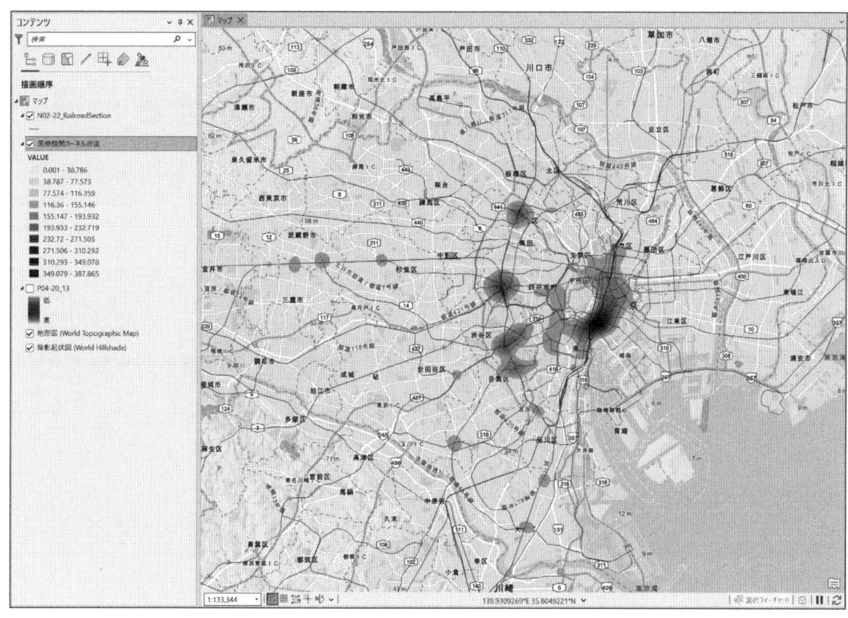

図 14-5　カーネル密度で示した医療機関の密度

(2) シンボルウィンドウの右上のボタン（図 14-6 の黒枠部分）をクリックし、「静的ラスターへの変換」をクリックします。

図 14-6　シンボルウィンドウの右上のボタン

(3) 現在表示されているヒートマップのラスターデータを生成するための「カーネル密度」ツールがあらかじめパラメーターが入った状態で起動しますので、出力セルサイズ欄を「50」にしましょう（50 より大きくても構いませんが、大きいと粗くなり、小さいと細かくなる一方で、処理に時間がかかります）。

(4) 面積単位欄でエラーが出ていますので、「環境」をクリックして、出力座標系欄で「現在のマップ」を選んでください。

(5) 処理範囲の範囲欄で、「現在の表示範囲」をクリックします。

※ここでも、そのままでは東京都全体で計算されてしまうために、処理範囲を設定していますが、広範囲のデータでないのであれば、特に設定する必要はありません。

(6) 必要に応じて出力ラスター欄を変更し、「実行」をクリックします。

これで、ヒートマップで表示されていた状態とおおよそ同じカーネル密度のラスターデータが出力されたはずです。ヒートマップと見比べてみましょう。

≪練習≫

- 医療機関の分類（P04_001 フィールド）別にカーネル密度の地図を描いてみましょう。病院（値は 1）や診療所（値は 2）、歯科診療所（値は 3）とで、どのような違いがあるでしょうか。
- Population フィールドとして、病床数（P04_008）を入力してカーネル密度の地図を描いてみてください。すべての医療機関について病床数のデータがあるわけではありませんが、どのような地域で病床数が多いのか、鉄道データと重ね合わせながらパターンを読み取ってみましょう。

コラム 6 空間分布を統計的に分析する

あるデータが、どのような地域に空間的に集中しているのか、あるいは、どのような規則性のある分布をしているのか、というような空間的なパターンを適切に読み取り、その傾向を把握することは、地理空間情報を用いた空間分析にとって最初かつ非常に重要なプロセスです。ArcGIS Pro のヒートマップやカーネル密度のラスターデータからは、そうしたパターンを容易に視覚的に把握することができます。

治験の結果についての医療関係のニュースなどで、統計的に有意であるかどうか、という話を聞いたことがあるかもしれません。このような統計的に有意である、というのは1つの判断基準になり、特定の状況が有意であるのであれば、それは意味がある結果である、ということになります。空間的なパターンについても、空間統計学の考え方をもとに、**空間的自己相関**という概念を利用した統計量が計算でき、有意であるかどうかを判断できます。ArcGIS Pro では、そのためのジオプロセシングツールが用意されています。ここでは、ジオプロセシングツールのツールボックスのうち、「空間統計ツール」の中にある、2つのツールについて、データを示しながら解説します。ここでは、2020 年の国勢調査の小地域データのうち、町丁・字等別の大阪府の職業大分類別就業者数のデータから、フィールド演算によって、就業者に占める専門的・技術的職業従事者比率を求めて使用します（コラム図 6-1）。

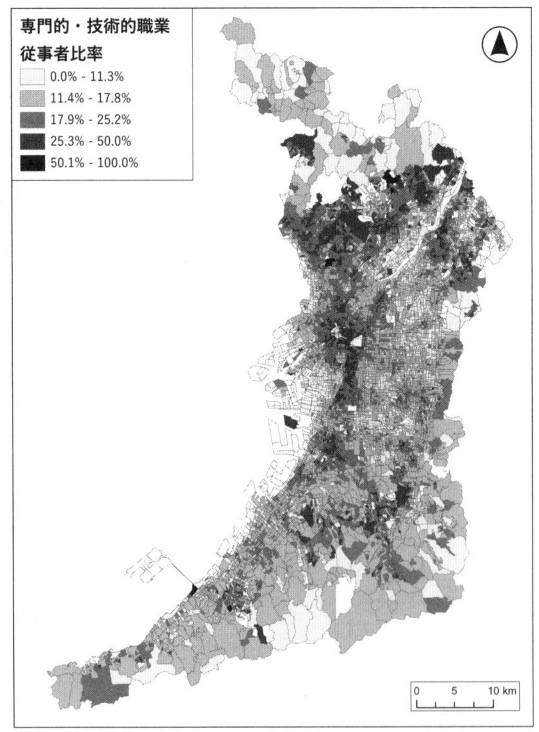

コラム図 6-1　専門的・技術的職業従事者比率

(1) 空間的自己相関分析 (Spatial Autocorrelation (Global Moran's I))

このツールは、「パターン分析」の中にあります。空間的自己相関分析というズバリの名前ですので、検索もしやすいでしょう。このツールの英語名を見ると、Global Moran's I とあります。Moran's I は、**モランの I（アイ）統計量**と呼ばれるもので、空間的自己相関の代表的な指標です。Global というのは、与えられたデータ全体で見るということを意味しており、次に説明する Local Moran's I に対する言葉です。Local Moran's I のほうが新しい考え方で、区別するために Global が付けられています。モランの I 統計量は、変数 X の地域ごとの値と、個々の地域と隣接する（あるいは一定の距離内にある）地域の変数 X の平均値とで散布図を描き、その相関関係を求めたものになります。モランの I 統計量が正であれば、正の空間的自己相関となり、値が高い地域の周囲も値が高いということになります。それを地図で表現すれば、よく似た値が互いに隣接し合っている状況になりますので、視覚的で空間的なパターンとしては明確になります。一方、モランのI統計量が負であれば、値が高い地域の周りには値が低い地域が多くなるということになりますので、パターンとしてはモザイク的になり、視覚的には把握しづらくなります。

早速、このツールを使ってモランのI統計量を計算してみましょう。このツールの場合、特に出力結果はありませんので、「実行」をクリックしたあとに表示される、メッセージ上の「詳細の表示」をクリックして開きましょう。警告が表示されることもありますが、多くの場合、隣接する地域がないデータがあることなどによりますので、あまり気にしなくて構いません。今回は、コラム図6-2のような結果が得られました。Moranインデックスが I 統計量で、0.234となっています。正の空間的自己相関かというと、それほどではありません。p値は0.000ですから、有意と判断できます。大阪市の範囲のみのデータにして、再度、モランのI統計量を求めると、0.447という数字が得られました。地域によっては一定のパターンがあるのかもしれませんね。

グローバル Moran I サマリー

Moran インデックス	0.234203
期待されるインデックス	-0.000122
分散	0.000002
Z スコア	182.788113
p 値	0.000000

Meters で計測した距離

コラム図6-2　I統計量についての統計情報

(2) クラスター / 外れ値分析 (Cluster and Outlier Analysis (Anselin Local Moran's I))

こちらはLocalのほうで、「クラスター分析のマッピング」の中にあります。通常のモランのI統計量は全体で計算しますが、こちらでは、小さい枠を設定して、その範囲内でモランのI統計量を求めるということをしています。そのため、個別の地域ごとにモランのI統計量が計算され、それが高いもの同士なのか、高いものと低いものの組み合わせなのか、その逆なのか、低いもの同士なのかを判断し、有意かどうかも判断することになります。

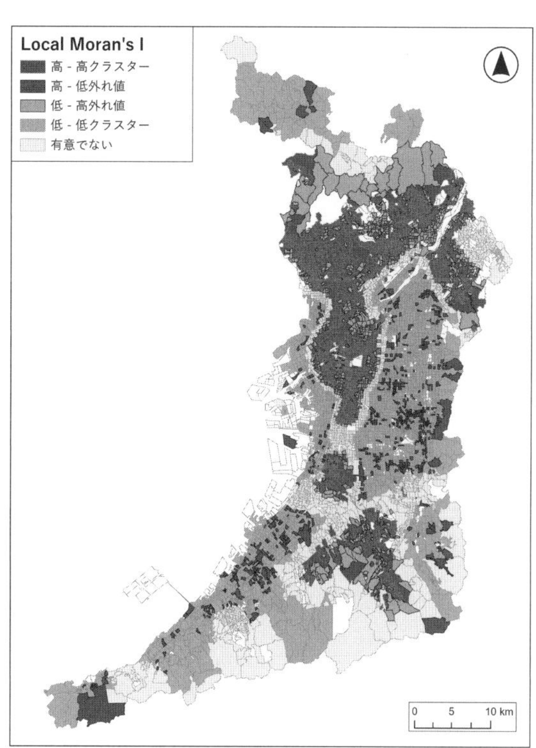

コラム図6-3　クラスター／外れ値分析の処理結果

実際にツールを実行した結果がコラム図6-3です(口絵参照)。「高−高クラスター」は、高いものの周りに高いものがあるような地域です。大阪市のあたりを中心に南北方向に広がり、北部では東西にわたって広がっています。「低−低クラスター」はその逆で、低いものの周りに低いものがある地域です。大阪市の東側や西側の地域、大阪府の南部に広がります。「高−低外れ値」は、高いものが低いものに囲まれている状況を指し、「低−高外れ値」はその逆パターンを指します。それぞれ、クラスターの中に点在していることがわかります。こちらのツールを使うと、日本語のツール名の通り、空間的なクラスターを簡単かつ統計的に把握することができます。

今回は、2つのツールをごく簡単に使ってみました。それぞれのツールや他の空間統計ツールの詳細については、ArcGIS Proのヘルプを確認してみてください。

第15章 GISでデータを計算・分析・可視化する

Point

- 新しいフィールドを作成してフィールド演算で値を計算する
- チャート機能を使ってヒストグラムや散布図を作成する
- クラスター分析を使って統計データをもとに地域を分類する

ArcGIS Pro は、GIS のためのソフトウェアであり、地理空間情報を含まないような表形式のデータの処理やグラフ化、空間的ではない統計分析を行うには必ずしも向いているとはいえません。それでも改良が進んできており、データの計算や集計、簡単な統計分析、グラフ化ぐらいであれば、いちいち Excel 形式でデータをエクスポートして Excel で処理しなくても、ArcGIS Pro 上で済ませることができます。

例えば、比率の地図を描く場合、等級色のシンボルで正規化欄に、分母となるフィールドを設定すればできますが、コラム 6 のように、比率の値を使用して分析したい場合には、比率になっているフィールドが必要になります。Excel であればセルに式を入れてコピーすれば済みますが、ArcGIS Pro では**フィールド演算**という機能を利用して、分子となる変数÷分母となる変数の値を、新しい（あるいは既存の）フィールドに代入することで、比率のフィールドを用意することができます。このようにして求めた統計データから、一定の地域ごとに集計して平均値や合計値を求めるような作業は、Excel のピボットテーブルのほうが簡単そうですが、ArcGIS Pro の場合は、地図上で選択した範囲の合計値などを求めることができます。また、**チャート**機能を使うことで、データに含まれる 2 つのフィールドの関係を散布図で表示したり、地図上で選択したデータのみでその関係を検討したりすることができます。空間的ではない、単純な**クラスター分析**も ArcGIS Pro 上で行うことができますので、Excel だけでなく、R も使ってクラスター分析を行って、さらに GIS 上でクラスターの分布図を描いて、という手順をまとめて ArcGIS Pro で行うことができます。

ここでは、2020 年の国勢調査の小地域データのうち、町丁・字等別の京都市の職業大分類別就業者数のデータを使用して、職業別の人口分布の特徴についての簡単な分析を通して、フィールド演算による計算、統計情報・チャート機能によるデータの集計、クラスター分析の方法について解説します。

データを準備するために、まず、ArcGIS Pro で新しいプロジェクトを作成してください。そして、e-Stat の統計地理情報システムから、境界データとして、「国勢調査」の「2020 年」の「小地域（町丁・字等）（JGD2011）」、「世界測地系平面直角座標系・Shapefile」の京都府全域のデータをダウンロードして、京都市のみのデータを選択してエクスポートするか、26101（京都市北区）から 26111（京都市西京区）までの 11 区のデータをダウンロードしてマージするなどして、京都市の町丁・字等単位のポリゴンデータを準備してください。KEY_CODE でディゾルブしておくほうがよいでしょう。また、統計データとしては、「国勢調査」の「2020 年」の「小地域（町丁・字等）」のうち、「職業（大分類）別就業者数」の京都府のデータをダウンロードして、Excel で GIS データと結合できる形式にして保存してください。準備ができたら、ArcGIS Pro 上で、ポリゴンデータと統計データを、KEY_CODEで属性結合し、結合されたままの状態を、新たなGISデータとして、「京都市職業別人口2020」という名前でエクスポートしておきましょう。これらの手順については、主にコラム4と第7章を確認してください。

15-1. フィールド演算による職業別従事者比率の計算

（1）「京都市職業別人口2020」レイヤーの属性テーブルを開き、「テーブル」タブのツール欄の「フィールド演算」をクリックします（図15-1）。

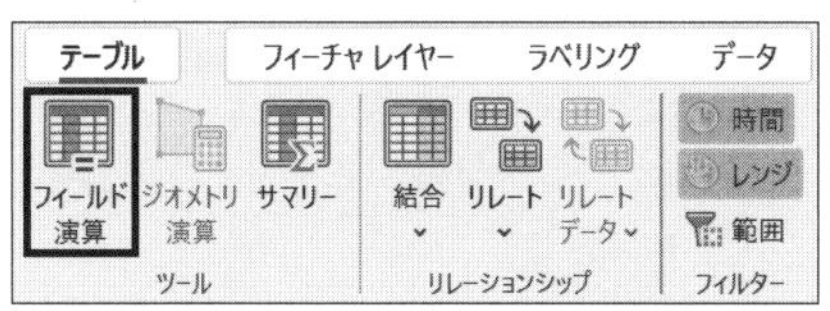

図15-1　「フィールド演算」ボタン

（2）フィールド名欄に、「専門技術」と入力します。

（3）フィールドタイプ欄では、「Double（64ビット浮動小数点）」を選びます。

（4）式の欄のフィールドの中から、「B専門的・技術的職業従事者」をダブルクリックします。

（5）「値の挿入」の右にある「/」ボタンをクリックします。

（6）フィールドの中から、「総数」をダブルクリックします。

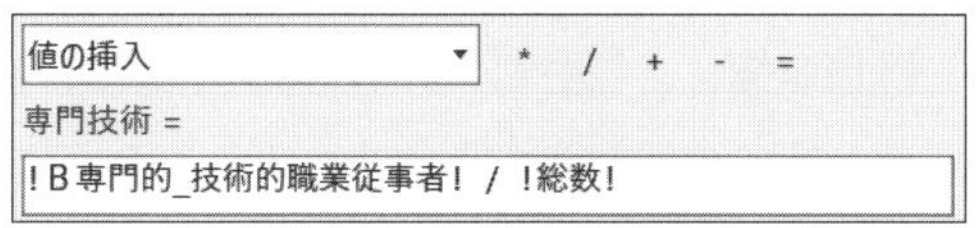

図15-2　設定する式

※「専門技術＝!B専門的_技術的職業従事者!/!総数!」という式ができあがります(図15-2)。「・」が「_」になっていますが、気にしなくても構いません。「!」は、ArcGIS ProでPythonを使うときのフィールド名を示すための記号ですので、これも気にしなくてもOKです。すべてのフィーチャについて、専門技術というフィールドに、この式の計算結果が入力されることになります。

（7）「適用」をクリックします。

※警告（WARNING）が表示されると思いますが、これは分母が0や空になっているデータがあるためです。処理がそこで停止するわけでもないので、今回は気にしなくて構いません。

（8）（1）～（7）と同じ手順で、以下の5つの職業別就業者比率を計算しましょう。

(2)でフィールド名欄に入れる名称	(4)で選ぶフィールド	(6)で選ぶフィールド
事務	C事務従事者	総数
販売	D販売従事者	総数
サービス	Eサービス職業従事者	総数
生産工程	H生産工程従事者	総数
運搬清掃包装	K運搬・清掃・包装等従事者	総数

15-2. 統計情報の表示

属性テーブルからは、フィールドごとの統計情報を確認することができます。フィールド演算によって求めた比率や、元々のデータについての統計情報を確認してみましょう。

（1）「京都市職業別人口2020」レイヤーの属性テーブルで、専門技術フィールドの列名を右クリックし、「統計情報」をクリックすると、コンテンツウィンドウのレイヤーのところに「チャート」が追加され、チャートとそのプロパティウィンドウが表示されます（図15-3）。

チャートを確認しましょう。ヒストグラムが表示され、平均値も示されています。京都市全体の町丁・字等の単位でみた場合、専門的・技術的職業従事者の比率の平均は0.207（＝20.7%）であり、0.13～0.22の間に多くの地区が含まれるということになります。記述統計量は、右のプロパティウィンドウに表示されています。中央値やばらつきを示す標準偏差、最大値、最小値、合計値の他に、正規分布と比べた歪み（偏り）を示す歪度、正規分布と比べた尖りの度合いを示す尖度が表示されています。データの総件数(フィーチャ数)は行の欄にあり、5,232です。数の欄にあるのは、このうちのNULL

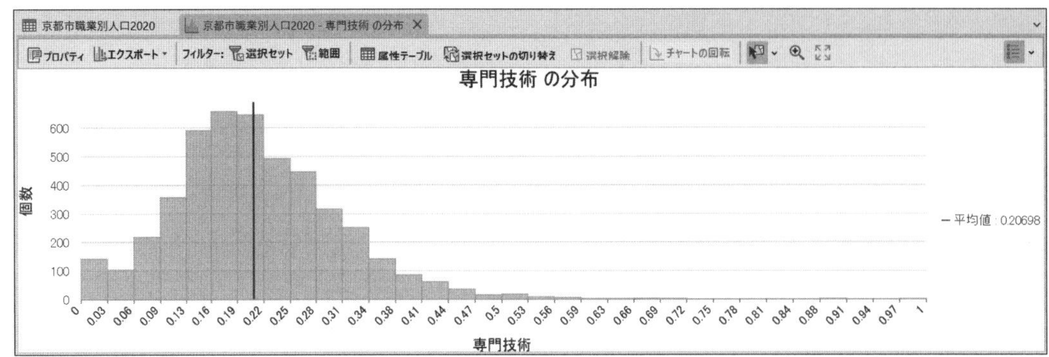

図 15-3　統計情報のチャート（ヒストグラム）

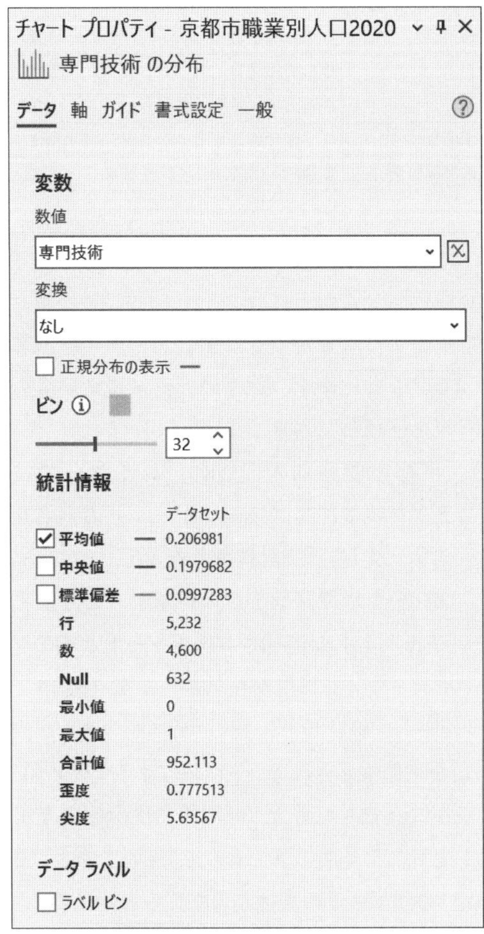

図 15-4　チャートのプロパティ

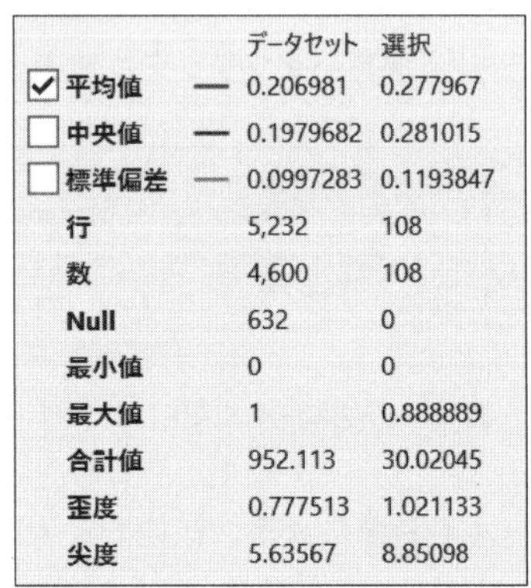

	データセット	選択
☑ 平均値	0.206981	0.277967
☐ 中央値	0.1979682	0.281015
☐ 標準偏差	0.0997283	0.1193847
行	5,232	108
数	4,600	108
Null	632	0
最小値	0	0
最大値	1	0.888889
合計値	952.113	30.02045
歪度	0.777513	1.021133
尖度	5.63567	8.85098

図 15-5　選択しているポリゴンの統計情報が表示

(空）ではないデータの件数です。フィールド演算で「総数」が0や空であるデータは比率の計算ができませんので、この数の欄には含まれていません。

(2)「京都市職業別人口2020」レイヤーのシンボルを、等級色にし、「専門技術」で塗り分けてください。

(3)「専門技術」のチャートウィンドウ上で、「プロパティ」をクリックして、チャートのプロパティウィンドウを表示しておきます。

(4) マップ内で、「専門技術」の比率が高そうな地域のポリゴンを、範囲選択してください（1つではなく、複数選択してください）。

(5) チャートのプロパティウィンドウのうち、統計情報欄に、「選択」という文字が表示され、それぞれの統計量が表示されることを確認しましょう（図 15-5）。

※「選択」に表示されているのは、現在マップ上で選択している地域の統計情報です。他の地域も選択しながら確認してみましょう。ヒストグラムのチャート上でも、選択されているデータが表示されますので確認してください。

(6) チャートのプロパティのうち、変数欄の数値のところを、他のフィールドに変えてみましょう。

15-3. 散布図の作成

ヒストグラムは、「統計情報」から表示しましたが、チャート自体はコンテンツウィンドウでレイヤー名を右クリックして、「チャートの作成」から作成していくことができます。ここでは、散布図と、散布図マトリックスを作成して、フィールドどうしの関係を可視化します。

(1) コンテンツウィンドウで「京都市職業別人口2020」レイヤーの名前を右クリックし、「チャートの作成」、「散布図」とクリックします。

(2) チャートプロパティで、X 軸数値に「専門技術」を、Y 軸数値に「生産工程」を入れてみましょう（図 15-6)。

チャートでは、当該レイヤーに設定されているシンボルの色が使用されます。ここでは、専門技術の値で等級色としていますので、X 軸方向にグラデーションのようになっているだけであまり意味がありませんが、散布図の軸に設定していないフィールドで色分けすることで、より高度な分析が可能です。また、散布図中に描かれている直線は、単回帰の直線で、Excel の散布図での近似曲線(線形)と同じものです。図 15-6 の右側には、「R2」（R2 乗値：決定係数）が示されています。この場合は 0.14 ですから、かなり低く、相関係数も -0.4 程度で、それほど絶対値が高いわけでもないので、強い相関関係はなさそうです。

(3) チャート上で、散布図のポイントをどれか選択して、どこの地区なのかマップで確認してみましょう(範囲選択でもよいですし、クリックでも構いません)。

チャート上で選択しても、フィーチャを選択することができますので、マップ上でどこなのかがすぐにわかります。例えば、チャートの真ん中あたりに、専門技術が 0.5、生産工程が 0.5 という地区がありますが、これは全体からすれば外れ値です。チャートで散布図を描くと、これがどこにあって、どのような特徴を持つ地域なのかをすぐに確認できます（この地区は、就業者の総数が 4 人ですので、値が大きくなりやすい地区です)。

一つ一つチャートを設定しながら、それぞれの比率の関係を確認することもできますが、結構大変です。「散布図マトリックス」を使用すると、まとめて散布図を作成することができます。

(4) コンテンツウィンドウで「京都市職業別人口 2020」レイヤーの名前を右クリックし、「チャートの作成」、「散布図マトリックス」とクリックします。

(5) チャートプロパティで、数値フィールドの「＋選択」ボタンをクリックし、フィールド演算

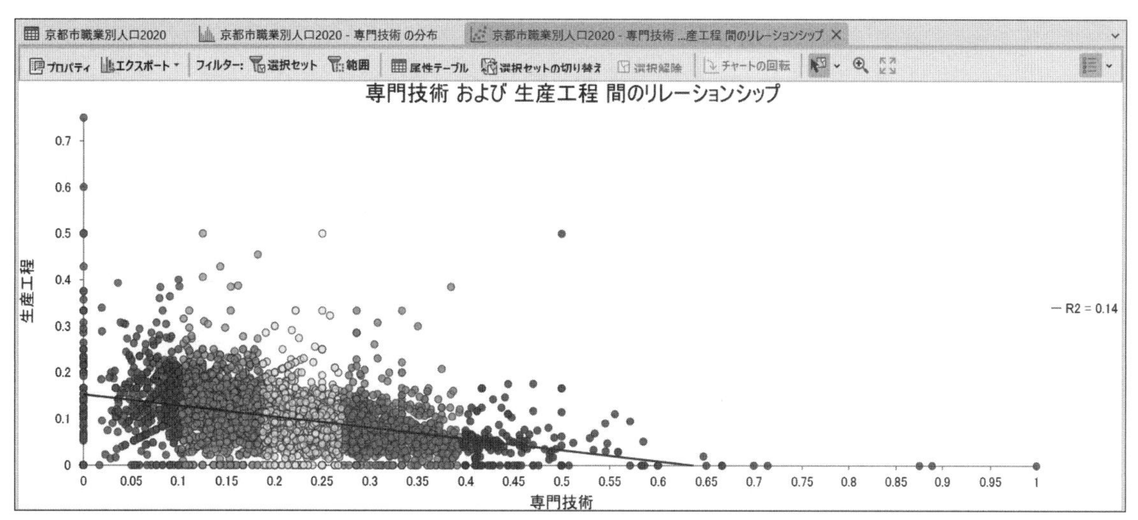

図 15-6　専門技術と生産工程の散布図

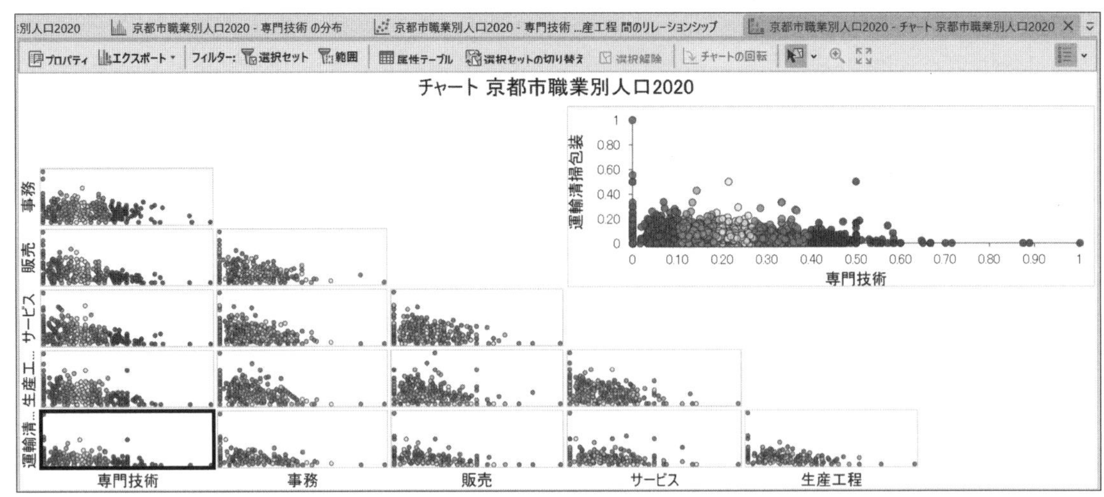

図 15-7　散布図マトリックス

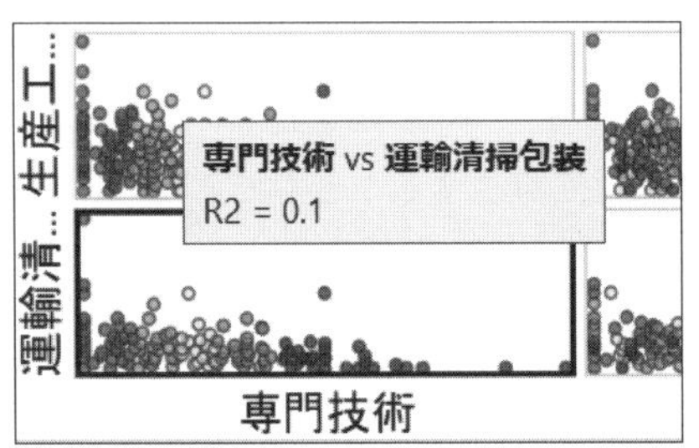

図 15-8　散布図マトリックスに表示された R2 乗値

で作成したフィールドにチェックを入れて、「追加」をクリックします。

マトリックス（行列）として、各比率の関係を示す散布図が表示されます（図 15-7）。黒枠で囲まれているものが、右上に拡大表示されています。マトリックスのほうの散布図に、マウスカーソルを置いておくと、R2 乗値が表示されますので、相関の程度も確認できます（図 15-8）。

15-4. クラスター分析

最後にクラスター分析をして、4,600 ほどある京都市内の町丁・字等を、職業別の特徴で分類してみましょう。ArcGIS Pro で比率のデータのみに基づいて実行できるクラスター分析は、**K-means 法**と K-medoids 法の 2 つです。よく利用されるのは K-means 法ですので、ここでは K-means 法を使って、5 つのクラスターに分類します。最適なクラスター数を自動的に設定することもできますが、ここでは、見た目のわかりやすさなどを重視してクラスター数を 5 にします。

(1) 「解析」タブの「ツール」をクリックして、ジオプロセシングウィンドウから、「ツールボックス」の「空間統計ツール」の中の「クラスター分析のマッピング」の中にある、「多変量クラスター分析（Multivariate Clustering）」をクリックします。
(2) 入力フィーチャ欄で、「京都市職業別人口 2020」を選びます。
(3) 出力フィーチャ欄は自動的に表示されたもので構いません（変更しても OK です）。
(4) 分析フィールド欄で、フィールド演算で追加した、「専門技術」、「事務」、「販売」、「サービス」、「生産工程」、「運輸清掃包装」の 6 フィールドにチェックを入れます。
(5) クラスター数として、「5」を入力します。
(6) その他の項目はそのままで構いませんので、「実行」をクリックします。
(7) 出力結果として、「京都市職業別人口 2020_MultivariateClustering」レイヤーが追加されますので、クラスターの分布を確認しましょう。
(8) コンテンツウィンドウのチャートのうち、「多変量クラスター分析の箱ひげ図」をダブルクリックしましょう。

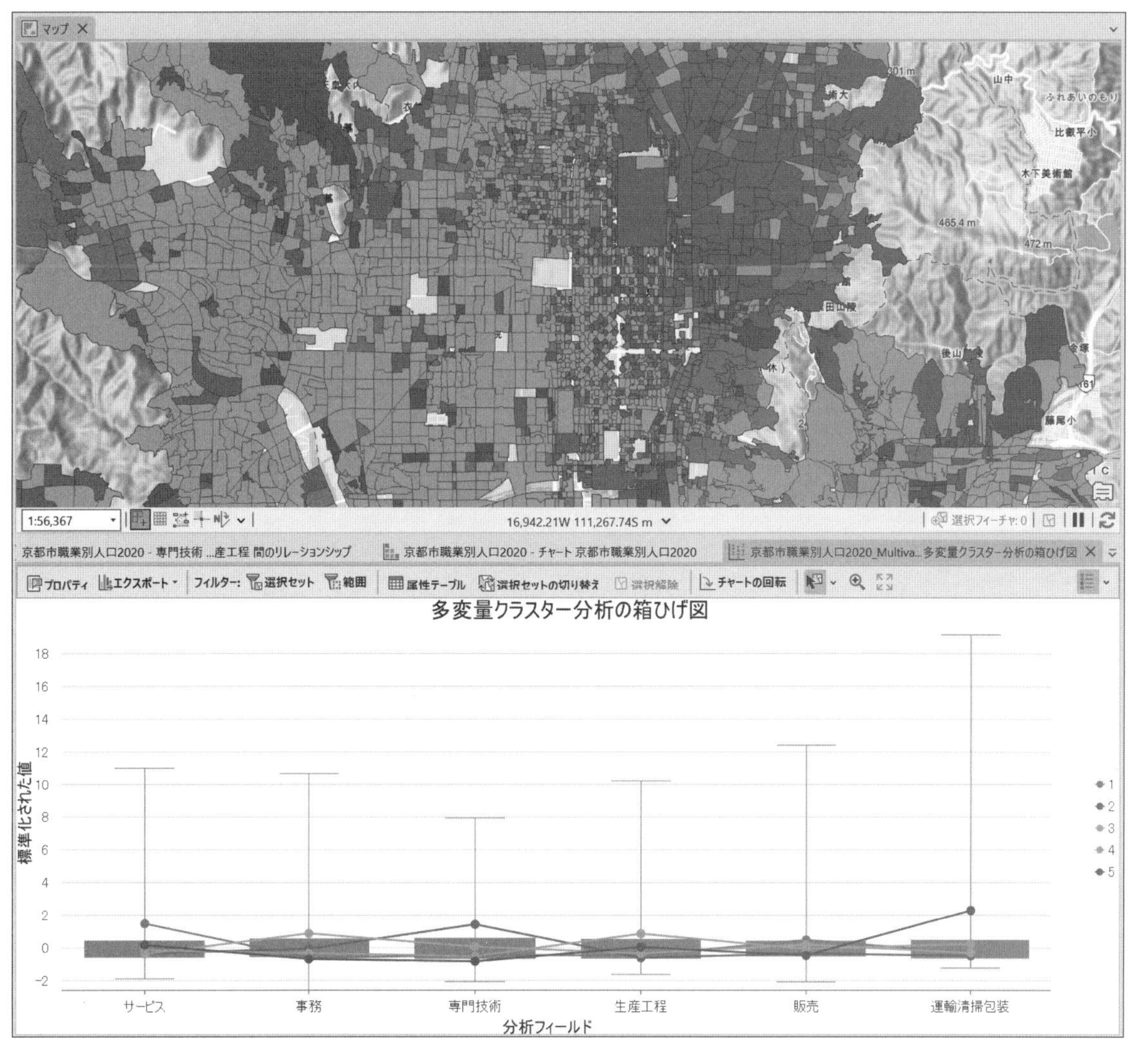

図 15-9　クラスター分析結果の地図と箱ひげ図

箱ひげ図には、クラスターごとの各比率の値が表示されており（図 15-9）、縦軸は標準化された値となっています（0 の場合、平均と一致します）。例えば、クラスター 2 は、専門技術（専門的・技術的職業従事者）の比率が高い点に特徴があり、クラスター 4 は、生産工程（生産工程従事者）の比率が高いようです（口絵参照）。京都市内では、クラスター 2 が都心部から見て北西方向で、クラスター 4 が都心部からみて南西方向でそれぞれ卓越します。特定の方角に特定の職業の人々が卓越するのは、一般的な大都市での傾向と大きくは変わりません。このような空間分布について詳しく知りたい場合は「都市内部構造モデル」や「居住分化」というキーワードでネット検索してみましょう。

なお、この「多変量クラスター分析」のツールの出力結果は、処理過程にランダムな部分があるために一定ではありません。2 回目には少し違った結果が出力されます。それでは困るという場合には、「環境」の乱数ジェネレーターのシード欄を「0」ではなく、「1」などの数値にすることで、乱数を固定して毎回同じ結果を得ることができます。

第16章 モバイルアプリで地理空間情報を調査・収集する

Point
- ArcGISで利用できるモバイルアプリとその使い方
- 飲料自動販売機の調査フォームを作って調査する

スマートフォンを使って、その場の写真や動画をSNSに投稿したり、家族や友人にメッセージを送ったりすることは、もはや日常茶飯事になってきています。スマートフォンでGISを使って分析することは、画面の小ささを考えるとなかなか難しそうですが、野外調査などの際にはスマートフォンは非常に便利です（図16-1）。ArcGISのシリーズにも、現地での地理空間情報の調査・収集のために利用できる、**ArcGIS Field Maps**（以下、Field Maps）と**ArcGIS Survey123**（以下、Survey123）というモバイル用のアプリがGoogle PlayストアやApp Storeからダウンロードできるようになっていて、ArcGIS Onlineのアカウントがあれば、これらを有効に活用できます。

Field MapsもSurvey123も、どちらも事前に入力フォームを作成しておき、スマホのアプリなどを通して、ArcGIS Online上にデータを入力・保存していくような形で利用することになります。しかし、インターフェースは大きく異なり、それぞれにできることと、できないことがあります。

図16-1　タブレットを使った現地調査の例

(1) ArcGIS Field Maps

どちらのアプリも、入力フォームの作成・設計にはArcGIS Onlineのアカウントが必要ですが、データを入力する際には、アカウントの必要／不必要に差があります。Field MapsではArcGIS Onlineのアカウントが必要で、Survey123ではアカウントが無くても利用できます。Survey123のほうが誰でも使えてよいかもしれませんが、データを公開して、誰でも編集できるようにする必要がありますし、アカウントなしでは誰がデータを入力・編集したのかという情報を記録できませんので、秘匿する必要のある調査や、グループによる調査には不便な場合があります。公開せずに、特定のメンバーだけで共同編集したい場合は、Field Mapsを利用することになります。

Filed MapsはArcGIS Proの編集機能というほど高度ではありませんが、Survey123よりは高度な編集機能を持つ、地図を見ながら編集していくアプリです。この点もSurvey123との大きな違いです。現地で地図を見ながら、調査対象についての情報を順次入力していくような調査であれば、Field Mapsがよいでしょう。また、ArcGIS Onlineのアカウントが必要になりますが、複数人での調査も実施できますし、データの入力者の情報も保存できますので、業務や研究で求められる水準の効率的かつ正確な調査の実施が可能になるでしょう。インターネット接続が常に利用できる状況であれば、リアルタイムに調査の進捗状況を確認することもできます。また、電波が届かない山間部など、インターネットに接続できないようなケースでも、データを前もってダウンロードし、インターネット接続ができるようになってからアップロードして ArcGIS Online 上のデータを更新することもできます。

(2) ArcGIS Survey123

Field Maps は地図を見ながら情報を入力していくアプリですが、Survey123 は、地図を使って GIS データを入力できる Google フォームのような調査フォームだと考えておくとよいでしょう。そのため、Field Maps のように、多くのデータを入力するような調査にはあまり向いていません。

一方、Survey123 は、情報の入力の際に ArcGIS Online のアカウントが必要ではないため、不特定多数から回答を得るということもできます。例えば、アンケートのような形での利用はもちろん、イベントなどでの参加者に地域のさまざまな情報を投稿してもらうような利用もできます。大学での筆者の授業でも、フィールドワークの際に、学生が気づいたことや発見したものの記録のために、Survey123 を利用して、位置と写真、属性情報を投稿してもらう仕組みを作っています。Moodle や manaba などの LMS（学習管理システム）では、情報を入力・投稿することはできますが、地図を利用して、位置情報を投稿することはできません。Survey123 を利用することで、フィールドワーク中にも、学生の投稿状況をリアルタイムに確認することができます。また、授業内でのグループワークで地図を作ってもらうこともしているのですが、その際に、手描きの地図にするのではなく、Survey123 でラインデータを入力してもらうことにしており、リアルタイムに作業の進捗状況を確認しつつ、作業が完了次第、完成した地図を学生と共有することができます。

Field Maps も Survey123 も、ArcGIS Online 上にデータが保存されることから、複数人の作業でもリアルタイムに入力状況を確認でき、また GIS データとしてすぐにそのまま使用でき、ArcGIS Pro にも表示できる点に大きなメリットがあります。紙による調査の場合は、紙の調査票をデータとして起こす作業から行う必要があり、対応する地図も確認しなければなりません。もちろん、位置の精度は入力者の技量に依存しますが、それでもこのような手間を省くことができると、作業量を大きく減らすことができます。

(3) 必要な作業（調査の設計、マップの準備）

どちらのアプリも、どのような情報を入力するのかを先に決めておく必要があります。紙であれば調査票を設計するのが最初のステップです。調査票が完成すれば、それに対応する GIS データをあらかじめ作成することになります。調査項目ごとにフィールドを設定し、入力する値に応じてフィールドの型も決めていく必要があります。Survey123 の場合、調査フォームが完成すればそれでそのまま利用できますが、Field Maps の場合は、ArcGIS Pro のマップのように、入力するための GIS データを読み込んだマップを作成しておく必要があります。

ここでは、飲料自動販売機の調査を事例として、Field Maps 及び Survey123 を利用して調査フォームを作成し、入力したデータを ArcGIS Pro などで確認するまでの手順について解説します。なお、いずれの手順も ArcGIS Online のアカウントが必要になりますのでご注意ください。

図 16-2　Field Maps でのフォームの設計画面

16-1. ArcGIS Field Maps を利用した飲料自動販売機の調査

16-1-1. マップとレイヤーの作成

(1) ArcGIS Online にログインし、右上のアプリランチャー（⁝⁝⁝）をクリックして、「Field Maps Designer」をクリックして起動します。

(2) 「＋新規マップ」をクリックしましょう。

※マップとレイヤーをまとめて作成することができます。

(3) レイヤーの作成を行いますので、レイヤー名を「自動販売機」として、レイヤータイプを「ポイントレイヤー」にして、「次へ」をクリックします。

※ラインデータを作成したい場合は「ラインレイヤー」を、ポリゴンデータを作成したい場合は「ポリゴンレイヤー」を選びましょう。

図 16-3　飲料自動販売機の調査フォームの作成例（Field Maps）

図 16-4　タブレットを使った現地調査の例

(4) レイヤー設定では、GPS メタデータを収集するかと、Z 値を有効にするかを聞かれますが、特に必要はないのでどちらもオフのままにして、「次へ」をクリックします。

(5) マップのタイトルを「自動販売機調査」として、「マップの作成」をクリックしてしばらく待つと、図 16-2 のような画面が表示されます。

図 16-2 右上のフォームエレメントから、必要なエレメントを中央の領域までドラッグして、フォームを作成していくことができます（図 16-3）。今回は以下のようにフォームを作成・設定しました。

項目	エレメントの種類
ベンダー	コンボ ボックス（アサヒ、サントリーなどのリストから値を選択）
商品数	数値 - 整数
主な価格	数値 - 整数
アルコール飲料の有無	スイッチ
電子マネーの利用可否	スイッチ
備考	テキスト - 複数行

※写真をアップロードするような項目については、特に設定していなくても構いません。

フォームの作成が終われば、「保存」ボタンをクリックしておきましょう。必要に応じて、左側のメニューから、「アプリの設定」などの設定を行ってください。

16-1-2. Field Maps アプリでの情報入力

(1) タブレットやスマートフォンで Field Maps をタップして起動します。

(2)「ArcGIS Online でサインイン」をタップし、ArcGIS Online のユーザー名、パスワードを入力します。

(3) マップの一覧が表示されますので、16-1-1 で作成した「自動販売機調査」をタップしましょう。

(4) 右下の＋ボタンをタップして、新しいデータを入力するためのフォームを表示します。

※「写真の撮影」ボタンと「添付」ボタンがありますので、写真を添付する場合は、そこから撮影・アップロードするとよいでしょう。

(5) 地図をスワイプして動かし、中心にある十字を自販機の場所に移動させます（図 16-4）。

(6) 場所が定まれば、新規フィーチャの「ポイントの追加」をタップします。

(7) 各項目を入力しましょう。

(8) すべての情報の入力が終われば、右上の「送信」をタップし（スマートフォンの場合はチェックマーク）、正常にデータが送信されることを確認してください。

16-1-3. 入力結果の確認

(1) ArcGIS Online にアクセスし、サインインしてから、「自動販売機調査」のマップを表示してみましょう。

(2) ArcGIS Pro からは、何らかのプロジェクトを開くか、「テンプレートを使用せずに開始」でマップを追加してから、「データの追加」で、「ポータル」の中の「マイ コンテンツ」の中にある、「自動販売機」というフィーチャ レイヤーを表示してみましょう。

16-2. Survey123を利用した飲料自動販売機の調査

16-2-1. フォームの作成

(1) ArcGIS Onlineにログインし、右上のアプリランチャー（⁝⁝⁝）をクリックして、「Survey123」をクリックして起動します。

(2)「＋新しい調査」をクリックしましょう。

(3) テンプレートを選択できますが、ここでは「空白の調査」の「基本操作」をクリックして、何もない状態から作成します。

(4) 少し待つと、図16-5のような画面が表示されますので、必要な要素を追加していきましょう。

Field Mapsと同じような感じで要素を配置することができます。Survey123のほうが、より調査フォームらしいため、Googleフォームなどでフォームを作成した経験があれば操作は簡単でしょう。Field Mapsとの違いは、地図を通した地理空間情報の入力と写真のアップロードが標準ではないことです。裏を返せば、Survey123自体は、地図を入れなくても単純な調査フォームとして機能します。入力できる地理空間情報については、ポイントだけでなく、ラインやエリア（ポリゴン）も設定できます（ただし、1つの調査にこれらを混在させることはできません）。

Field Mapsと同様に、「飲料自動販売機調査」として、以下のようにフォームを作成してみました。

項目	エレメントの種類
ベンダー	ドロップダウン（アサヒ、サントリーなどのリストから値を選択。その他の場合は入力）
商品数	数値
主な価格	数値
アルコール飲料の有無	単一選択
電子マネーの利用可否	単一選択
自動販売機の場所	マップ（ポイント）
写真	イメージ
備考	複数行テキスト

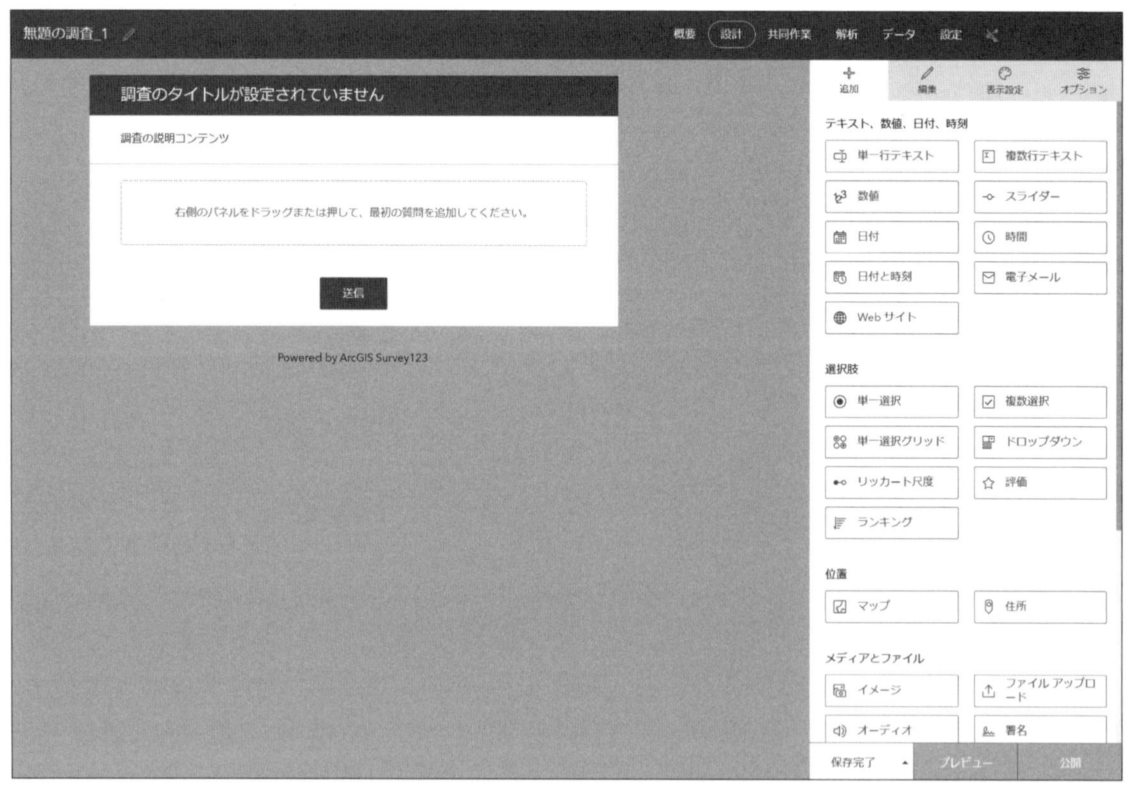

図16-5　Survey123でのフォームの設計画面

追加できる要素を見ればわかるように、一般的なウェブ調査フォームのような多様な入力方法に対応しています。例えばオーディオとして、音声を入力・アップロードすることもでき、リッカート尺度（5 段階などで度合いを選択する形式）や星での評価、スライダーによる数値の入力などもできます。

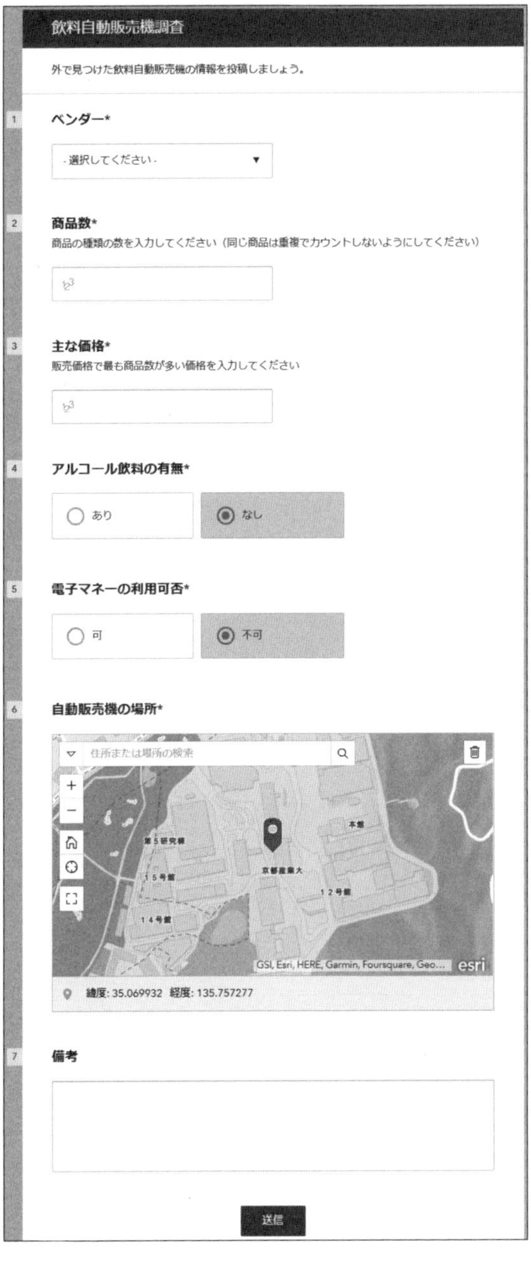

飲料自動販売機調査

外で見つけた飲料自動販売機の情報を投稿しましょう。

1 ベンダー*

- 選択してください -

2 商品数*

商品の種類の数を入力してください（同じ商品は重複でカウントしないようにしてください）

3 主な価格*

販売価格で最も商品数が多い価格を入力してください

4 アルコール飲料の有無*

あり　なし

5 電子マネーの利用可否*

可　不可

6 自動販売機の場所*

住所または場所の検索

第 5 研究棟　本館　京都産業大　15 号館　12 号館　14 号館

GSI, Esri, HERE, Garmin, Foursquare, Geo...　esri

緯度: 35.069932　経度: 135.757277

7 備考

送信

図 16-6　飲料自動販売機の調査フォームの作成例（Survey123）

設定が終われば、「保存」をクリックしておきましょう。「プレビュー」をクリックすると、パソコンだけでなく、スマートフォンやタブレットでの見え方も確認できます。「公開」をクリックし、再度「公開」をクリックすると、フォームから入力することができるようになります。この際、「スキーマの変更」をクリックすると、各要素に対応するフィールドの名称を変更できます。

公開できたら、「共同作業」をクリックし、「調査の共有」画面を開きましょう。ここで URL を確認できますし、QR コードもダウンロードできます。ここでの選択肢のように、Survey123 については、専用のアプリを使用せずに、ブラウザーで使用することができます。また、この画面では、調査に送信できるユーザーを限定したり、「すべての人（パブリック）」にしたりすることもできます。パブリックにすると、URL がわかれば誰でも編集できますので、「送信者ができること」欄を確認して、どこまでを許可するか決めておきましょう。パブリックにした場合に、誰が入力したのかを把握したければ、入力必須の項目として調査者名や本人の ID 番号なども付け加えるとよいでしょう。もちろん、詐称される可能性はゼロではありません。「結果の共有」画面も確認し、どのようなユーザーが何をできるのかを確認しておきましょう。

16-2-2. ブラウザーからの情報入力

iPad のブラウザーから調査フォームにアクセスし、フォームの下半分を表示すると、図 16-7 の画像のようになります。この場合、マップについては、直接タップすることで、青いピンの場所を指定し、ポイントデータとして調査フォームに位置情報を入力することになります。スマートフォンであればもっと画面が細長くなりますので、マップの操作方法が異なることがあります。Survey123 では、GPS による現在地は ボタンで表示できます。

必要な情報が入力できたら、「送信」ボタンをタップして、情報を送信してみましょう。

図 16-7　タブレットで表示した入力フォーム（Survey123）

16-2-3. 入力結果の確認

入力結果の確認方法は Field Maps と同じです。Survey123 の場合、「Survey- 自動販売機調査」のようなフォルダーが ArcGIS Online のマイコンテンツ内に作成され、その中に作成したレイヤーが格納されます。「自動販売機調査」という、調査フォームの設計の際に入力した名前のレイヤーが本体のレイヤーです（図 16-8）。「自動販売機調査 _form」はフォーム用の「ビュー」と呼ばれる参照用のレイヤーで、パブリックになっており、誰でもデータの追加のみができる状態ですが、既存データの編集など、自由な編集ができるわけではありません。「自動販売機調査 _results」は結果表示用のビューです。ArcGIS Pro などでもレイヤーを追加して確認してみましょう。

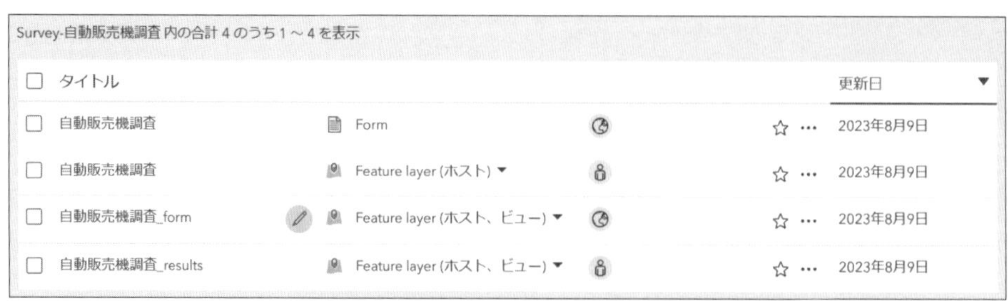
Survey-自動販売機調査 内の合計 4 のうち 1 ～ 4 を表示

タイトル		更新日
自動販売機調査	Form	2023年8月9日
自動販売機調査	Feature layer (ホスト)	2023年8月9日
自動販売機調査_form	Feature layer (ホスト、ビュー)	2023年8月9日
自動販売機調査_results	Feature layer (ホスト、ビュー)	2023年8月9日

図 16-8　調査結果が格納された ArcGIS Online 上のレイヤー

紙地図をGISで重ねる

Point
- 古地図や地形図などの紙の地図をGIS上で表示するための方法
- 地形図の画像データを使ってジオリファレンスする
- 地形図上の情報を読み取ってポイントデータやポリゴンデータを作る

GISで地図上に示すことができるのは、GISデータか、デジタルな位置情報を備えたデータのみです。それでは、紙の地図をGISで利用するには、どのような処理をすればよいのでしょうか。

まずは、スキャンしてデジタルな画像データにする必要があります。国土地理院の地形図のように、大きな紙地図の場合は、地図部分のスキャンに少なくともA2に対応したスキャナが必要になります。A3対応のスキャナしかない場合は、2回に分けてスキャンして貼り合わせるか、Photoshop の Photomerge 機能で統合することもできます。もちろん、A3に収まる程度の紙地図や、大きな紙地図でも、必要とする範囲が小さい場合は、A3やA4のスキャナで十分かもしれません。

画像が準備できれば、GIS上で**ジオリファレンス**という作業を行います。ジオリファレンスは、紙地図をスキャンしたものなど、画像データになっていて、正確な位置情報がデータに格納されていないものについて、正確な位置情報を付与する作業です。少なくとも3地点の画像上の点について、正確な緯度･経度（あるいはX座標･Y座標）を与えることで、ジオリファレンスができます。画像上で正確な位置情報がわかる地点のことを、**コントロールポイント**と呼びます。多くのコントロールポイントの情報があれば、より正確にジオリファレンスができますが、一般的な用途では、コントロールポイントは3～4地点程度で十分でしょう。国土地理院の地形図の場合、地図部分の四隅にそれぞれの緯度と経度が示されていますので、比較的簡単にジオリファレンスを行うことができますが、地図部分すべてを画像データにできている場合に限られます。一部のみをスキャンした場合などは、コントロールポイントにできる地点を地図の画像上で探し出す必要がありますが、その際には、地図の特定の範囲に集中しないように気を付ける必要がありますので、なるべく地図の画像内でまんべんなく分布するようにしたほうがよいでしょう。三角点や水準点はコントロールポイントにしやすいですし、交差点なども利用できます。

ここでは、**旧版地形図**と呼ばれる画像データを用いて、ジオリファレンスを行います。旧版地形図とは、国土地理院が発行する地形図のうち、最新版ではない地形図のことを指します。単に古地図と呼ばれることもあります。元・埼玉大学の谷謙二氏によって開発･提供されてきた「今昔マップ」（https://ktgis.net/kjmapw/index.html）は、このような旧版地形図をスキャンしてデジタルデータにし、ジオリファレンスを行って地理院地図などと重ね合わせて表示できるようにしたもので、日本全国のさまざまな地域の旧版地形図が閲覧できることから、高校の地理総合などでも活用されています。ただし、全国すべての旧版地形図を網羅しているわけではなく、特定の地域や年代のものが「今昔マップ」上にない場合は、自分で旧版地形図を入手して、ジオリファレンスを行う必要があります。

旧版地形図を入手するためには、国土地理院に謄本交付申請を行う必要があります。まず、国土地理院が提供する「地図・空中写真閲覧サービス」(図 17-1)のうちの「地形図・地勢図図歴」(https://mapps.gsi.go.jp/history.html) から、旧版地形図を検索します。図郭を選択し、図歴を表示してから、必要な地図の「謄抄本公布申請書作成」にチェックを入れたうえで、「謄抄本公布申請書作成」をクリックすれば、必要事項を入力したうえで、PDF の申請書を作成することができます。郵送での申請の場合は、印刷のうえ必要な収入印紙などを送付し、電子申請の場合は e-Gov から申請を行って手数料を納付することで、数日〜1 週間程度で入手することができます。

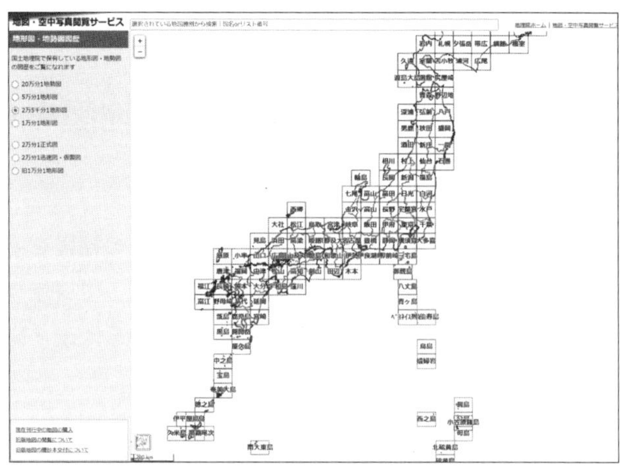

図 17-1　地図・空中写真閲覧サービス

今回の作業で用いるのは､アメリカのスタンフォード大学図書館が公開している、戦前に発行された日本の 5 万分 1 地形図の画像データです。このうちの｢金沢｣(1909 年測図 1931 年修正測図、https://purl.stanford.edu/sx424rh8152) を使用します (図 17-2)。このデータはパブリックドメインになっています。ArcGIS Pro を起動し、新しいプロジェクトを作成してから、そのフォルダー内に、データダウンロードサイトからダウンロードした データ17 に含まれる JPEG2000 形式の画像データ (kanazawa50000.jp2) を移動させておいてください。

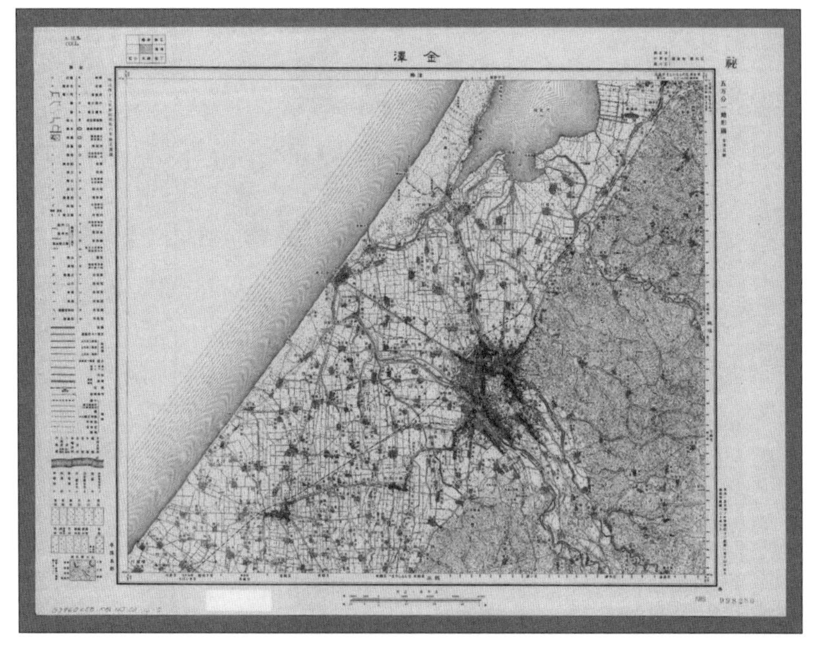

図 17-2　5 万分 1 地形図「金沢」

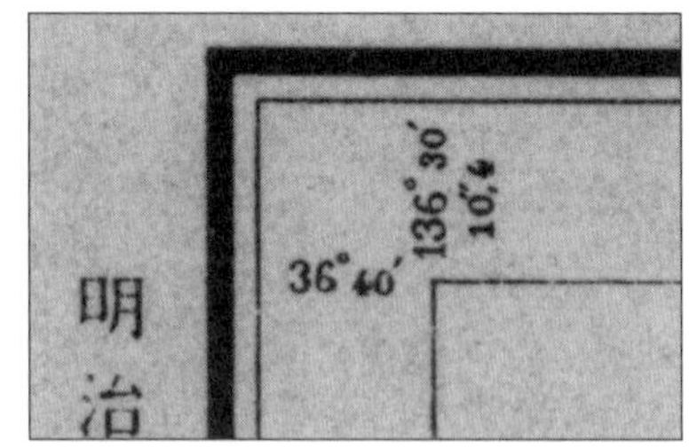

図 17-3　地形図の北西隅の緯度・経度

図 17-3 は、この地形図の北西 (左上) 隅の緯度・経度を示したものです。緯度が 36 度 40 分、経度が 136 度 30 分 10.4 秒です。この緯度・経度は、ほとんどの旧版地形図の場合、世界測地系ではなく、旧測地系(日本測地系)のものですので注意してください。

17-1. 旧版地形図のジオリファレンス

(1)「マップ」タブの「データの追加」をクリックして、プロジェクトのフォルダーにある「kanazawa50000.jp2」を選択して「OK」をクリックします。

※ピラミッド構築と統計情報の計算についてのメッセージが出ますので、そのまま「はい」をクリックしてください（図 17-4）。

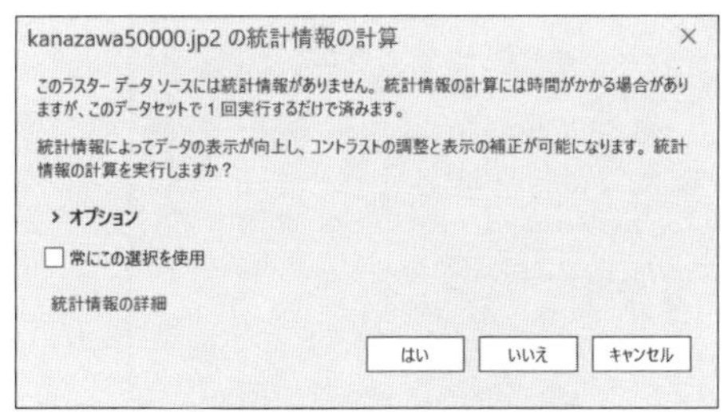

図 17-4　統計情報の計算についてのメッセージ

読み込みが完了すれば、右上に「不明な座標系」と表示されますが、マップには表示されません。ただし、コンテンツウィンドウにレイヤーとして「kanazawa50000.jp2」は追加されますので、読み込みは完了しています。この段階では、この画像データの正確な位置情報がわからないため、マップ上に表示できないということです。

(2) マップのプロパティを開き、座標系欄で、「tokyo」で検索して、絞り込まれた結果のうち、「地理座標系」の「アジア」の中にある、「日本測地系（Tokyo）」を選択して「OK」をクリックします。

※旧版地形図は世界測地系ではなく、旧測地系ですので、このように設定する必要があります。

(3)「kanazawa50000.jp2」レイヤーがアクティブであることを確認して、「画像」タブの「ジオリファレンス」をクリックし、「ジオリファレンス」タブを表示します（図 17-5）。

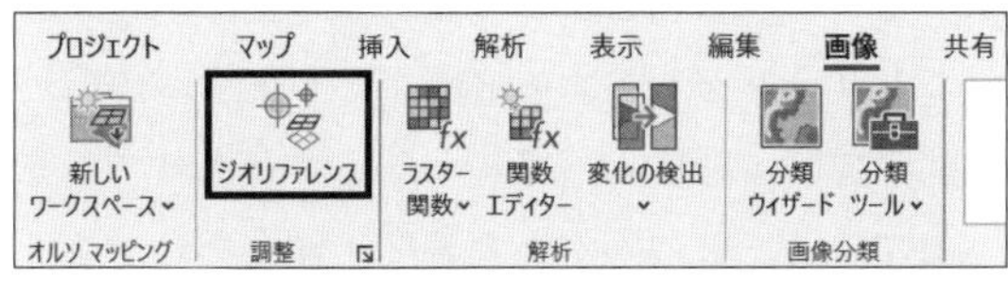

図 17-5 「ジオリファレンス」ボタン

(4) 金沢市付近にズームして、「kanazawa50000.jp2」レイヤーがアクティブになっている状態で、「ジオリファレンス」タブの「表示範囲にフィット」をクリックします（図 17-6）。

※旧版地形図の画像が表示されますが、この段階では場所は正確ではありません。

(5)「ジオリファレンス」タブの「コントロールポイントの追加」をクリックし、マウスのホイールを使いながら、旧版地形図画像の左上隅にズームしたうえで、左上隅をクリックします（図 17-7）。

(6) クリックした場所に赤い四角が表示されますので、任意の場所で右クリックすると、ターゲット座標のウィンドウが表示されます（図 17-8）。

(7) ターゲット座標のウィンドウのうち、「座標を DMS で表示」にチェックを入れてから、左上（北西）隅に記載されている経度と緯度を入力して「OK」をクリックしましょう（図 17-9）。

(8) (5) ～ (7) の手順で、左下（南西）隅についても、コントロールポイントを追加して、地図に記載されている経度と緯度を入力し、「OK」をクリックします。

(9) (5) ～ (7) の手順で、右上（北東）隅、右下（南東）隅のコントロールポイントを追加し、経度と緯度を入力して「OK」をクリックしましょう。

(10) コントロールポイントの入力ができたら、「ジオリファレンス」タブの「保存」をクリックして保存し、「ジオリファレンスを終了」をクリックして「ジオリファレンス」タブを閉じます。

(11) マップの座標系を、「平面直角座標系 第 7 系（JGD 2011）」（石川県の平面直角座標系）に変更しましょう。

(12)「ラスターレイヤー」タブで、効果の透過表示設定を 75%程度にして、現在との違いを確認してみましょう（図 17-11）。

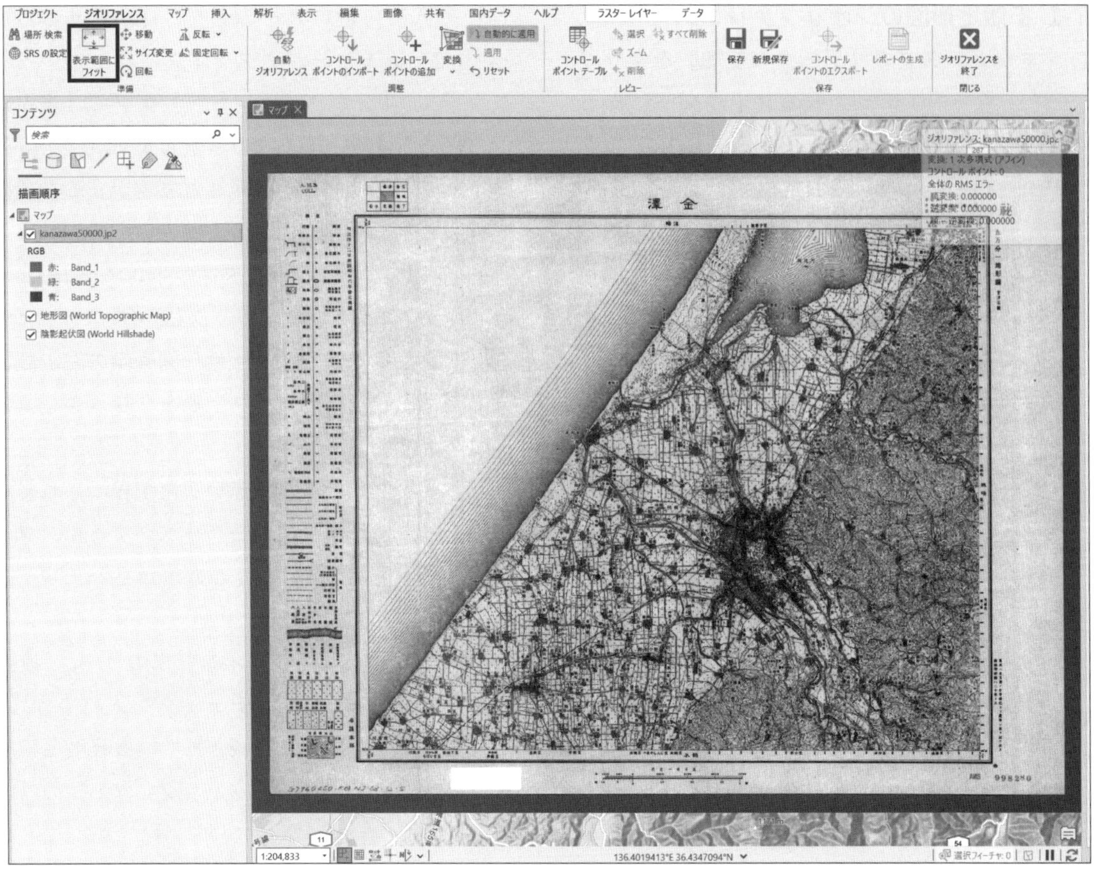

図 17-6　表示された旧版地形図の画像

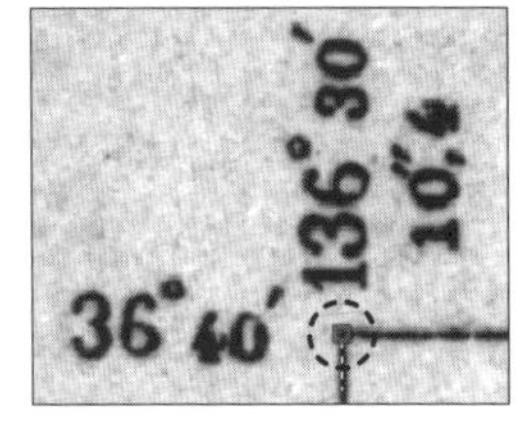

図 17-7　左上隅に配置したコントロールポイント（丸破線内）

沿岸部では埋め立てが進むとともに、掘り込み式の港湾も作られていることがわかります。ただし、5 万分の 1 という縮尺の地形図ですので、あまりズームしすぎても意味がありませんし、旧版地形図の精度の問題もありますので、道路のズレなどは気にしないようにしましょう。なお、「ラスターレイヤー」タブで「スワイプ」をクリックして、地図上でクリックしてドラッグすると、地図をめくるようにして、表示を切り替えることもできます。

図 17-8　ターゲット座標のウィンドウ

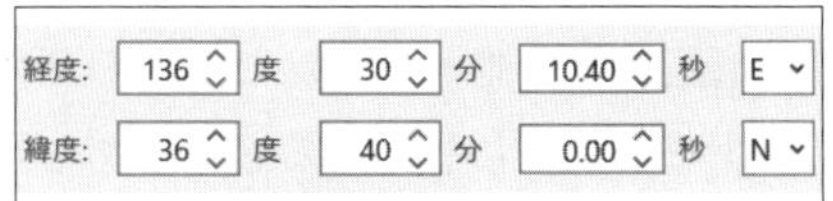

図 17-9　ターゲット座標の設定値（度分秒（DMS）で表示）

複数の地形図の画像データをジオリファレンスするような場合、地図部分の外側が不要になります。そのような場合は、あらかじめ画像処理ソフトでトリミングしておく必要があります。ただし、四隅の緯度・経度も一緒にトリミングされてしまいますので、どの隅がどの緯度・経度なのかをメモしておくようにしましょう。

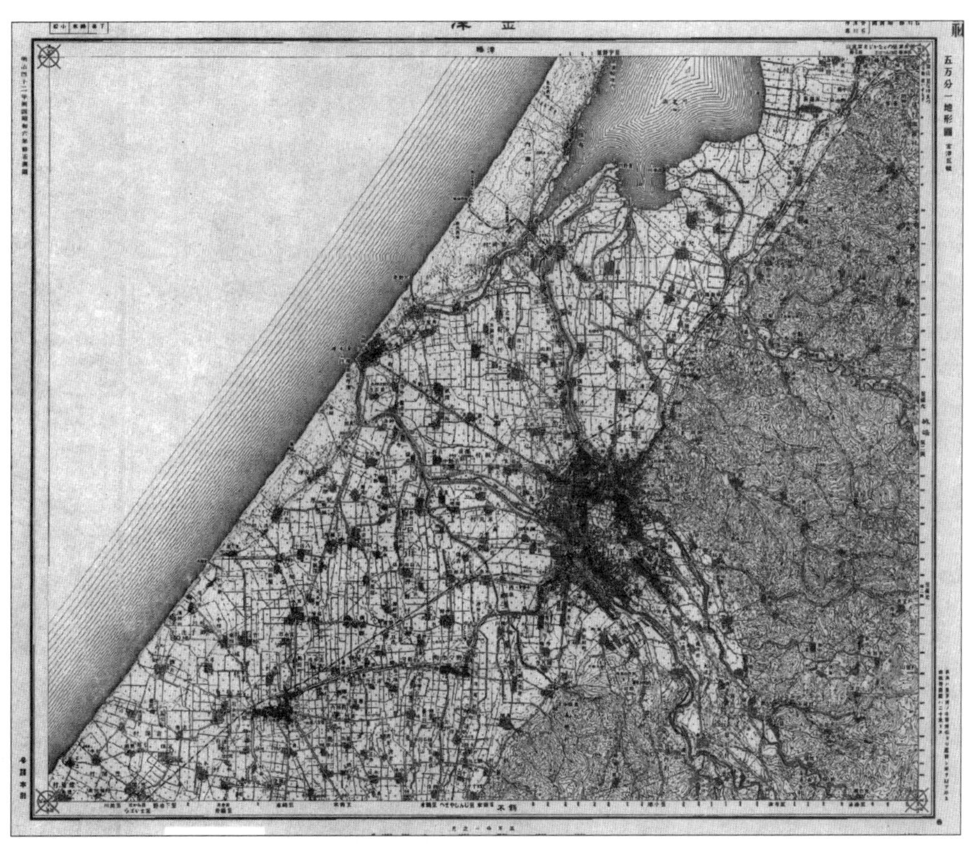

図 17-10　4 つのコントロールポイントを設定した結果

なお、国土地理院の地形図以外の地図や、地形図でも一部の地域のみのものをスキャンした場合は、この手順とは異なる方法でコントロールポイントを設定する必要があります。特に、旧版地形図のジオリファレンスの場合は、コントロールポイントを設定しようとしても、道路の位置が大きく変化していたり、三角点でも場所が変わっていたりすることがあります。そのため、慎重にコントロールポイントを選定する必要があります。地理院地図で確認できる過去の空中写真などを参照しながら、ずれの状況を確認したうえでコントロールポイントを選定していきましょう。

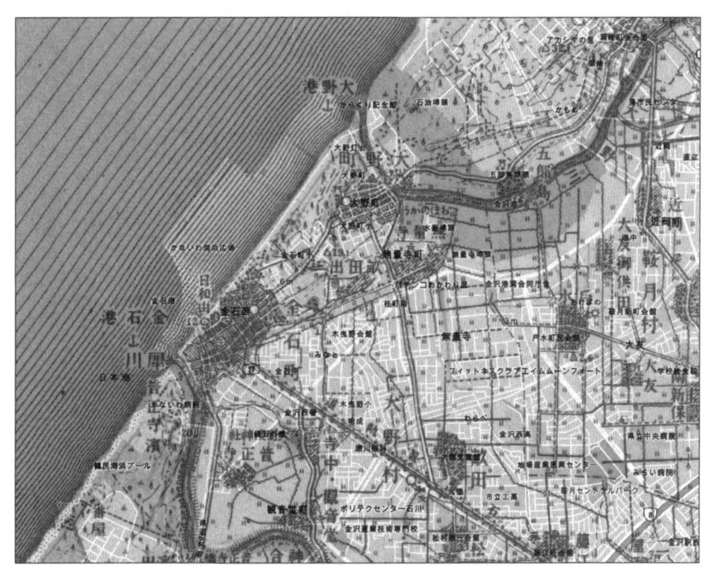

図 17-11　75%透過での重ね合わせ

17-2. 旧版地形図のデジタイズ

ジオリファレンス自体は17-1の手順の通りですが、続いて**デジタイズ**として、ジオリファレンスした地形図を確認しながら、地図記号を読み取ってポイントデータを作成してみましょう。今回は市役所・町村役場のポイントデータといくつかの市町村のポリゴンデータを作成します。

(1) 第8章8-1の手順を確認して、カタログウィンドウから、プロジェクトのジオデータベース内に、「役場」というポイントデータを作成し（Long Integer型の「ID」というフィールドを追加してください。空間参照はマップの座標系で構いません）、マップに追加します。

(2)「編集」タブで「作成」をクリックし、町村役場（「○」の記号）と市役所（「◎」の記号）を探してポイントデータを作成していきましょう。役場の建物は特定しづらいので、記号の中心にポイントを配置してください（図17-12)。

(3) 編集が終われば、「編集」タブの「保存」をクリックして、保存しておきましょう。

(4) 第8章8-4の手順を確認して、カタログウィンドウから、プロジェクトのジオデータベース内に、「市町村」というポリゴンデータを作成し（Long Integer型の「ID」というフィールドと、Text型の「名称」というフィールドを追加してください。空間参照はマップの座標系で構いません）、マップに追加します。

(5)「編集」タブで「作成」をクリックし、“鞍月村”のあたりをズームしておき、「市町村」レイヤーに新しいポリゴンを作成しましょう。ポ

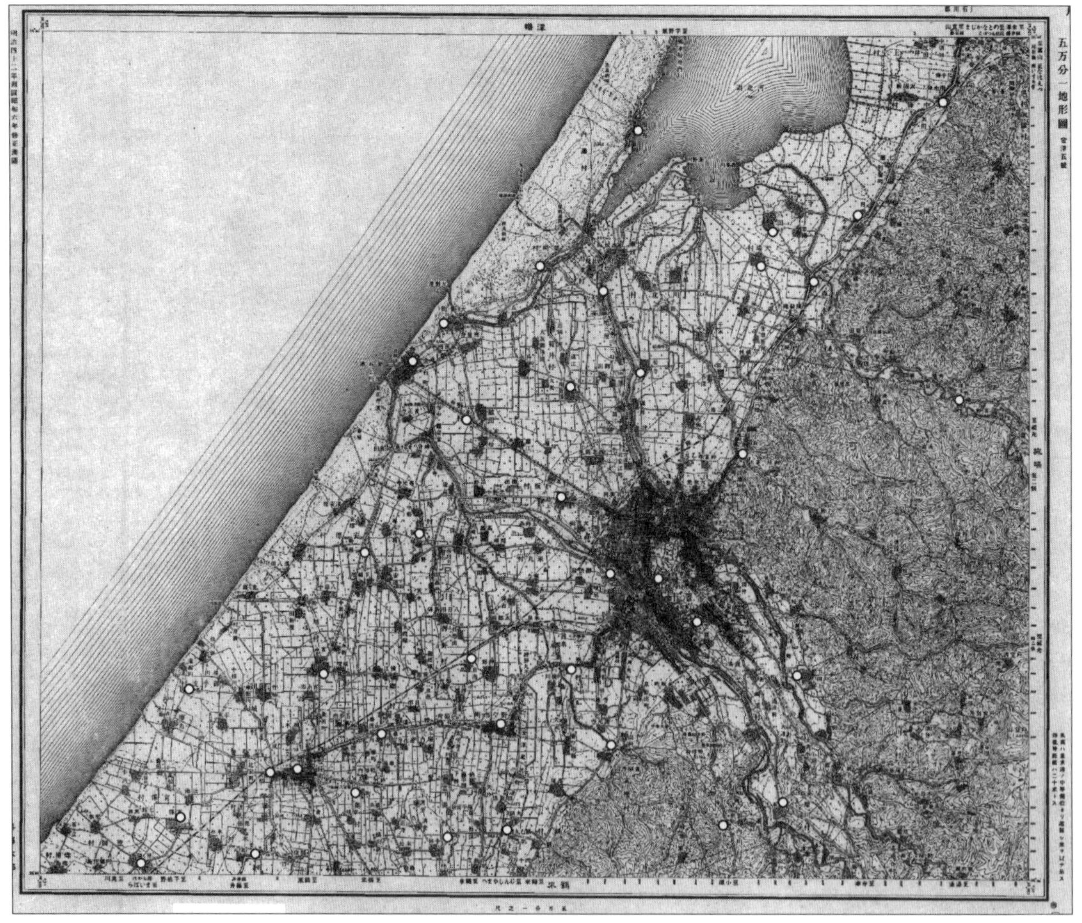

図17-12　役場ポイントデータの作成結果

リゴンが完成したら、名称フィールドに「鞍月村」と入力してください（図 17-13）。

※町村の境界は、一点鎖線（区町村界）-・-・-・- あるいは二点鎖線（郡市界）-・・-・・-・・- で描かれていますので、一周するように頂点をクリックしていきましょう。最後にダブルクリックしてください。

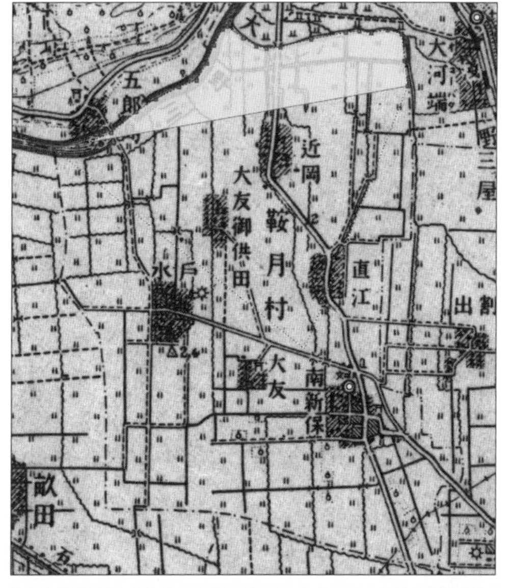

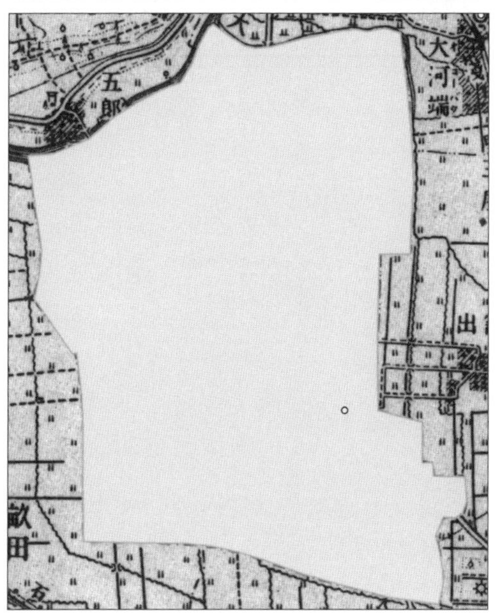

図 17-13　鞍月村のポリゴンの作成例

(6) 北東に隣接する“潟津村”のポリゴンも作成しましょう。

※このとき、鞍月村との間に隙間ができないようにする必要があります。スナップさせることである程度は隙間をなくすことができますが、より確実に隙間をなくすために、「**トレース**」ツールを使うようにしましょう。スナップを有効にした状態で、「トレース」ツールで、既存のポリゴン上のエッジや頂点をクリックし、既存のポリゴンの境界線をなぞるようにしてマウスを移動させ、なぞり終えたところでクリックしてください。あとは、「ライン」ツールで通常通り直線を描いていきましょう（図 17-14・15）。

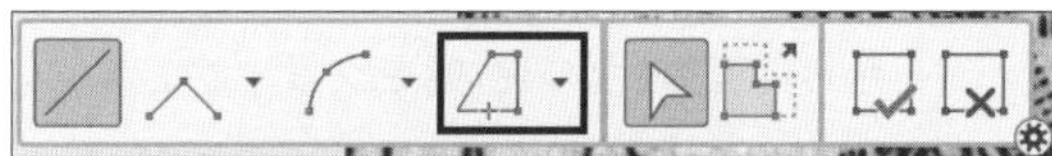

図 17-14　「トレース」ツール

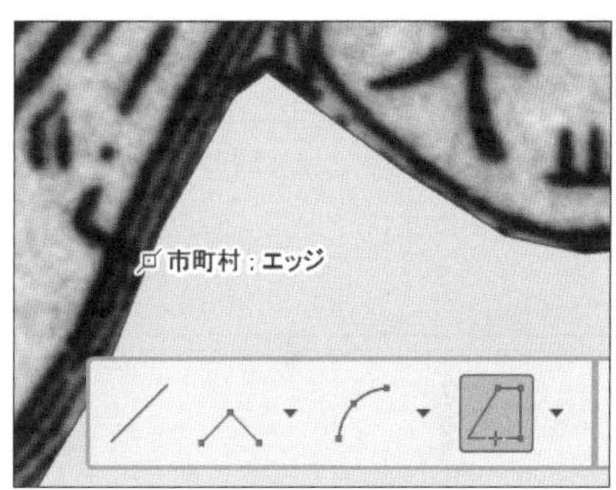

図 17-15　鞍月村ポリゴンとの間ではスナップさせながらトレースを使用

(7) 編集が終われば、「編集」タブの「保存」をクリックして、保存しておきましょう。

(8) 画面下に表示されているボタンのうち、「完了」ボタンを押して編集ツールを閉じましょう。

市町村の範囲など、通常はポリゴンの隙間がないような場合は、実はこの作成方法はあまり適切ではありません。今回のような作成方法は、建物のように、それぞれのポリゴンが独立している場合に適しています。市町村の範囲を示すポリゴンや土地利用別のポリゴンを作成する場合は、対象地域をすべて覆うようなポリゴンを作成したうえで、

「**スプリット**」ツールを使ってポリゴンを分割するほうが簡単かつ隙間ができなくなります。作成したいデータの特徴に応じて、作成方法をうまく使い分けるようにしましょう。

17-3. ポイントデータへのポリゴンデータの属性の空間結合

役場のポイントデータには、どの市町村にあるのかの情報を入力しませんでしたが、市町村のポリゴンでは名称を入力しました。ここでは、役場のポイントデータに、市町村のポリゴンデータを空間結合して、市町村名の情報を付与してみましょう。

(1) コンテンツウィンドウで「役場」レイヤーを右クリックして、「テーブルの結合とリレート」から「空間結合の追加」をクリックします。

(2) フィーチャの結合欄で「市町村」を選び、マッチオプション欄で「完全に含まれる」を選んでから、「OK」をクリックします。

(3)「役場」レイヤーの属性テーブルを開き、空間結合で、鞍月村と潟津村の市町村名の情報が付与されていることを確認してください。

≪練習≫

- 鉄道や道路のラインデータも作成してみましょう。
- 土地利用のポリゴンを作成するために、地形図上で対象範囲を決めて、その範囲のポリゴンを1つ作成し、「スプリット」ツールを使った方法でポリゴンを分割・作成してみましょう。
- 旧版地形図を国土地理院から入手して、A4サイズでスキャンして、四隅ではなく自分でコントロールポイントを探したうえでジオリファレンスしてみましょう。

MEMO

第18章 リモートセンシング画像（衛星画像）を分析する

Point

- 衛星画像データにはどのような情報が含まれているのか
- 衛星画像データを使ってNDVI画像を作成する
- 衛星画像データから土地被覆を分類する

(1) リモートセンシングの基礎知識

リモートセンシングとは、人工衛星を使って、遠隔（remote）から探査（sensing）する技術のことです。人工衛星にはさまざまなセンサーが搭載されていますので、これらのセンサーを通して地球上から反射した／発せられた電磁波を観測することができます。人工衛星は地球を周回しているため、即時性の高いデータを得ることができますので、災害などの状況を迅速に把握できるだけでなく、広範囲であっても一度に観測できるメリットがあります。

スパイ映画の偵察衛星だと、まるで超望遠のデジタルカメラが人工衛星に搭載されていて、それで地上の人や自動車を撮影する、というようなイメージになると思いますが、実際に人工衛星に搭載されているセンサーは、必ずしもそういうものではありません。人工衛星に搭載されているセンサーは、電波や赤外線、可視光線、放射線などの総称である電磁波を観測するものです。それぞれのセンサーは、すべての**波長**の電磁波を観測するのではなく、特定の波長帯（**バンド**）の電磁波を観測するように作られています。反射したり発せられたりする電磁波の波長は、観測する対象物によって異なり、特定の波長の強さから植物の有無などを観測できます（表18-1）。観測の対象物に応じて、特定のバンドに対応したセンサーが用意されることになり、取得できる衛星画像データも、センサーごと（＝バンドごと）に作成・提供されることにな

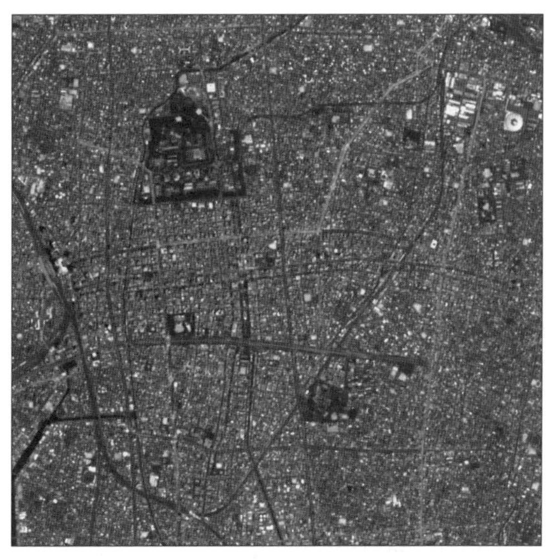

図18-1　名古屋市中心部の衛星画像
（Sentinel 2A、2023年7月4日撮影）

表18-1　Landsat-8のバンドと波長

バンド	波長	主な観測対象	空間分解能
1	紫外線	水分や植物	30 m
2	可視光線	青色	30 m
3	可視光線	緑色	30 m
4	可視光線	赤色	30 m
5	近赤外線	植物	30 m
6	短波赤外線	岩石や土壌の違い	30 m
7	短波赤外線		30 m
8	可視光線	モノクロ画像	15 m
9	巻雲	巻雲の把握	30 m
10	熱赤外線	熱（表面温度）	100 m
11	熱赤外線		100 m

NASA、リモート・センシング技術センターの資料より作成。

ります。このようなセンサーにはいくつかの種類があり、目に見えないものも含んだ太陽光（可視光や赤外線、紫外線）が、対象物にあたって反射してきた光を計測するものや、センサーからマイクロ波を発射して、対象物にあたって反射されてきたマイクロ波を計測するもの、対象物から放射されてきたマイクロ波を計測するものなどがあります。

衛星画像データを取り扱う際には、**空間分解能**（**解像度**）にも注意する必要があります。空間分解能とは、2つの地点を、独立した2つのデータとして区分できる能力のことを指し、単純にはラスターデータのセルサイズのようなものに相当します。空間分解能は、センサーごとに異なります。例えば、空間分解能が30 mのセンサーでは、人や自動車を個別に認識することはできません。もちろん、人や自動車が密集している状況を把握することは無理ではありませんが、スパイ映画のように誰がとか、どの車がというような情報は取得できません。1 mの空間分解能でも、自動車は追跡できても、特定の人物を追跡することは難しいでしょう。人物の特定と追跡がもしできるとすれば、数cmレベルの空間分解能が必要なように思います。

最後に、一般財団法人リモート・センシング技術センターが提供している衛星情報データベース（https://www.restec.or.jp/satellite/index.html）から、リモートセンシングに用いられる代表的な人工衛星をいくつか紹介しましょう。

・Landsat（ランドサット）

アメリカ航空宇宙局（NASA）、アメリカ地質調査所（USGS）が運用する衛星です。最初の打ち上げは1972年で、2023年8月現在で、Landsat-7（1999年打ち上げ）、Landsat-8（2013年打ち上げ）、Landsat-9（2021年打ち上げ）が運用中です。早い時期から打ち上げられ、かつ研究での利用も広く行なわれてきました。

・Sentinel（センチネル）

欧州宇宙機関（ESA）が運用する衛星で、ヨーロッパ連合（EU）のコペルニクス計画の一環として打ち上げられています。Sentinel-1Aが2014年に打ち上げられており、2023年8月現在は、Sentinel-1A、2A、2B、3A、3B、5P、6が運用中です。Sentinelのデータはオープンかつ無料で提供されており、研究利用も活発に行われています。

・ALOS（エイロス、だいち）

日本の宇宙航空研究開発機構（JAXA）が運用する衛星です。ALOSが2006年に打ち上げられており、現在、ALOS-2が運用中です。ALOS-3が2023年に打ち上げられましたが、打ち上げに失敗して失われました。

（2）衛星画像データの分析方法

次に、衛星画像データを利用した分析方法についていくつか解説します。航空写真のように、人間の目で見た場合と同じような見た目の衛星画像を見たことがある人は多いと思います。Googleマップで見られる衛星画像が代表的です。このような画像は、1つのセンサーで取得しているのではなく、複数のセンサーで取得した画像を合成して作成しています。見た目に近い衛星画像を合成するためには、**トゥルーカラー合成**という方法が用いられます。可視光線のバンドを捉える衛星画像データを、光の三原色（R＝赤、G＝緑、B＝青）にそれぞれ割り当てて合成するものです。また、植物が多いところで強くなる波長のバンドの衛星画像データを赤に割り当てて合成する、**フォルスカラー合成**という方法もあります。地表面の植物の分布状況をより的確に把握したい場合には、赤と近赤外に相当する2つのバンドのデータを用いて、**NDVI**（**正規化植生指標**）という指標を求めることもできます。

リモートセンシングでは、複数のバンドのデータの合成や、NDVIの計算だけでなく、**土地被覆分類**も頻繁に行われます。土地被覆分類は、波長の違いによって地表がどのようなものに覆われているのかで分類するものです。土地利用分類とよく似た分析方法ですが、土地被覆分類はあくまで電磁波の波長に基づくものであるため、建物かどうかはわかっても、建物が商業施設なのか、住宅なのかまでは判別できず、土地がどのような目的で利用されているかまでは把握できないことに注意する必要があります。土地被覆分類の方法には、**教師付き分類**と**教師無し分類**があり、機械学習の手法も用いられます。教師付き分類とは、どのような土地被覆になっているかが明らかな場所について、それらを設定して、各バンドの値の特徴と、特定の土地被覆との関係を学習しておいてから、全体の分類を行うものです。教師無し分類とは、事前に情報を与えずに、クラスター分析のようにデータをもとに統計的に分類するものです。

また、分類の際には、**セグメンテーション**と呼ばれる、あらかじめ似た特徴を持つピクセル（画素）をグループ化する処理を行ったうえで、**トレーニング**して分類する方法がとられることが多くなっています。土地被覆分類の分類結果は、教師付きであっても必ずしもすべてが正しいわけではなく、その場所の分類が正しいかどうかを検証する、**グラウンドトゥルース**と呼ばれる作業を行う必要があります。検証の結果、分類が間違っていれば見直す必要があります。分類の精度を高めるためには、グラウンドトゥルースと分類の反復作業が欠かせません。

(3) 利用するデータと実行する処理・分析

ここでは、ArcGIS Pro を使ったリモートセンシングとして、衛星画像データの合成と、NDVI の計算、簡単な土地被覆分類を行います。分析に用いる衛星画像データは、2023 年 7 月 4 日に撮影された Sentinel-2A のデータで、三重県四日市市とその周辺部のみを抽出したものです。空間分解能は 10 m で、バンド 2・3・4・8 のデータです。バンド 2 は青（B）、バンド 3 は緑（G）、バンド 4 は赤（R）の可視光線にそれぞれ対応しており、バンド 8 は近赤外線に対応したものです。

まず、ArcGIS Pro を起動し、新しいプロジェクトを作成しておきましょう。そのうえで、データダウンロードサイトから、**データ18** をダウンロードし、展開したすべてのファイルを、プロジェクトのフォルダーに移動させておいてください。ファイル名後半の B02 がバンド 2、B03 がバンド 3、B04 がバンド 4、B08 がバンド 8 のデータです（表 18-2）。

表 18-2　使用する画像のファイル名とバンド

ファイル名	バンド
yokkaichi_T53SPU_20230704T013659_B02_10m.jp2	2
yokkaichi_T53SPU_20230704T013659_B03_10m.jp2	3
yokkaichi_T53SPU_20230704T013659_B04_10m.jp2	4
yokkaichi_T53SPU_20230704T013659_B08_10m.jp2	8

なお、この章での処理のうち、土地被覆分類には、Spatial Analyst のエクステンションが必要になりますのでご注意ください。

18-1. 衛星画像データのマップへの読み込みと合成

(1)「データの追加」から、プロジェクトのフォルダーの中にある、
「yokkaichi_T53SPU_20230704T013659_B02_10m.jp2」、
「yokkaichi_T53SPU_20230704T013659_B03_10m.jp2」、
「yokkaichi_T53SPU_20230704T013659_B04_10m.jp2」、
「yokkaichi_T53SPU_20230704T013659_B08_10m.jp2」、
をマップに追加しましょう。

※統計情報の計算について表示されれば、「はい」をクリックしてください。

(2)「画像」タブの「ラスター関数」をクリックすると、ラスター関数ウィンドウが表示されます。

(3)「データ管理」をクリックして開き、「コンポジットバンド」をクリックします。

(4)「コンポジットバンドプロパティ」で、ラスター欄で、B04、B03、B02 の順番で選択してください（図 18-3）。順番を間違った場合は、矢印ボタンで移動させましょう。

※ここで 1 番上に指定したバンドが R（赤）、2 番目が G（緑）、3 番目が B（青）に自動的に

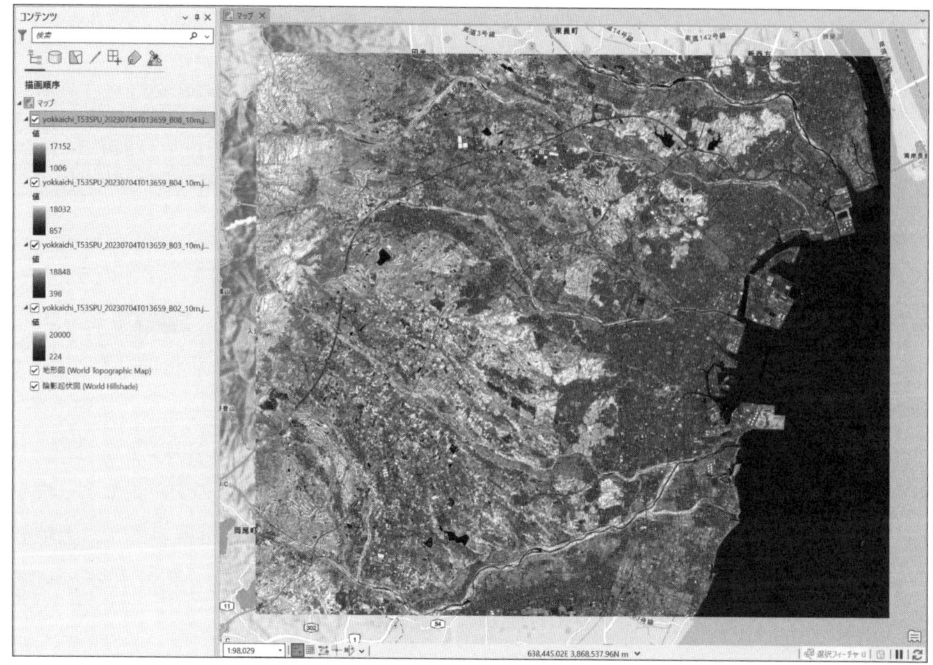

図 18-2　各画像データを読み込んだ状態

割り当てられます。

(5) 下の「新しいレイヤーの作成」をクリックして、「コンポジット バンド」がマップに追加されるのを待ちます。

(6)「コンポジット バンド」レイヤーの名称を、「トゥルーカラー」に変更しておきましょう。

18-2. 衛星画像データからの NDVI（正規化植生指標）画像の作成

(1)「ラスター関数」の「コンポジットバンド」をクリックして、B04、B03、B02、B08 の順番で選択します（1 の手順に B08 を付け加えるだけです）。

(2) 下の「新しいレイヤーの作成」をクリックして、生成された「コンポジット バンド」レイヤーの名称を「NDVI 用画像」に変更しておきます。

※この「NDVI 用画像」レイヤーは、「トゥルーカラー」レイヤーと見た目は変わりません。RGB にそれぞれ割り当てられるバンドは同じで、バンド 8 の画像は、表示には使われていないためです。ただし、バンド 8 の画像は、

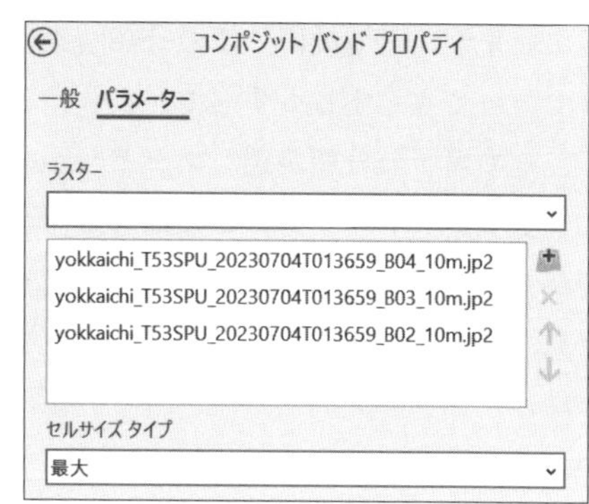

図 18-3　コンポジット バンド プロパティ

このレイヤーのデータには含まれています。

(3)「ラスター関数」の「解析」にある「NDVI カラー化」をクリックします。

(4) ラスター欄で、「NDVI 用画像」を選びます。

(5) 可視バンド ID 欄で、赤のバンドを示す「1」を入力します（半角）。

(6) 赤外バンド ID 欄で、近赤外のバンドを示す「4」を入力します（半角）。

(7) カラーマップ欄で、「NDVI」を選びます。

(8)「新しいレイヤーの作成」をクリックすると、レイヤーが追加されます。

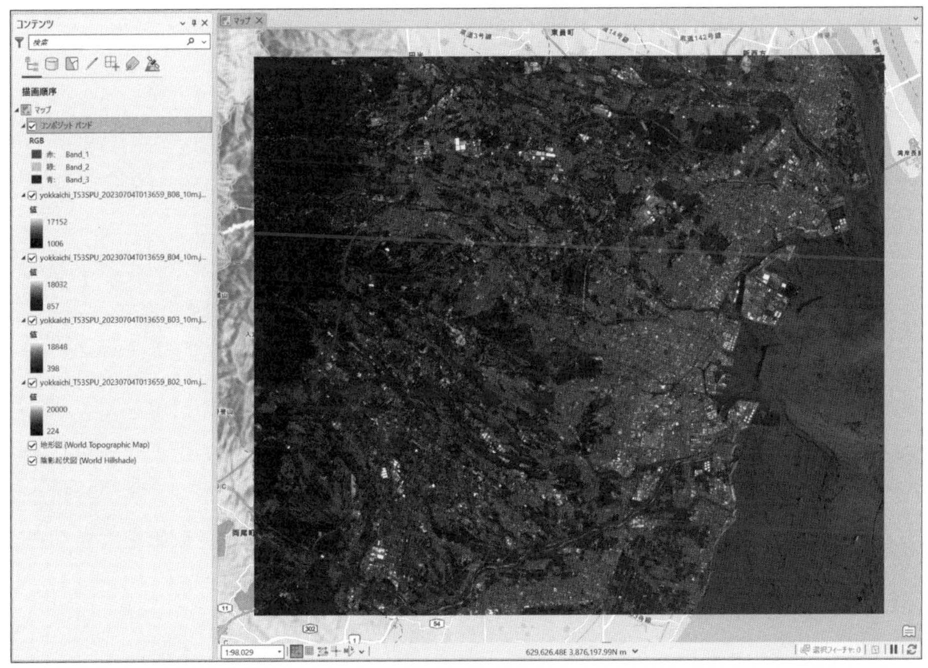

図 18-4　「コンポジット バンド」レイヤーとして作成されたトゥルーカラー画像

NDVI カラー化 プロパティ

一般　**パラメーター**

ラスター

<ラスター関数変数: Raster>

可視バンド ID

1

赤外バンド ID

1

配色タイプ

カラーマップ

カラーマップ

NDVI3

図 18-5　NDVI カラー化 プロパティ

図 18-6　得られた NDVI 画像

追加されたレイヤーでは、緑色ほど、植生が豊か（活発）で、赤ほど植生が少ない地域であることが示されています（図 18-6・口絵参照）。西側には山地があり、おおむね緑色になっていますが、海である東側や海岸沿いの市街地は赤くなっています。また、農地であっても、まだ植物が生育していないところは赤みがかった色で示されています。

18-3. 衛星画像データからの土地被覆分類

4つのバンドのデータが合成された、「NDVI用画像」レイヤーを使って、土地被覆分類を行ってみましょう。

(1) コンテンツパネルの「NDVI用画像」レイヤーをアクティブにし、レイヤー全体が見えるようにズームイン／ズームアウトします。

(2)「画像」タブの「分類ウィザード」をクリックして、画像分類ウィザードウィンドウを表示します。

(3) 分類方法欄で「教師付き」、分類タイプ欄で「オブジェクト ベース」を選択します（図 18-7）。

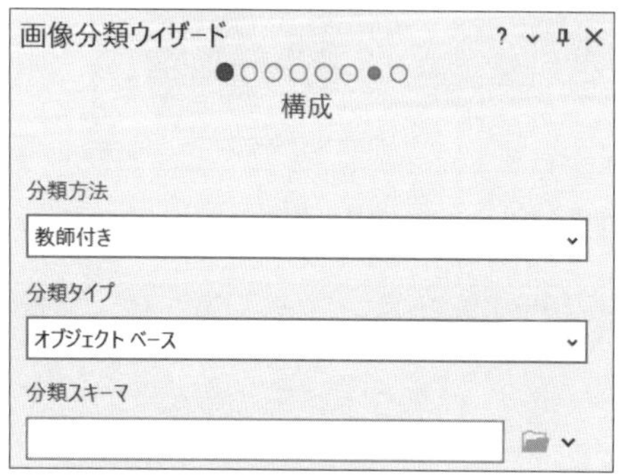

図 18-7　画像分類ウィザード（構成）

※「オブジェクト ベース」は、セグメンテーションを行ってから分類する方法です。

(4) 分類スキーマ欄の参照ボタンの右にある下矢印をクリックし、「デフォルト スキーマの使用」をクリックします（“NLCD2011” と表示されます）。

(5) 出力場所欄はそのままで構いませんので、「次へ」をクリックしましょう。

(6) セグメンテーションを行う画面が表示されますので、左下の「プレビュー」をクリックしましょう。

(7) スペクトル詳細度、空間的詳細度、最小セグメントサイズというパラメーターをいくつか変更して、セグメンテーションの結果を確認してみてください（図 18-8）。

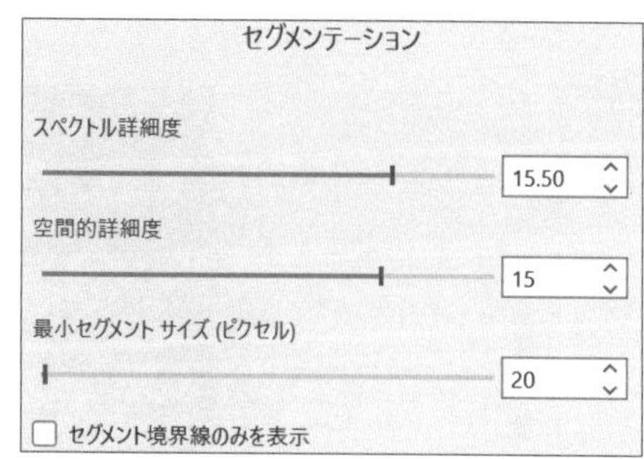

図 18-8　画像分類ウィザード（セグメンテーション）

※スペクトル詳細度の数値を大きくするほど、バンドごとの値の違いをより細かく反映して、詳細にセグメンテーションが行われます。空間的詳細度については、数値を大きくするほど、空間的に分割されたセグメンテーションが行われます。最小セグメントサイズは、セグメントを形作る際の最小のサイズになりますので、これより小さいものは他のものと統合されます。

(8) ここでは、スペクトル詳細度を「18.00」、空間的詳細度を「15」、最小セグメントサイズを「1000」という値にして、「次へ」をクリックしましょう。

「トレーニング サンプル マネージャー」は、それぞれのセグメントが、分類スキーマ上のどの土地被覆に当てはまるのかを指定するツールで、ここで、すでにわかっている土地被覆の場所を指定し、土地被覆のカテゴリを設定していきます（図 18-9）。ここで指定された情報が教師付き学習の

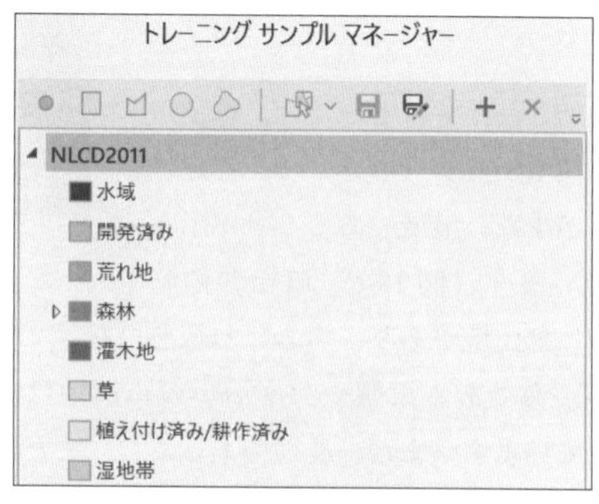

図 18-9　画像分類ウィザード
（トレーニングサンプルマネージャー）

トレーニングデータとして使用されます。

(9)「NLCD2011」のすぐ下に表示されている「水域」をクリックします（図 18-10）。

図 18-10　セグメントピッカー

(10)「セグメントピッカー」をクリックします。

(11) 地図上のセグメントのうち、明らかに水域に当てはまると考えられるところを 3 ～ 4 カ所程度、クリックしましょう。

クラス	# サンプル	ピクセル (%)
水域	1	98.56
水域	1	0.93

図 18-11　追加したレコードの選択

※間違えた場合は、トレーニングサンプルマネージャーの下側のところで、追加したレコードをクリックして選択し、×をクリックすると削除できます（図 18-11）。

※この作業の段階で、ズームイン・ズームアウトしてしまうと、プレビューが変更されてしまい、意図せぬ結果になることがあります。なるべく同じスケールで表示したままにしましょう。

(12)「NLCD2011」のうちの「開発済み」（＝市街地）をクリックして、地図上で市街地であるところを 5 カ所程度クリックしましょう。

(13) 同様に「森林」、「植え付け済み / 耕作済み」（＝農地）について、それぞれ 5 カ所程度クリックしましょう（農地については、水田と畑の区別が難しいため、とりあえずは両方とも含めましょう）。

(14) ある程度、場所が選定できれば、「次へ」をクリックします。

「トレーニング」では、どの方法で分類し、どの指標を使って分類するかを設定できます。

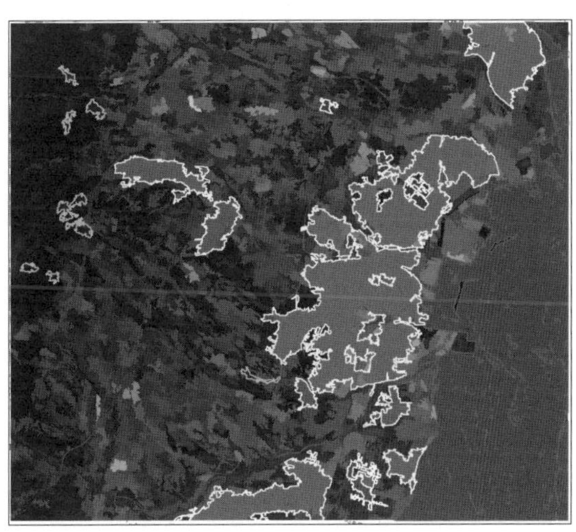

図 18-12　セグメントを設定した結果

(15) ここでは、「Support Vector Machine」（機械学習）として、クラスあたりの最大サンプル数欄はそのままにして、セグメント属性欄の「平均色度」、「平均デジタル ナンバー」、「標準偏差」、「ピクセル数」にチェックを入れましょう（図 18-13）。

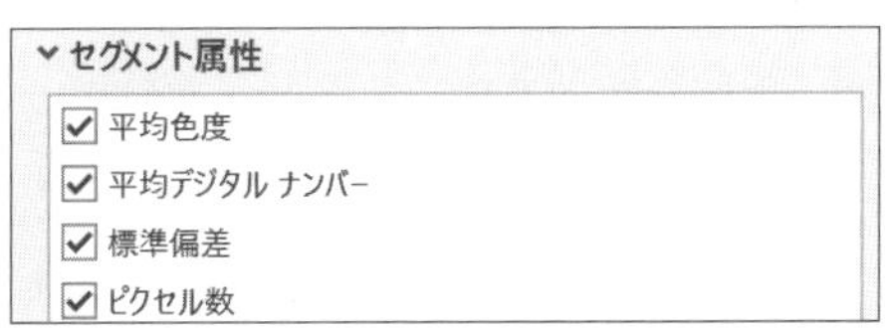

図 18-13　Support Vector Machine で使用するセグメント属性

(16)「実行」をクリックすると、データを学習し、分類器と呼ばれる分類方法の基準が作成されます（少し時間がかかるので、焦らず待ちましょう）。

(17) 作成が完了すれば、分類結果のプレビューが表示されます。

※場合によっては、警告メッセージが表示されるかもしれませんが、プレビューが作成されていれば OK です。

(18)「次へ」をクリックして、次の分類器の使用欄で、「分類されたラスターのプレビュー…」を選択して、「実行」をクリックします。

(19) 処理が正常に完了すると、「Classified_…」というレイヤーが追加されます。

(20)「次へ」をクリックします。

(21) クラスのマージは、分類したものを統合するための処理ですが、ここでは、そのまま「次へ」をクリックしましょう。

(22) 再分類は、マージに似ていますが、分類したものを別の分類に変えたり、統合したりするための処理で、ここでは、そのまま「実行」をクリックしましょう。

(23) 正常に処理が完了すれば、「Reclassified_…」というレイヤーが追加されますので、「完了」をクリックしましょう（図 18-14）。

※この「Reclassified_…」が最終的な土地被覆分類の結果を示すラスターデータとなります。再分類の段階で、出力するラスターデータの名称を設定することもできます。ウィザードの過程で、いくつかのレイヤーが作成されましたので、不要なものはグループ化するなどして、まとめて非表示にしておきましょう。

最終的な分類結果のラスターデータの透過率を30%程度にし、「NDVI 用画像」レイヤーと重ね合わせて、実際の土地被覆の状況と分類結果との関係について検証（グラウンドトゥルース）してみましょう。図 18-15 は、図 18-14 の一部の地域を拡大したものです。市街地がある程度「開発済み」に分類できていますが、農地もそのようになっていたり、やや泥が混じったような河川と河川敷も「開発済み」となっていたりする地域があります（口絵参照）。最小セグメントサイズを調整することで、より詳細に分類することもできます。また、NLCD2011 をベースにしつつ、自分でクラスを追加して、より適切な分類ができるように「畑」を追加したり、「河川敷」などを追加したりすることで、より正しい分類に近づけることができます。ただし、河川に含まれる土壌の量や色は、天候によって左右されることもあって、1 時点の衛星画像データだけでは十分な土地被覆分類ができるとは限りません。厳密な分類を行いたい場合は、そのような点にも注意して分類する必要があるでしょう。

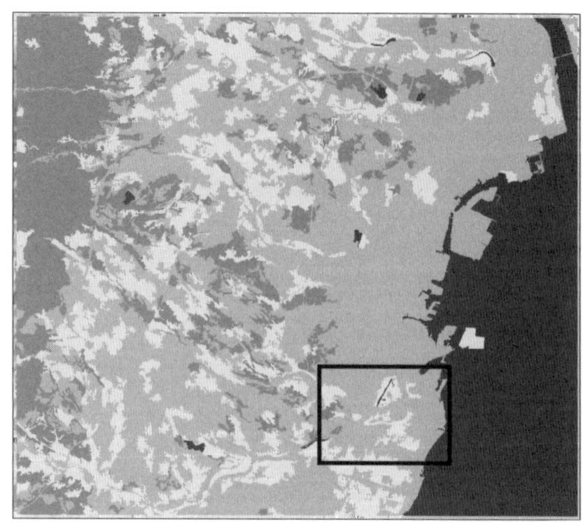

図 18-14　分類結果
（黒枠は図 18-15 の範囲）

図 18-15　分類結果と「NDVI 用画像」レイヤー（トゥルーカラー画像）との重ね合わせ

コラム 7　衛星画像データ(Sentinel)をダウンロードする

第 18 章の作業で使用した Sentinel の衛星画像データは、オープンデータとなっていますので、無料で Copernicus Browser（https://dataspace.copernicus.eu/browser/）からダウンロードできます。ただし、Copernicus Data Space Ecosystem への登録が必要です（無料）。

(1) Copernicus Browser を開きます。

(2) 左のパネルのうち、上部の「Login」ボタンをクリックして（コラム図 7-1）、表示されたウィンドウで「REGISTER」（登録）ボタンをクリックし、必要な情報を登録してアカウントを作成しましょう（情報は英語で入力してください）。

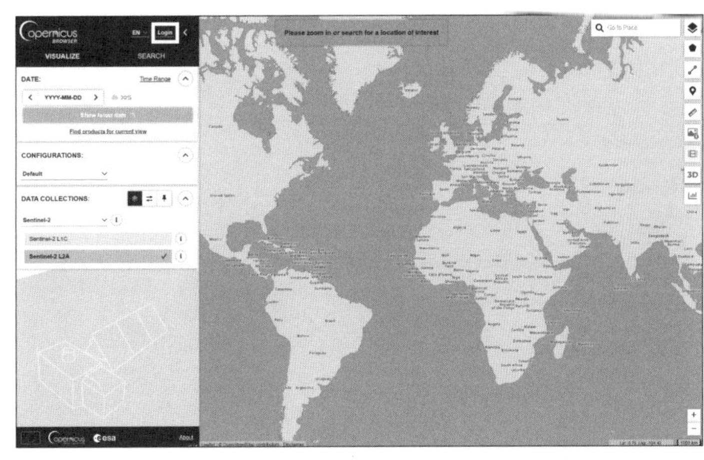

コラム図 7-1　Copernicus Browser の画面

コラム図 7-2　検索結果の表示例

(3) 登録すれば、確認のためのメールが送られてきますので、メール内のリンクをクリックしてユーザーアカウントを有効化したうえでログインしてください（ログインできると、「Login」ボタンがユーザーの氏名に変化します）。

(4) 左のパネルのうち、「SEARCH」（検索）をクリックし、衛星（Sentinel-1・2・3・5P・6）や雲の割合の最大値（Sentinel-2 のみ）、撮影日時を指定してください。

※ Sentinel-2 で雲の量を指定する場合、雲がないものが理想的ですが、広範囲のデータの場合、どうしても入ってしまうことがあり、「0」にするとほとんどデータが見つからないことがあります。対象地域に雲がかかっていなければ問題ありませんので、10%程度にし、検索結果次第で使用する衛星画像を選択するようにしましょう。

(5) 検索したい範囲にズームしてから、緑色の「Search」ボタンをクリックし、検索結果が表示されるのを待ってください。

(6) 検索結果が表示されれば、左のリストか地図上に示された枠をクリックし、衛星画像の情報を確認しましょう（コラム図 7-2）。

検索結果のうち、「Visualize」（可視化）ボタンをクリックすると、検索モードではなく可視化モードに切り替わって、実際の画像を確認することができます。ここで表示させつつ、雲の量や範囲を確認するようにしましょう。「SEARCH」ボタンをクリックすると、再度、検索結果のリストを表示することができます。

また、ⓘボタンをクリックすると、詳細情報を表示でき、こちらからもサムネイルを確認することができます（コラム図 7-3）。

詳細情報の画面右下の「Download」ボタンか、個々の検索結果のボタンをクリックすると、ファイルをダウンロードできます（大きいファイルであることから、少し時間がかかることがあります）。

ダウンロードして展開したデータのうち、「GRANULE」フォルダーの中にある 1 つのフォルダー（データによって名称が異なります）の中に、「IMG_DATA」フォルダーがあります。このフォルダーの中に、空間分解能ごとのフォルダーがあり、JPEG2000 形式（拡張子 jp2）の画像がバンドごとに格納されています。第 18 章のデータはダウンロードした衛星画像データのうち、一部の地域をポリゴンの範囲でクリップして作成したものです。

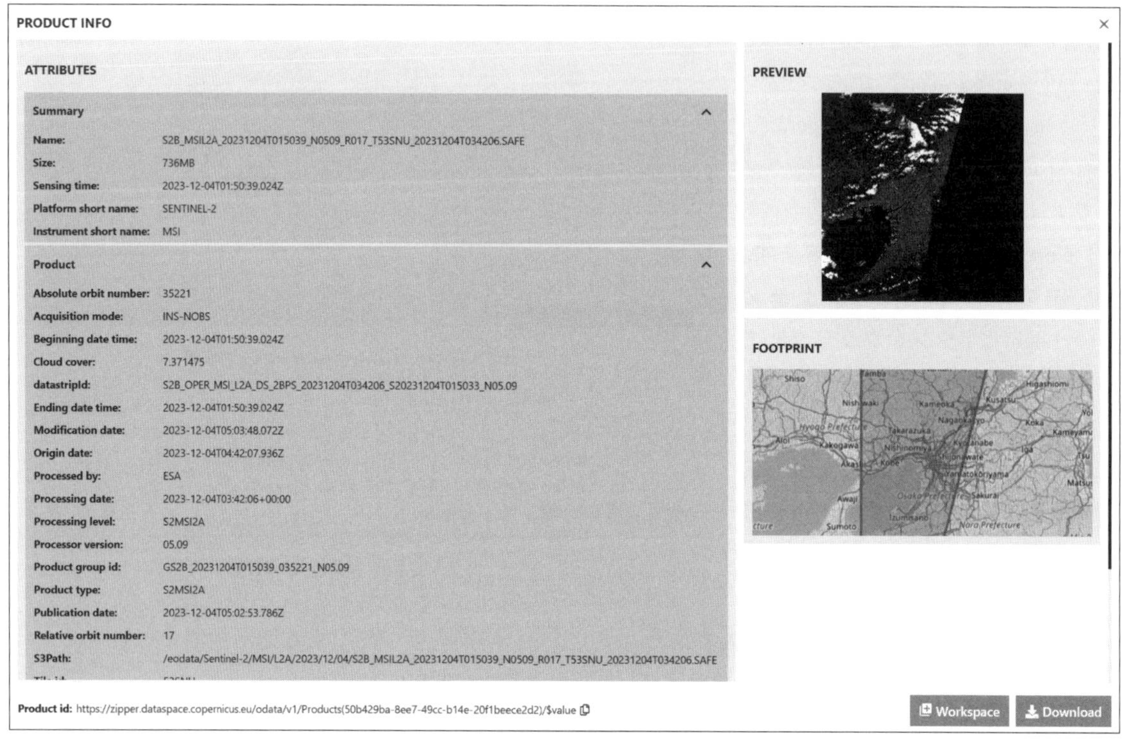

コラム図 7-3　詳細情報の画面

第19章 地形解析で自然災害リスクを可視化する

Point

- 地形と自然災害の関係についての基礎知識
- 基盤地図情報の標高のポイントデータからラスターデータを作成する方法
- 標高のラスターデータから傾斜を計算して急傾斜地を抽出する

台風や前線、それにともなう線状降水帯による土砂災害、地震による建物や斜面の崩壊など、毎年のようにさまざまな自然災害が生じています。これらの自然災害は、日本で暮らす限りは避けにくく、正しくリスクを評価して、自然災害に備える必要があります。そのようなときに、GIS は非常に便利です。今回は、標高データから地形を解析することで、自然災害リスクについて考えてみましょう。

さまざまな自然災害を考えるうえで、地形は重要な条件です。例えば、台地上は津波被害を受ける可能性は低いですが、土砂災害がないとは限りません。山地のふもとの台地であれば、土砂崩れや、河川からの浸水被害も発生するかもしれません。また、大きな河川沿いの平野部では、洪水の被害を受けやすいものの、その中で標高が少しでも高い場所は、周辺の低い場所よりも浸水しにくくなります（図 19-1）。このように、その場所や周辺の地形条件によって災害リスクは変わってきます。そこで、特定の場所の地形条件だけでなく、その周辺の地形条件も合わせて考えていくことで、とりわけ土砂災害を中心とした自然災害リスクを可視化しましょう。

図 19-1　地理院地図の地形分類

分析にあたって、まず基盤地図情報の標高データをインポートして作成したラスターデータ（DEM）を、平面直角座標系のラスターデータに投影変換します。そのうえで、ラスターデータの**サーフェス解析**と**近傍解析**という作業を行います。サーフェス解析は、地形の表面（サーフェス）の解析で、傾斜の角度や方向、可視領域（見える範囲）などを求めることができます。今回は、傾斜の角度を求めます。また、近傍解析はラスターデータの特定のセルの周辺（近傍）の情報について平均値や合計値などを計算し、そのセルに格納するような処理です。そのセルを中心とした指定した範囲での平均値などを計算することで、周辺の状況を考慮した解析ができるようになります。ここでは、**フォーカル統計**というツールを用いて、平均傾斜角を求めます。そのうえで、**マップ代数演算**という機能を使って、災害リスクの高い急傾斜地を抽出します。マップ代数演算というのは、ラスターデータどうしの計算で、ベクターデータのオーバーレイのようなものです。図形からなるベクターデータでは、重なり合う部分は限られますが、面的に連続したラスターデータであれば、同じ地域ではおおむね重なり合っており、セルごとにラスターデータの値を足し合わせたり、条件に応じて掛け算したりすることができます。第18章のリモートセンシングのところでも、NDVIの計算を行いましたが、あの処理でもマップ代数演算が行われています。

分析に用いるためのデータとして、基盤地図情報から和歌山県和歌山市の数値標高モデル（5 mメッシュ（標高））をダウンロードしてください。ArcGIS Proで新しいプロジェクトを作成してから、第6章6-2の手順でダウンロードしたファイルをプロジェクトのファイルジオデータベース内にインポートしてください。この際、「異なる測量成果の数値標高モデル（5 mメッシュ）を結合」にもチェックを入れましょう。インポートが完了すれば、ファイルジオデータベース内の「DEM 5 m結合」をマップに追加しておいてください。なお、この章での処理には、Spatial Analystのエクステンションが必要になります。

19-1. 標高のラスターデータの投影変換

「基盤地図情報のインポート」では、ラスターデータであっても地理座標系で出力されます。近傍解析では、距離を考慮した計算を行いますので、このままでは解析できません。そのため、投影変換を行います。

(1)「解析」タブの「ツール」をクリックし、「ツールボックス」をクリックしてから、「データ管理ツール」の中の「投影変換と座標変換」の中の「ラスター」にある、「ラスターの投影変換（Project Raster）」をクリックします。

(2) 入力ラスター欄で、「DEM 5 m結合」を選択します。

(3) 出力ラスター データセット欄で「参照」ボタンをクリックし、プロジェクトのファイルジオデータベースの中で、「wakayama_dem」という名前を入力して「保存」をクリックします。

(4) 出力座標系欄で、「座標系の選択」ボタンをクリックし、「平面直角座標系 第6系（JGD 2011）」を選択します。

※ここで、出力セルサイズの値がm単位で計算し直されますので、念のため確認しておきましょう。数値標高モデルとしては「5 m」という名前ですが、実際は緯度・経度の単位で0.2秒という間隔で作成されています。そのため、実際の長さは5 mではなく、和歌山市のデータの場合、約5.7 mとなります。

(5)「実行」をクリックし、「wakayama_dem」レイヤーが追加されたことを確認します。

(6)「DEM 5 m結合」レイヤーをマップから削除し、マップの座標系を「平面直角座標系 第6系（JGD 2011）」に変更します。

(7)「wakayama_dem」レイヤーをアクティブにして、「ラスターレイヤー」タブから、標高に合ったシンボルに変更しておきましょう（図19-2）。

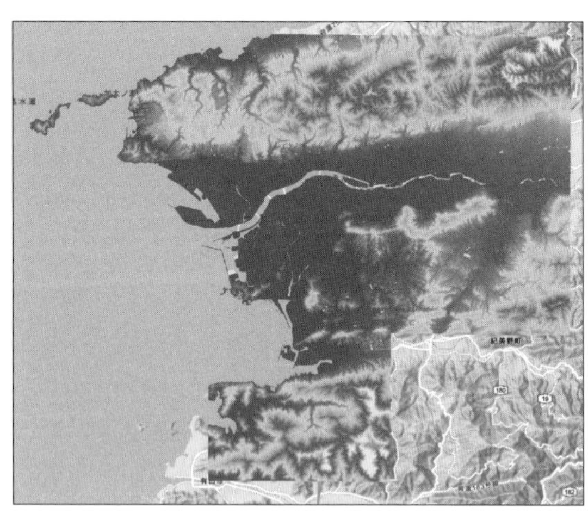

図19-2　標高のラスターデータ

19-2. サーフェス解析と近傍解析による平均傾斜角の計算

ここでは、サーフェス解析の1つである傾斜角の計算と、近傍解析の1つであるフォーカル統計を使った一定の範囲内の平均傾斜角を計算します。

(1)「解析」タブの「ツール」をクリックし、「Spatial Analyst ツール」の中の「サーフェス」の中にある「傾斜角 (Slope)」をクリックします。

(2) 入力ラスター欄で、「wakayama_dem」を選びます。

(3) 出力ラスター欄で、「参照」ボタンをクリックして、プロジェクトのファイルジオデータベースの中に「wakayama_slope」という名前を入力して「保存」をクリックします。

(4) 他の設定はそのままで構いませんので、「実行」をクリックします。

(5)「解析」タブの「ツール」をクリックして、「Spatial Analyst ツール」の中の「近傍」の中の「フォーカル統計 (Focal Statistics)」をクリックします。

(6) 入力ラスター欄で、「wakayama_slope」を選びます。

(7) 出力ラスター欄で、「参照」ボタンをクリックして、プロジェクトのファイルジオデータベースの中に「wakayama_ave_slope」という名前を入力して「保存」をクリックします。

(8) 近傍欄で、「円形」を選び、半径を「5」と入力します。

※和歌山市のデータでは、1 セルの大きさ（サイズ）は約 5.7 m なので、円形で 5 とすると、半径約 28 m の範囲で計算することになります。

(9) 統計情報の種類欄が「平均」になっていることを確認して、「実行」をクリックします。

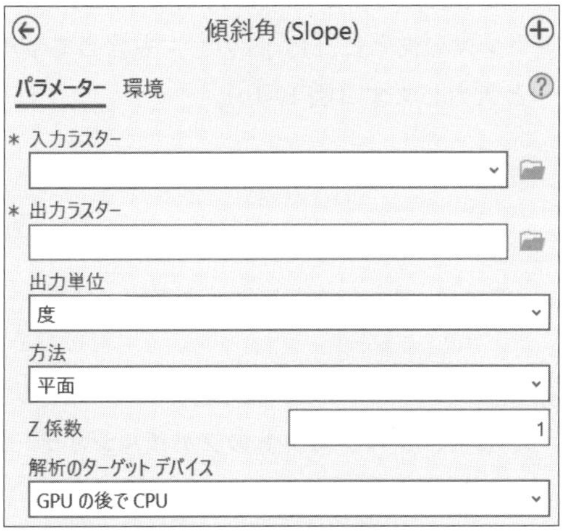

図 19-3 「傾斜角」ツール

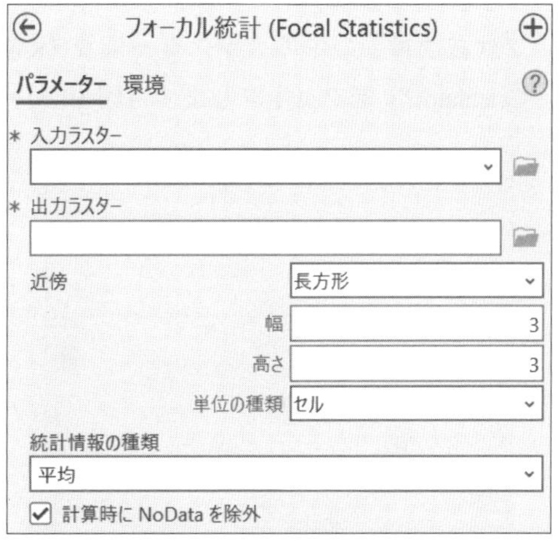

図 19-5 「フォーカル統計」ツール

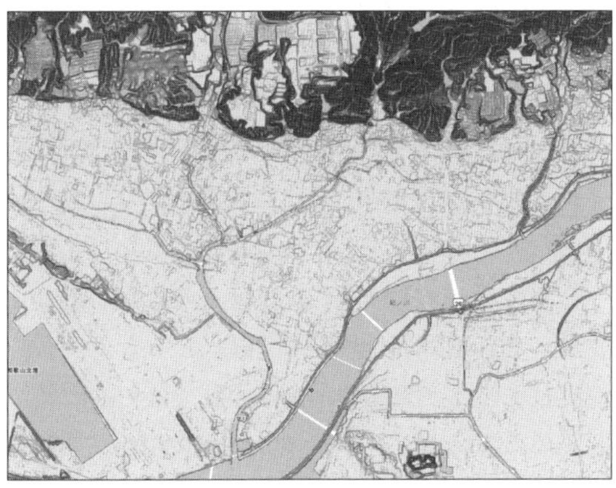

図 19-4 出力された傾斜角データ
（色が濃いほど、傾斜角が大きいことを示す）

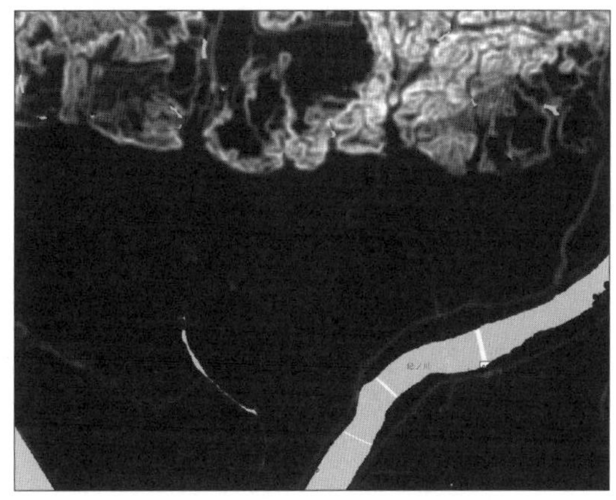

図 19-6 出力された平均傾斜角データ

フォーカル統計で平均傾斜角を求めると、元の傾斜角のデータよりもぼやけたようなデータになります。細かい傾斜がわからなくなりますが、単独の盛り土のような細かいものを急傾斜地と考えるのは適切ではありません。平均傾斜角を求めることで、山地や山地を切り開いて造成された住宅地の周囲などで高くなっている様子が読み取れます。

19-3. マップ代数演算による急傾斜地の抽出

ここでは、マップ代数演算の機能を使って、30度以上の急傾斜地を、平均傾斜角のデータから抽出します。

(1)「解析」タブの「ツール」をクリックして、「Spatial Analyst ツール」の中の「マップ代数演算」の中の「ラスター演算（Raster Calculator)」をクリックします（図 19-7）。

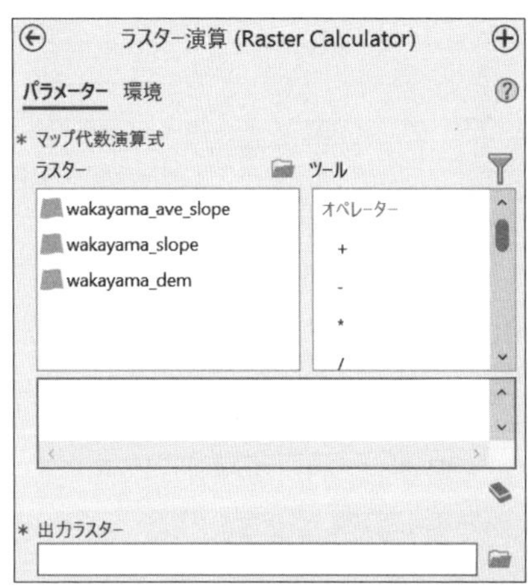

図 19-7 「ラスター演算」ツール

(2) ツール欄をスクロールして、「Con」を探してダブルクリックすると、下のボックスに式が表示されます（図 19-8）。これから、この式を作っていきます。

図 19-8　式に Con を挿入した状態

※ Con は、条件式を最初の引数として指定して、それが真（True）であれば 2 番目の引数の値を、偽（False）であれば、3 番目の引数の値を返す関数です（Excel の IF 関数とほぼ同じ機能です）。

(3) 式の最初の引数（カンマの前）にカーソルを置いてから、上のラスター欄の「wakayama_ave_slope」をダブルクリックします（図 19-9）。

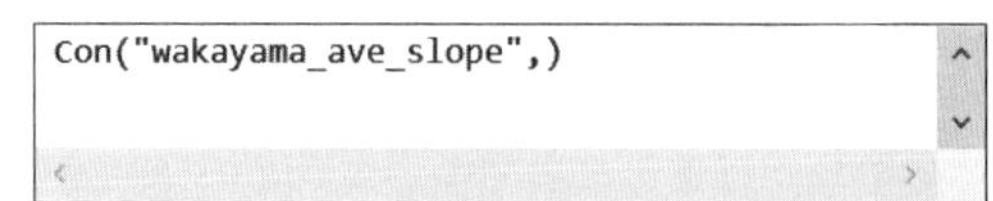

図 19-9　式に「wakayama_ave_slope」を挿入した状態

(4) カンマの前にカーソルを移動させてから、ツール欄の「>=」（以上）をダブルクリックし、挿入された記号のあとに「30」（半角）と入力します。

(5) カンマのあとに、「1,0」（カンマも含めて半角）と入力します（図 19-10）。

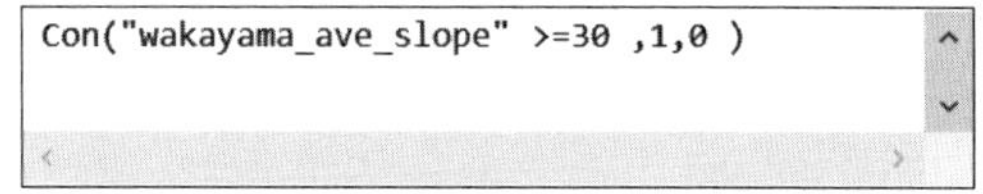

図 19-10　式に「>=30」と「1,0」を挿入した状態

(6) 出力ラスター欄で、「参照」ボタンをクリックして、プロジェクトのファイルジオデータベースの中に「wakayama_steepslope」という名前を入力して「保存」をクリックします。

(7)「実行」をクリックしましょう。

※エラーが表示された場合は、式が正しいかどうかをチェックしてください。式として入力できるのは、ラスターデータの名前以外では、半角英数字のみです。全角の数値や記号、スペースなどが混じっていないか確認してください。

これで、平均傾斜角 30 度以上の急傾斜地が 1（黒）、それ以外の地域が 0（白）というデータが完成しました。急傾斜地は中心部では和歌山城の北側にのみ確認されます。他は北部の山地や東部、南部にみられます。これらの急傾斜地では、集中豪雨や地震などによって、土砂崩れや土石流など

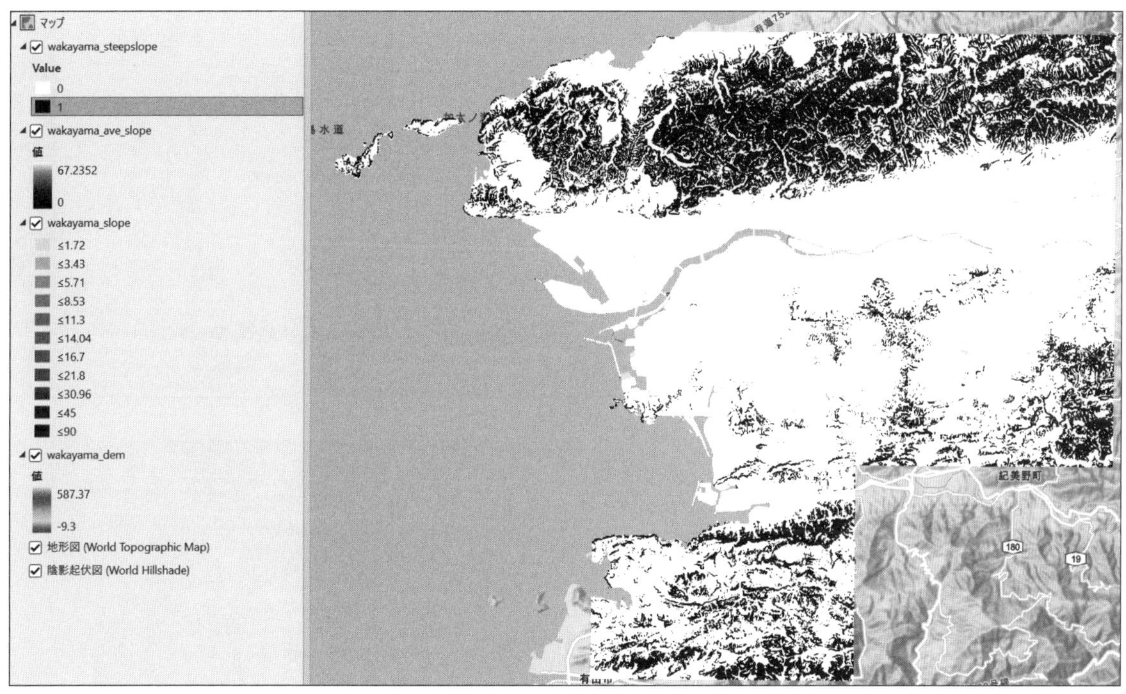

図 19-11　出力された急傾斜地データ

が発生する、一定のリスクが存在していると考えられます。フォーカル統計の半径を小さくするか、あるいは、傾斜角のデータをそのまま使うことで、より詳細な急傾斜地を求めることもできます。

≪練習≫

・標高のラスターデータから、周辺よりも若干標高が高い場所を抽出してみましょう。
まず、標高のラスターデータ（wakayama_dem）から、フォーカル統計を使って半径18 セル（約 100 m）の範囲での平均標高を求めます（出力ラスターは wakayama_ave_elevation などとしましょう）。次に、ラスター演算で、標高（wakayama_dem）から、平均標高（wakayama_ave_elevation）を引いたラスターデータを出力します（出力ラスターは wakayama_diff_elevation などとしましょう）。ラスター演算で、標高と平均標高の差（wakayama_diff_elevation）が 0.25 m 以上、0.5 m 以下の場所を 1、残りを 0 として、ラスターデータを出力します（出力ラスターは wakayama_slighthigh などとしましょう）。

※この時の式は、「Con（("wakayama_diff_elevation" >= 0.25）&（"wakayama_diff_elevation" <= 0.5）,1,0)」のようになります。Excel の IF 関数と同じように、Con でも、半角の () で囲み、& でつなげることで複数の条件を指定することができます。

```
Con(("wakayama_diff_elevation" >= 0.25) &
  ("wakayama_diff_elevation" <= 0.5),1,0)
```

図 19-12　式の設定例

最後の条件指定やフォーカル統計の半径を調整することで、自然堤防などの微高地を抽出することもできるでしょう。

第20章

ネットワーク分析で津波避難施設のカバー人口を計算する

Point

- カーナビなどでも使われるネットワーク分析の方法
- 道路ネットワークデータを使ってルート解析をする
- 津波避難場所に集まる可能性のある人口（カバー人口）を計算する

(1) GIS でのネットワーク分析の基礎

GIS では、直線距離を簡単に計測することができますが、実際に人や車が移動するときには、直線距離の情報だと不十分です。直線距離で 1 km ほどしかないようなところでも、間に幅の広い川や高い山があれば、数倍や数十倍の距離の道のりを要すことがありますし、そもそもたどり着くことができない場合があります。このような道のりの距離を**道路距離**と呼びますが、場合によっては時間距離と呼ぶこともあります。人も車両も通行できる広い道路の場合、道路距離はどのような移動手段でも基本的には変わりませんが、時間距離は移動に要する時間ですので、速さの異なる移動手段によって大きく変わります。**ネットワーク分析**は、このような道路距離や時間距離の分析のために用いられる分析手法で、道路距離や時間距離で最短の**ルート**を求めたり、一定の時間や距離で到達できる範囲（**到達圏**）を求めたりすることができます（図 20-1）。ネットワーク分析は、カーナビや Google マップなどのルート検索サービスの基盤技術です。

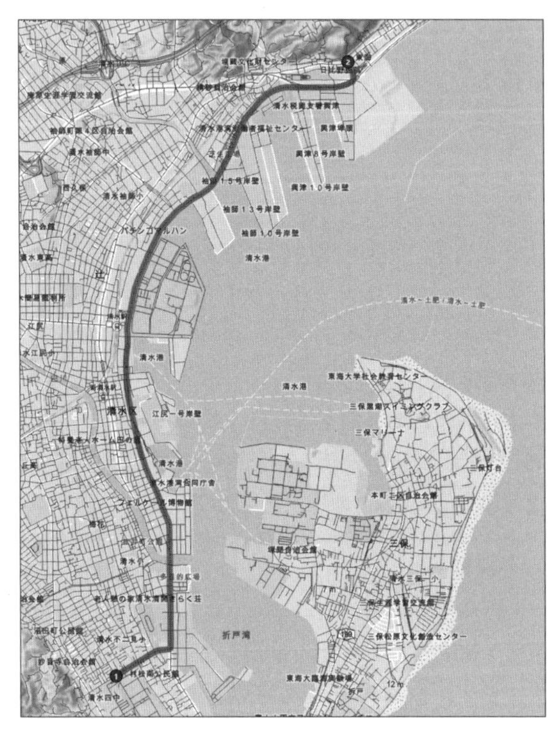

図 20-1　最短ルートの検索

GIS で取り扱われるネットワークは、ほとんどの場合、道路ネットワークですので、道路を例に考えましょう。GIS でのネットワークとは、複数の点（頂点または**ノード**）と、それぞれをつなぐ線（辺または**エッジ**）からなります。道路であれば、ノードは交差点や行き止まりの地点、有料道路の出入口などになります。エッジは道路そのもので、距離や通行可能な車両、通行可能な方向、速度規制などの属性が与えられます。ネットワーク上の距離は、ノードとノードの間で計算されますが、時間距離を求めるような場合には、高速道路のような道路が利用可能であれば、道路距離は長くなってもそちらを通るようなルートが最短ルートとして選択されることもあります。また、一方通行のエッジであれば、逆方向で通過することができないため、逆のルートの場合には選択されないことになります。

ネットワーク分析では、ノードとノードの間の最短ルートの計算だけでなく、特定の場所から、一定の時間や距離でたどり着くことができる範囲である、「到達圏」を求めることができます。直線距離で計算されるバッファーの時間距離版だと思えば簡単です。到達圏は、移動の実態により即したバッファーと考えることもできます。

(2) ArcGIS Pro のネットワークデータセット

ネットワーク分析には、ネットワークの GIS データが必要になります。道路ネットワークであれば、道路網の GIS データが必要です。また、道路ごとの所要時間などの情報も道路データの属性に加えておく必要があります。そのうえで、ネットワーク分析のためのデータセットとして、ネットワークデータセットを作成し、ネットワークを構築することで、ArcGIS Pro でネットワーク分析が可能になります。手順は面倒に感じるかもしれませんが、道路網の GIS データさえあれば、あとの作業はそれほど大変ではありません。所要時間については、移動手段ごとの移動速度を決めておき、フィールド演算によって時間距離を計算すれば OK です。

道路網の GIS データについては、国土基本情報のデータを入手するのが最も安価かつ一般的な手段です。最新の道路状況などを反映したカーナビに使われるような道路網の GIS データもありますが、そうしたデータは非常に高価です。技術に自信がある方は、国土地理院による「ベクトルタイル提供実験」の一環で公開されている、地理院地図 Vector の道路中心線データを GeoJSON 形式でダウンロードし、ArcGIS Pro の「JSON → フィーチャ（JSON To Features）」ツールを使用して、ファイルジオデータベース形式のデータに変換することで、道路網の GIS データを無料で入手することができます。

(3) 自然災害とネットワーク分析

大きな自然災害が発生した場合、迅速に避難場所に避難する必要があり、ネットワーク分析で求めた、自宅から避難場所までの最短ルートの情報は役に立ちます。しかし、自然災害が発生すると、道路ネットワークは寸断されます。建物の倒壊、橋の落下、土砂崩れ、津波、洪水による浸水など、原因はさまざまです。また、普段は幅員が広い道でも、災害時には狭まり、バイクや自転車などしか通れないケースもあります。そのような点を考えると、最短ルートが使用できるとは限りません。津波のように時間差で危険性が高まるような自然災害では、その判断が命にかかわることになります。その点では、あらかじめ道路ネットワークが分断されそうな場所を特定しておき、事前にシミュレーションしておく必要があります。ネットワーク分析では、特定のエッジが通行不可能になったと仮定して、最短ルートを検索したり、到達圏を検索したりすることができます。

(4) 分析の対象とデータ

今回は、南海トラフ巨大地震による津波被害の発生が予想されている、静岡県静岡市清水区の主要部を対象にルート解析を行うとともに、津波避難施設の**カバー人口**について検討します。津波避難施設のカバー人口とは、その施設を最寄りとする人口のことを指し、道路ネットワークに基づく到達圏を利用して計算します。津波からの避難では、渋滞の発生を避けるため、徒歩を推奨することが多いことから、徒歩での到達圏について考えます。人口データについては、e-Stat で公開されている、2020 年の国勢調査の基本単位区の境界データを使用します。また、津波避難場所のデータについては、静岡市のオープンデータから、「津波避難ビル、タワー等」の 2020 年 3 月現在のデータをダウンロードし、対象地域のもののみを抽出したものを使用します。

道路網の GIS データとしては、地理院地図 Vector の道路中心線のデータを使用します。これについては、こちらでネットワークデータセットとして加工してあり、自動車と徒歩による移動時間の属性が計算されています。自動車は、幅員が 5.5 〜 19.5 m の市街地の道路では時速 30 km とし、高速道路や幅員の広い道路で速く、狭い道路ほど遅く設定しています。徒歩については、高速道路が通行不可で、通常の道路は時速 4 km で移動できるように設定し、石段や山道などでは時間がかかるように設定しています。

データについては、データダウンロードサイトから データ20 をダウンロードして「giswork20」フォルダーを展開し、「giswork20.aprx」をダブルクリックして、ArcGIS Pro を起動しておいてください。なお、この章での処理には、Network Analyst のエクステンションが必要になります。

20-1. 道路ネットワークデータを用いたルート解析

(1)「解析」タブの「ネットワーク解析」をクリックすると、メニューが表示されますので、このうちの「ルート」をクリックします。

※これによって、ルート解析を行うための作業用のレイヤーである、「ルート」という名前の新しい解析レイヤー（複数のレイヤーからなるグループレイヤー）が作成されます（図 20-2）。

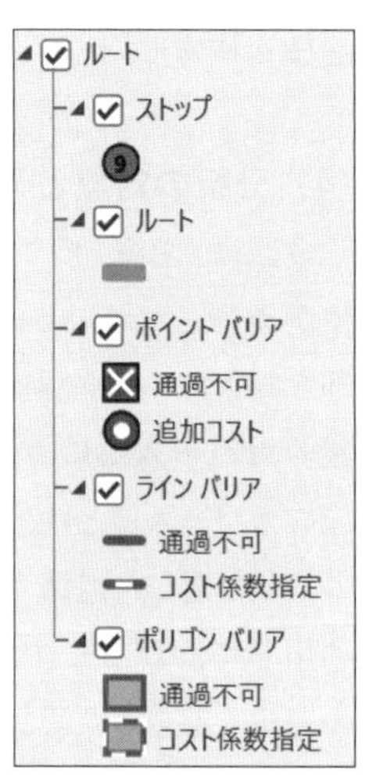

図 20-2　「ルート」グループレイヤーの内訳

- **ストップ**：ルートを検索するための起点・終点・経由地となる地点
- ルート：検索結果として表示された最短のルート
- ポイントバリア：通行できない地点
- ラインバリア：通行できない線
- **ポリゴンバリア**：通行できない範囲

ルートの解析では、編集機能を用いて、「ストップ」レイヤーにポイントを追加していくか、「ストップ」レイヤーに既存のポイントデータを読み込む必要があります。

(2)「編集」タブのフィーチャ欄の「作成」をクリックして、「ストップ」レイヤーで「ストップ」をクリックして編集ツールをアクティブにしましょう（編集の方法は、通常のフィーチャの編集と同じです）。

(3)「スナップ」をアクティブにしたうえで、東の三保半島にある、御穂神社の南の交差点をクリックし、ストップを 1 つ配置します（図 20-3）。基本単位区人口 2020 レイヤーは非表示にしましょう。

(4) 西のほうにある、東源台小学校の南の交差点をクリックして、ストップを追加します（図 20-4）。

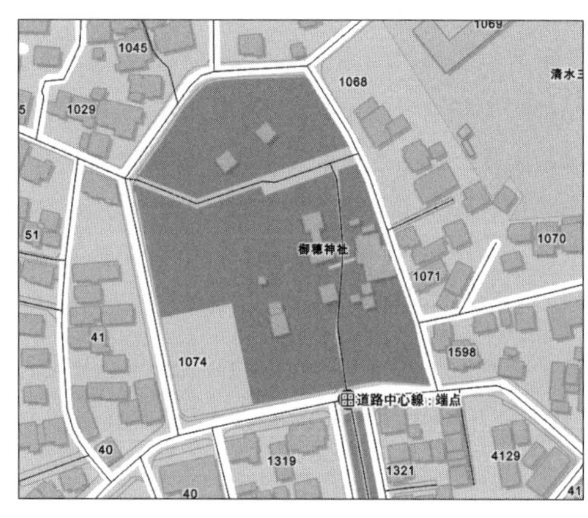

図 20-3　御穂神社前

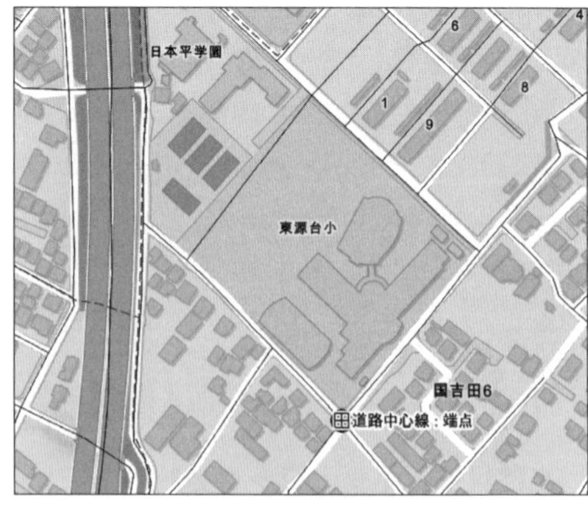

図 20-4　東源台小学校前

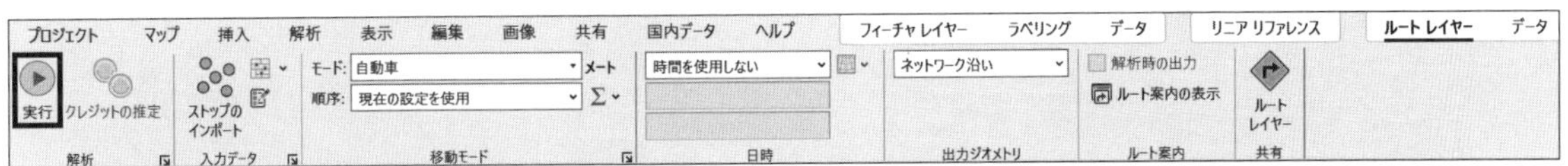

図 20-5　最短ルートの検索「ルート レイヤー」タブの「実行」ボタン

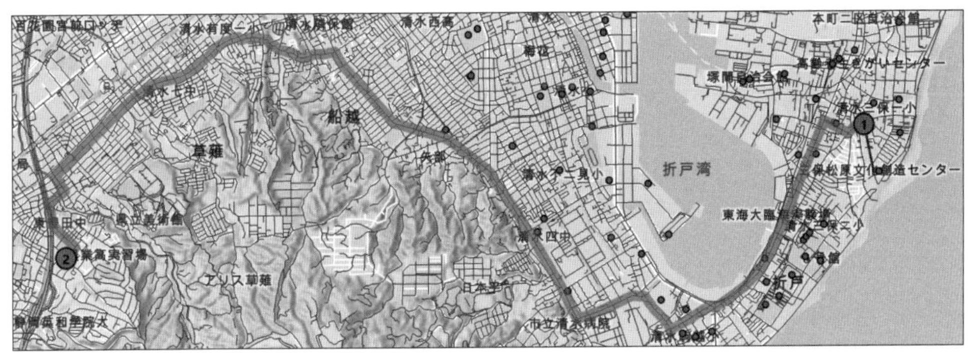

図 20-6　表示された自動車での最短ルート

Total_移動時間（徒歩）	Total_移動時間（自動車）	Total_Length	Shape_Length
<NULL>	21.011535	11886.527223	11885.340064

図 20-7　ルートレイヤーの属性テーブルでの移動時間（自動車）の確認

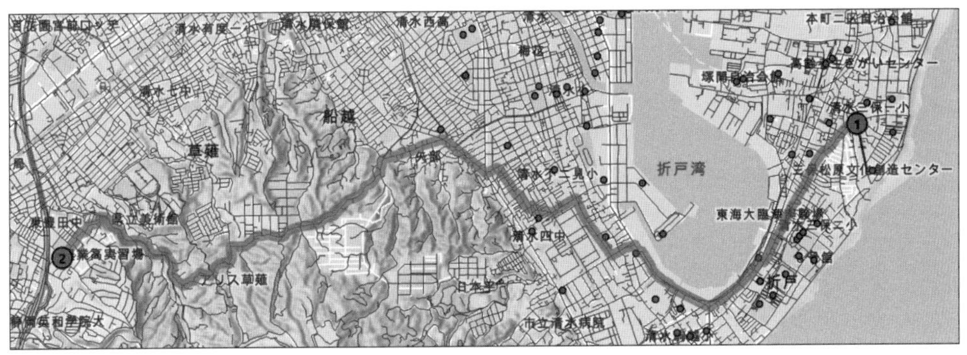

図 20-8　表示された徒歩での最短ルート

Total_移動時間（徒歩）	Total_移動時間（自動車）	Total_Length	Shape_Length
166.624666	<NULL>	11010.755598	11009.655681

図 20-9　ルートレイヤーの属性テーブルでの移動時間（徒歩）の確認

(5)「ルート レイヤー」タブを開き、「実行」をクリックします（図 20-5）。

※**モード**が「自動車」になっていますので、自動車での所要時間が最も短いルートが表示されます。

(6) コンテンツウィンドウの「ルート」グループレイヤーの中の「ルート」レイヤーの属性テーブルを開いて、「Total_ 移動時間 (自動車)」フィールドの値を確認してください（図 20-7）。

※ここに表示される移動時間の単位は分で、約 21 分です。「Total_Length」の値は実距離で、単位は m です。

(7)「ルートレイヤー」タブで、モードを「徒歩」に切り替えて、「実行」をクリックします。

(8)「ルート」レイヤーの属性テーブルの「Total_ 移動時間（徒歩）」の値を確認しましょう（図 20-9）。

図 20-10　道路が通れなくなったと想定する地域

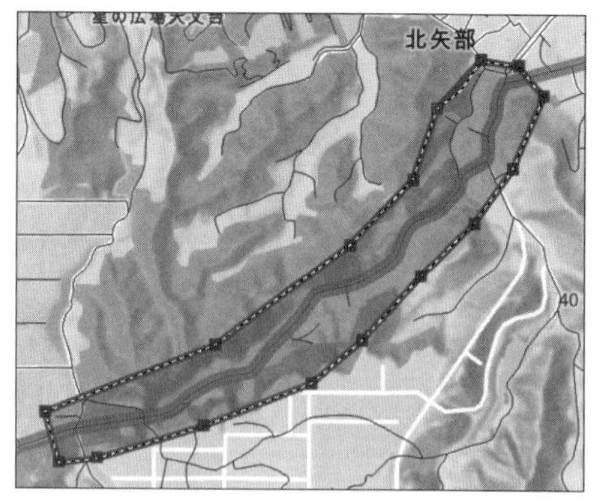

図 20-11　道路が通れなくなったと想定する地域でのポリゴンバリアの作成

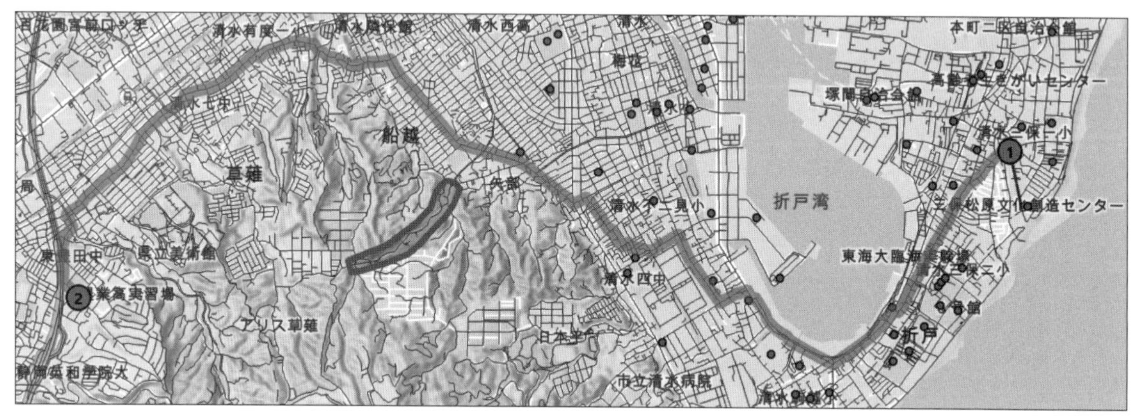

図 20-12　通れなくなった道路を避けて表示された徒歩での最短ルート

ここで、大地震によって土砂崩れが発生して、図 20-8 の中央にある「矢部」の西側の地域の道路が通行できなくなったと考えてみましょう（図 20-10）。そのような場合には、「ポリゴンバリア」レイヤーに、通行できない範囲をポリゴンで指定することで、このあたりを通らない最短ルートを求めることができます。

(9)「編集」タブの「作成」をクリックして、「ポリゴンバリア」レイヤーのうち、「通過不可」をクリックして編集ツールをアクティブにしましょう。

(10)「スナップ」を解除して、道路に重なるように頂点を配置しながらポリゴンを描き、最後にダブルクリックして形状を確定させましょう（図 20-11）。

(11)「ルートレイヤー」タブの「実行」をクリックします。

これで、通行不可の範囲を経由しない最短ルートを求めることができました（図 20-12）。移動時間を確認したうえで、自動車での最短ルートも求めてみましょう。それが終われば、別の地点間でもルート解析を試してみましょう。フィーチャの編集機能を使っていますので、「編集」タブの「破棄」をクリックして、「はい」をクリックすると、ストップのデータやルート検索の結果、バリアのデータも消去することができます（もちろん、「保存」をクリックして保存することもできます）。一通りの作業が終われば、最終的な解析結果を「編集」タブで「保存」をクリックして保存しておき、「ルート」グループレイヤーを非表示にしておきましょう。

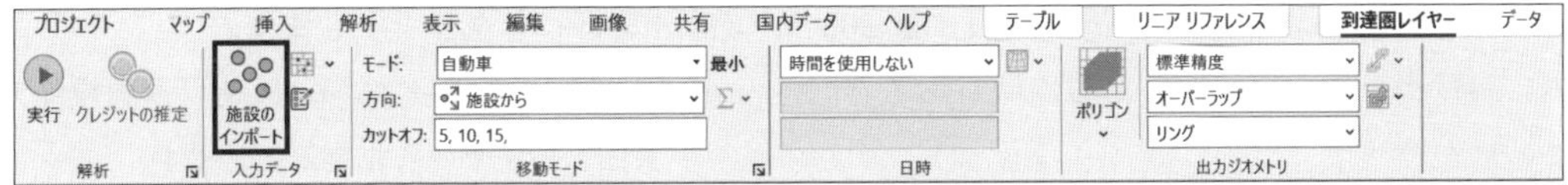

図 20-13 「施設のインポート」ボタン

20-2. 津波避難場所のカバー人口の分析

(1)「解析」タブの「ネットワーク解析」をクリックし、「到達圏」をクリックして、到達圏のレイヤーグループを追加します。

※バリアは同じですが、「施設」、「ポリゴン」、「ライン」というレイヤーが追加されます。施設は到達圏の基準になる施設のポイントデータで、ポリゴンとラインは出力される到達圏のデータです。

(2)「到達圏レイヤー」タブをクリックし、「施設のインポート」をクリックします（図 20-13）。

(3)「ロケーションの追加」ツールが表示されますので、入力ロケーション欄で「津波避難ビル _ タワー等」を選択します。

(4)「OK」をクリックすると、津波避難ビルとタワーのポイントデータが「施設」レイヤーに読み込まれます。

(5)「到達圏レイヤー」タブの移動モード欄のモードを「徒歩」に、方向を「施設へ」に設定します。

※カットオフ欄では、デフォルトで「5, 10, 15,」と半角で 3 つの数字が入力されていますが、これらの数字の単位は分で、5 分、10 分、15 分で到達圏を分割するという設定です。出力結果は、多重リングバッファーのように、分ごとに分割され、最大で 15 分までの到達圏が求められるということになります。時間の数値を 1 つだけ入力すれば、1 つの到達圏が出力されます。

(6) カットオフ欄で「30」と入力して Enter キーを押し、出力ジオメトリ欄の「標準精度」を「高精度」に、「オーバーラップ」を「分割」に変更したうえで、「実行」をクリックします。

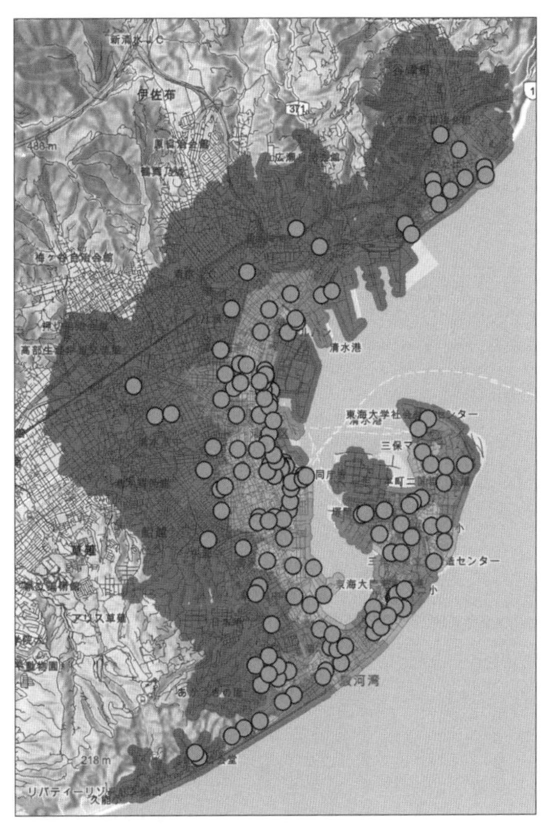

図 20-14 出力された避難場所ごとの到達圏

※「高精度」にすることで、ポリゴンの形状が詳細になります。また、「分割」にすることで、個々の避難場所への到達圏が重ならず、最も近い避難場所に避難する人口を求めることができるようになります。

出力結果は、図 20-14 のようになります。色分けは、個々の避難場所の到達圏内で最大となる時間（分単位）を基準にして設定されており、色が薄いほどその時間が短いということになります。避難場所が狭い範囲に集中している地域ほど、この最大値は小さくなる傾向にあります。臨海部で、この値が 30 分という到達圏の設定上の最大値と一致しているところがあれば、その周辺には30分以内に避難できない可能性がある地域があるということになります。

続いて、第13章13-4で使用した「ポリゴンの按分」ツールで面積按分を行い、津波避難場所ごとのカバー人口を計算してみましょう。

(7)「解析」タブの「ツール」をクリックし、ツールボックスの「解析ツール」の「オーバーレイ」にある「ポリゴンの按分」をクリックして、以下のように設定しましょう。

・入力ポリゴン：基本単位区人口2020

・按分フィールド：JINKO

・ターゲットポリゴン：到達圏\ポリゴン

・出力フィーチャクラス：避難場所カバー人口（プロジェクトのファイルジオデータベース内で）

(8)「実行」をクリックします。

(9)「到達圏」グループレイヤーと「避難場所カバー人口」レイヤーも非表示にします。

(10)「津波避難ビル＿タワー等」レイヤーと「避難場所カバー人口」レイヤーをテーブル結合します。

※結合に用いるフィールドは、「津波避難ビル＿タワー等」レイヤーは「OBJECTID」、「避難場所カバー人口」レイヤーは「FacilityID」です。間違えないようにしましょう。

(11)「津波避難ビル＿タワー等」レイヤーのシンボルを「比例シンボル」にし、「JINKO」（総人口のフィールド）で表示しましょう。

(12) レイアウトを整え、図20-15のような図を作成してみましょう。

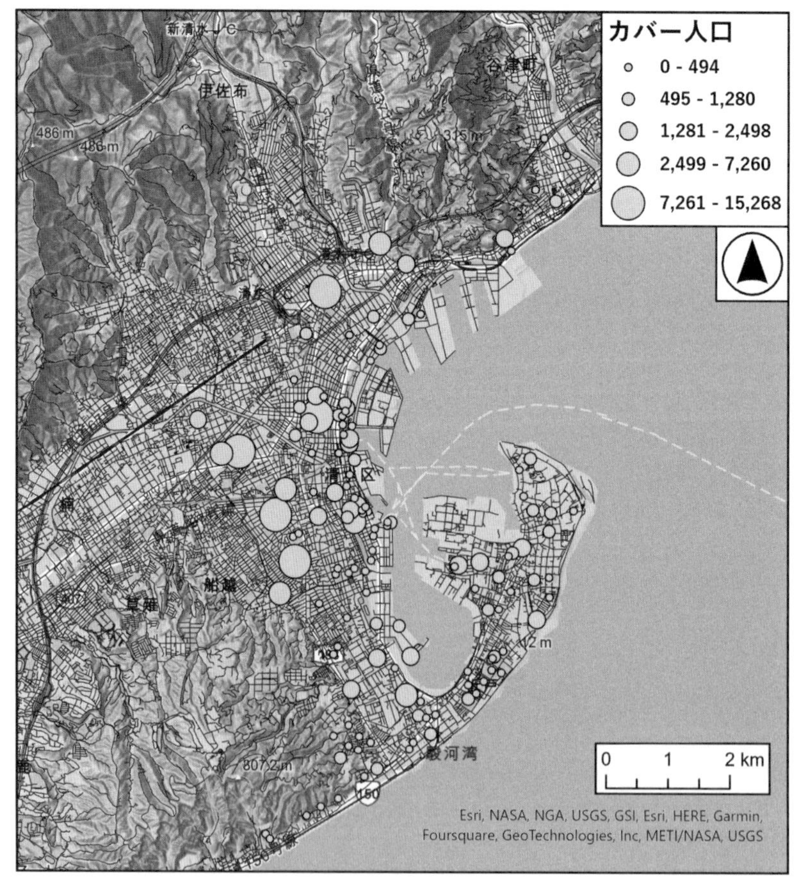

図20-15　避難場所ごとのカバー人口

三保半島のような半島部は、避難時に選択できる経路が少なく、地震などによって道路が通れなくなると避難が難しくなります。幸いにも、津波避難ビルや津波避難タワーがある程度ありますので、その心配は無用かもしれません。津波避難場所ごとのカバー人口も、大きすぎるものは少ないようです。カバー人口の分布を見ると、内陸部では 7 千人を超えて、1 万人以上となるところもありますが、この計算では、さらに内陸部の居住者も含まれており、実際の避難者はもっと少ないはずです。課題が残されているとすれば、臨海部で円の大きさが大きいところです。例えば三保半島の付け根のところや、「清水区」というラベルのすぐ南の地域などでは、やや円が大きく、施設の規模によってはキャパシティをオーバーしてしまう可能性があります。このような地域では、さらに津波避難ビルを増やすような方策が求められます。

≪練習≫

- 国土数値情報の津波浸水想定のデータを重ね合わせて、浸水の程度と、カバー人口の大小の関係を検討してみましょう。
- e-Stat の 2020 年の国勢調査の町丁・字等のデータをもとに、65 歳以上人口の属性データを結合した境界データを作成し、ポリゴンの按分ツールで、津波避難場所別の 65 歳以上の高齢者の人口を計算してみましょう。
- e-Stat の 2016 年の経済センサス－活動調査の 500 m メッシュのデータをもとに、従業者数の属性データを結合した境界データを作成し、ポリゴンの按分ツールで、津波避難場所別の従業者数を計算してみましょう。昼間に災害が発生した場合は、その地域で働いている人も避難することになります。

MEMO

第21章 施設の立地環境と商圏を分析する

Point

- さまざまな施設の立地について地価などの点から考える
- 商圏の考え方
- 小児科・小児歯科の立地環境と商圏を分析する

これまでに紹介してきた、バッファーや面積按分などのジオプロセシングツールは、組み合わせて利用することで、さまざまな施設の立地や周辺地域の状況についての分析ができるようになります。例えば、小売店や飲食店のような店舗であれば、店舗がどのような場所にあり、お客さんが来る可能性がある周辺地域（＝商圏）がどのような地域であるのかを分析することで、その店舗の売り上げや経営戦略を立てていくことができます。病院のような医療機関や、公民館のような公共施設でも、お客さんが集まって利用するような施設であれば、同様の分析が可能です。今回は、医療施設を事例として、立地環境と商圏の分析を行ってみましょう。

（1）立地と地価

まず、立地を考えるときの1つのポイントは、単位面積あたりの土地の価格、すなわち地価です。地価が高い地域に、広大な面積を必要とするような大病院を建設しようとすると、土地の購入費や賃料が膨大になります（表21-1）。特定の診療科目のみのクリニックのようなものであれば、ビルの1室でも開設できるため、地価が高い地域には立地しやすいでしょう。ただし、土地の購入費や賃料が高いため、収益が一定程度大きくないと、その場所で経営を続けることは難しくなります。このとき、地価が高い地域がどのような地域であるかも考えてみましょう。一般的に、地価は、その土地を購入したい人が多いと高くなり、少なければ低くなります。すなわち需要の高低が地価の高低につながります。需要が高いのは都心部や利便性の高い駅周辺など、人通りの多いところです。そのような地域で、需要のある診療科目を提供すれば、高い収益を求めることも可能でしょう。一方で、都心部から離れた郊外などの地価が安い地域であれば、広大な土地を購入することも比較的簡単ですが、多くの患者の来院を望むことは難しくなります。ただし、駐車場などを整備することで、自動車を利用する多くの患者を惹きつけることができるかもしれません。

表21-1 立地の違いとメリット・デメリット

	都心部や駅の周辺	郊外
メリット	・多くの患者が来院しやすい ・仕事帰りなどに立ち寄りやすい	・広い土地が利用できる ・地価が安い
デメリット	・ビルの1室などのように狭くなる ・地価が高い	・人通りが少ない

（2）商圏の定義方法

次に、商圏の分析において重要なのは、商圏である店舗・施設の周辺地域をどのように定義するかです。まず、顧客の立場で考えると、取り扱っているサービスに差が無ければ最も近い施設に行くことになりますので、商圏の範囲内では、その施設が最も近くなるように商圏を定義できます。

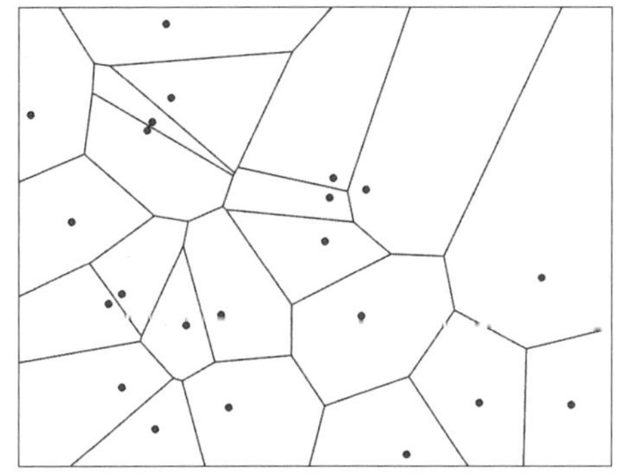

図21-1　ボロノイ領域（ティーセンポリゴン）の例

GISでは、**ボロノイ領域**や**ティーセンポリゴン**と呼ばれる、このような商圏の領域を求めることができます(図21-1)。ボロノイ領域の範囲内では、どの地点でも当該の施設が直線距離で最も近くなります。一方、店舗や施設からみれば、一定の範囲を商圏と考えると考えやすいでしょう。例えばコンビニのような店舗は、店舗の多い都心部では500 m～1 km程度の範囲がおおむね顧客の居住地と考えることができます。医療施設であれば、その範囲はもう少し大きくなるでしょう。一定の範囲を設定するのであれば、GISではバッファーが使えます。ボロノイ領域とバッファーを組み合わせれば、最も近い施設を利用するけれども、最大で2 kmの範囲の居住者しか利用しない、という商圏を定義することもできます。顧客の居住地のデータがあれば、それをジオコーディングしてGIS上で地図化することで、より厳密に商圏を考えることもできますが、自社店舗以外のデータは入手できないでしょうから、案外難しい方法です。いずれにしても、商圏を定義できれば、潜在的な顧客（商圏人口）についての具体的な分析ができるようになりますので、今回は、ボロノイ領域とバッファーを使って簡便に商圏を設定するようにしましょう。

(3) 分析の対象・データ・手順

今回は、愛媛県松山市の主要部を対象に、医療施設のうちの小児科と小児歯科の立地環境と商圏の分析を行います。対象とする松山市の主要部とは、おおよそ、離島を除く、重信川以北の旧松山市域としていますが、あまり厳密なものではありません。小児科と小児歯科のポイントデータについては、松山市が提供・公開しているオープンデータを使用しますが、若干の修正と加工を施しています。また、国土数値情報の地価公示データ（令和5年）から作成した地価のラスターデータと鉄道（ライン）データ（令和4年）から作成した鉄道駅のポイントデータ、地理院地図Vectorの道路中心線のデータ、e-Statからダウンロードできる、国勢調査の2020年と経済センサス活動調査の2016年の4次メッシュ(500 m)単位の統計データを使用します。これらのデータは、データダウンロードサイトから データ21 をダウンロードして「giswork21」フォルダーを展開し、「giswork21.aprx」をダブルクリックしてArcGIS Proを起動しておきましょう。

最初の分析は立地環境に注目し、地価や鉄道駅、道路のデータを利用して、立地場所のタイプ分けを行います。タイプ分けと診療科目との関係を検討し、小児科と小児歯科とで、どのような傾向があるのかを考えましょう。歯科医院は近年、大きく数を増やしており、小児歯科も同様の傾向になっているものと考えられます。同じ子供を主な顧客としていますが、小児科と小児歯科とでどのような違いがあるのでしょうか。次の分析では商圏に注目します。ボロノイ領域とバッファーを求め、オーバーレイすることで、小児科と小児歯科の商圏を定義して、国勢調査と経済センサスに基づく、いくつかの統計指標から、商圏の特徴を分析します。他の診療科目も標榜する医療施設もありますが、子供が主な顧客ですから、周辺人口としては子供の人口や子供のいる核家族世帯が多いはずです。立地環境のタイプ別に統計指標を集計し、小児科と小児歯科の違いを考えてみましょう。

21-1. 小児科・小児歯科の立地環境の分析

21-1-1. 地価データの確認と小児科・小児歯科の地価の取得

(1)「地価 2023」レイヤーのうち、最も値が高い場所をズームし、地価最高地点がどのような場所であるのかを確認しましょう（図 21-2)。「地価 2023」レイヤーを少し透過させると見やすいでしょう。

(2) 第 10 章 10-4 の手順で、ジオプロセシングツールのうちの「抽出値→ポイント (Extract Values to Points)」を開き、以下のように選択・入力しましょう。

・入力ポイントフィーチャ：小児科 _ 小児歯科

・入力ラスター：地価 2023

・出力ポイントフィーチャ：小児科 _ 小児歯科 _ 地価（プロジェクトのファイルジオデータベースの中で）

(3)「実行」をクリックして、出力された「小児科 _ 小児歯科 _ 地価」レイヤーの属性テーブルを開いて、一番右の RASTERVALU フィールドの値を確認してみましょう（図 21-3)。

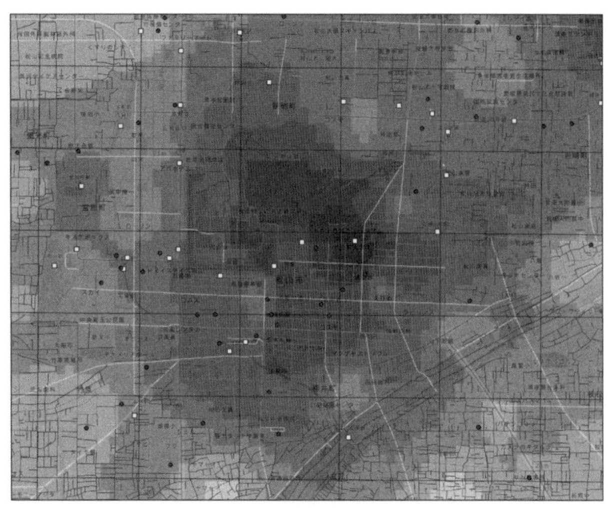

図 21-2　伊予鉄道の大街道停留所付近で地価が最も高い

小児科_小児歯科_地価

フィールド: 追加 計算　選択セット: 属性条件で選択 ズーム 切り替え 解除 削除 コピー

	OBJECTID_1 *	Shape *	NO	OBJECTID	NO	医療機関の種類	分類	RASTERVALU
1	1	ポイント	1000000001	1	1000000001	病院	小児科	229399.7
2	2	ポイント	1000000005	2	1000000005	病院	小児科	211277.5
3	3	ポイント	1000000008	3	1000000008	病院	小児科	130809
4	4	ポイント	1000000018	4	1000000018	病院	小児科	99449.58
5	5	ポイント	1000000027	5	1000000027	病院	小児科	176090

図 21-3　「小児科 _ 小児歯科 _ 地価」レイヤーの属性テーブル

21-1-2. 地価に基づく立地分類の入力

(1)「小児科 _ 小児歯科 _ 地価」レイヤーの属性テーブルで、フィールドの「追加」ボタンをクリックして、フィールドビューを開き、以下のようなフィールドを作成し、「フィールド」タブの「保存」をクリックします（図 21-4)。

・フィールド名：立地分類

・データ タイプ：Text

※この「立地分類」フィールドに、タイプ分けを入力していきます。

フィールド名	エイリアス	データ タイプ
OBJECTID_1	OBJECTID_1	Object ID
Shape	Shape	Geometry
NO	NO	Double
OBJECTID	OBJECTID	Long
NO_1	NO	Double
医療機関の種類	医療機関の種類	Text
分類	分類	Text
RASTERVALU	RASTERVALU	Float
立地分類		Text

図 21-4　「小児科 _ 小児歯科 _ 地価」レイヤーのフィールドビュー

(2)「小児科 _ 小児歯科 _ 地価」レイヤーの属性テーブルで、選択セットの「属性条件で選択」をクリックし、RASTERVALU フィールドが 200000 以上（20 万円以上）という条件を設定し、「適用」をクリックして選択しましょう。

(3)「小児科 _ 小児歯科 _ 地価」レイヤーの属性テーブルで、立地分類フィールドの名前の部分を右クリックして、「フィールド演算」をクリックします。

(4)「立地分類 =」となっている欄に、図 21-5 のように「" 都心部立地型"」と入力しましょう（図 21-5)。「"」は半角にしてください。

図 21-5　フィールド演算での式の入力

(5)「適用」をクリックして、属性テーブルのうち、選択されているデータの立地分類フィールドの値が「都心部立地型」に変化したことを確認してください。

(6) 念のため、「マップ」タブの選択解除ボタンを押して、すべての選択を解除しておきましょう。

21-1-3. 鉄道駅に基づく立地分類の入力

(1)「小児科 _ 小児歯科 _ 地価」レイヤーの属性テーブルで、選択セットの「属性条件で選択」をクリックし、立地分類フィールドが未入力（NULL）であるという条件を設定し、「適用」をクリックしましょう（図 21-6)。「NULL である」という条件は、「以上」などを選ぶことができるプルダウンから選択できます。

図 21-6　立地分類の属性条件の設定

(2)「マップ」タブの「空間条件で選択」をクリックし、入力フィーチャ欄に「小児科 _ 小児歯科 _ 地価」が入力されていることを確認して、選択フィーチャ欄で「鉄道駅」を選びます。

(3) 検索距離欄で「500」と入力したうえで、単位が「メートル」になっていることを確認してください。

(4) 選択するタイプ欄では、「現在の選択からサブセットを選択」を選びましょう。

※「現在の選択からサブセットを選択」にすると、現在選択されているフィーチャのうちから、ここで指定した条件に一致するもののみを選択することができます。すなわち、立地分類が未入力のデータのうち、鉄道駅から 500 m の範囲内の小児科・小児歯科のみを選択するように絞り込むことができます。

(5)「適用」をクリックして、選択状況を確認しましょう。

(6) 立地分類フィールドのフィールド演算で、選択しているデータに「"駅周辺立地型"」という内容を入力しましょう。

(7) 念のため、「マップ」タブの選択解除ボタンを押して、すべての選択を解除しておきましょう。

21-1-4. 道路中心線に基づく立地分類の入力

(1) 再度、「小児科 _ 小児歯科 _ 地価」レイヤーの属性テーブルで、選択セットの「属性条件で選択」をクリックし、立地分類フィールドが NULL であるという条件を設定し、「OK」をクリックしましょう。

(2)「道路中心線」レイヤーをアクティブにして、「マップ」タブの「属性条件で選択」をクリックします。

(3) rnkWidth フィールドが「19.5 m 以上」か、「13 m-19.5 m 未満」か、「5.5 m-13 m 未満」のいずれかであるという条件を設定し、「適用」をクリックします（図 21-7)。「項目の追加」で複数の条件を設定しますが、「And」を「Or」に変更するのを忘れないようにしましょう。

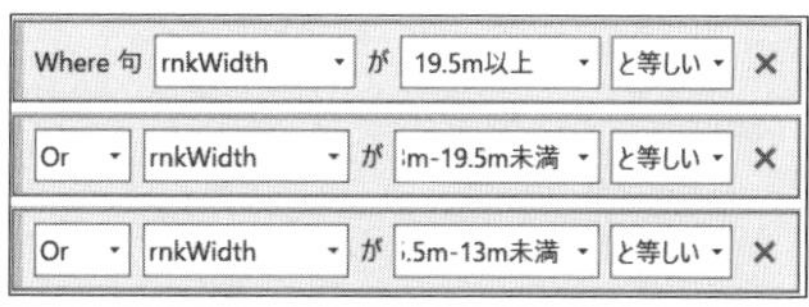

図 21-7　道路の幅員に基づく属性条件の設定

(4)「マップ」タブの「空間条件で選択」をクリックし、入力フィーチャ欄で「小児科 _ 小児歯科 _ 地価」を選び、選択フィーチャ欄で「道路中心線」を選びます。

(5) 検索距離欄で「100」と入力したうえで、単位が「メートル」になっていることを確認してください。

(6) 選択するタイプ欄では、「現在の選択からサブセットを選択」を選び、「適用」をクリックして、選択状況を確認しましょう。

(7) 立地分類フィールドのフィールド演算で、選択しているデータに「"主要道路立地型"」という内容を入力しましょう。

残りの小児科・小児歯科についての立地分類は「その他」としますので、立地分類フィールドがNULLであるフィーチャを選択し、「"その他"」という内容をフィールド演算で入力しましょう。

(8)「マップ」タブの選択解除ボタンを押して、すべての選択を解除しておきましょう。

21-1-5. 小児科・小児歯科の立地環境の分類結果の確認

ここまでの作業で、小児科・小児歯科の立地環境を以下のように分類し、入力しました。

- 都心部立地型：地価20万円／m^2以上の地域に立地するもの
- 駅周辺立地型：都心部立地型以外で、駅から500 mの範囲内に立地するもの（徒歩での移動を想定して500 mとしました）
- 主要道路立地型：都心部立地型、駅周辺立地型以外で、幅員が5.5 m以上の道路沿い（100 mの範囲）に立地するもの
- その他：3つの分類のいずれにも当てはまらないもの

まず、「小児科＿小児歯科＿地価」レイヤーのシンボルを個別値にし、立地分類フィールドで色分けをして表示してみましょう（図21-8・口絵参照）。

次に、チャートの機能を利用して、小児科、小児歯科ごとに、立地分類別の件数を視覚化します。

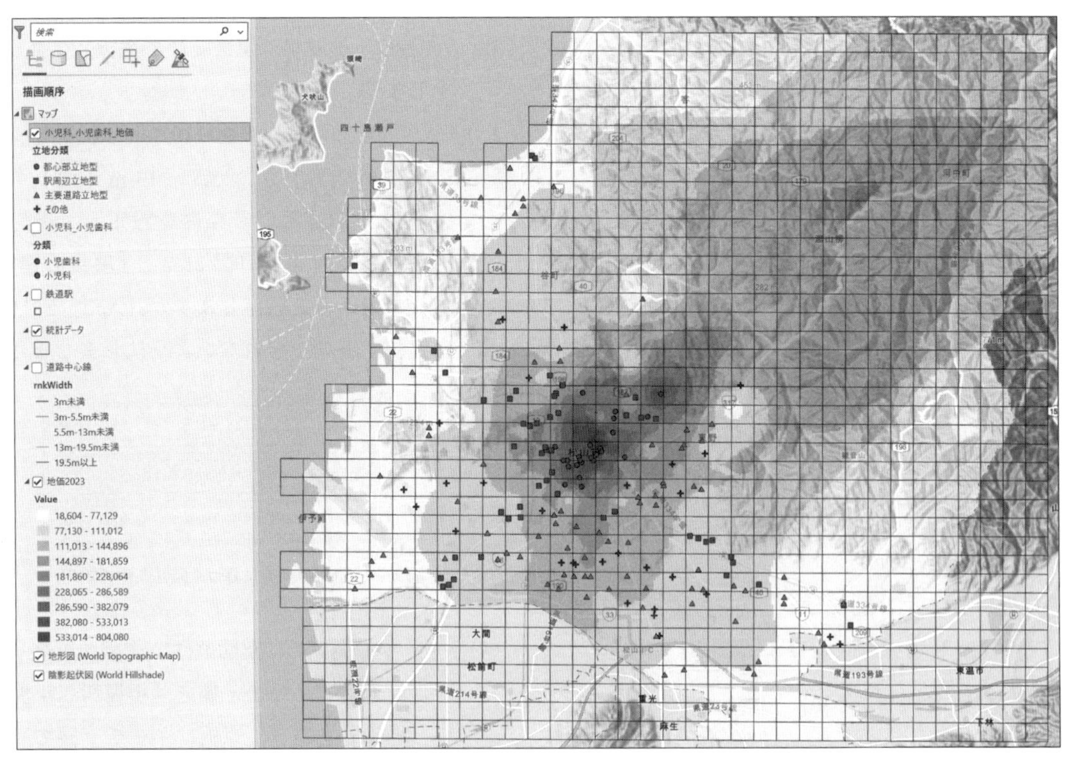

図21-8　立地環境の分類結果

(1) コンテンツウィンドウで「小児科 _ 小児歯科 _ 地価」レイヤーを右クリックして、「チャートの作成」のうち、「マトリックス ヒートチャート」をクリックします。

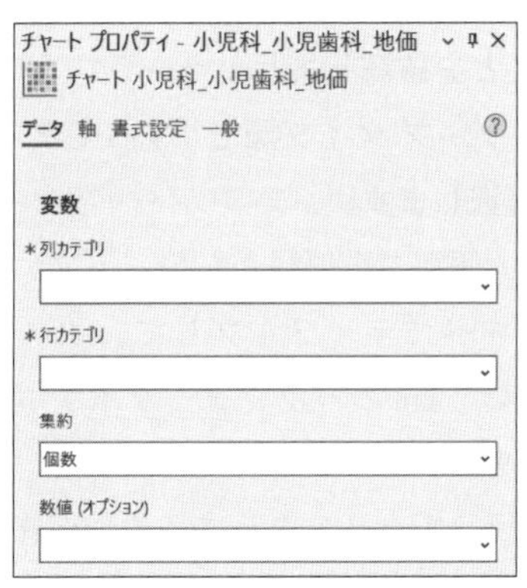

図 21-9　マトリックスヒートチャートのプロパティ

(2) 列カテゴリ欄で、「立地分類」を選びます。

(3) 行カテゴリ欄で、「分類」（小児科と小児歯科の区分）を選びます。

(4) 集約欄が「個数」になっていることを確認して、チャートを確認しましょう（図 21-10）。

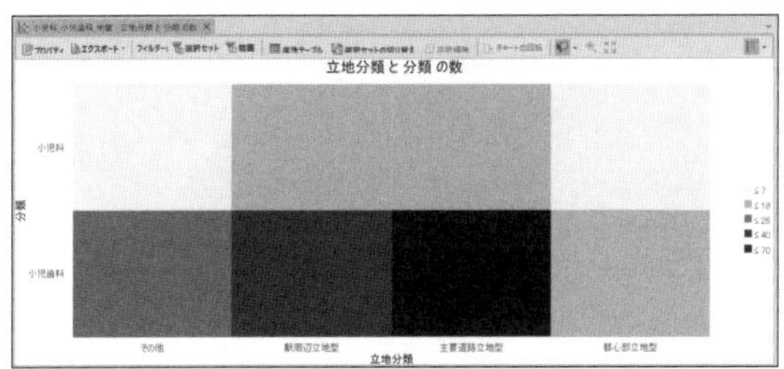

図 21-10　作成されたチャート

チャート上のそれぞれのカテゴリのところにマウスカーソルを置くと、その条件に合致するフィーチャ数が表示されます（クリックすると、マップ上で選択されます）。それぞれのフィーチャ数は表 21-2 のようになるはずです。

どちらも主要道路立地型が多いことから、車社会である松山市の特徴が色濃く反映されていることがわかります。小児科と小児歯科で比べると、小児科のほうが都心部や駅周辺に立地する傾向が強いこともわかります。どのような戦略をとっているかはわかりませんが、件数の多い小児歯科は、地価の高い都心部で競争するよりも、主要道路沿いやその他の地域などに立地させるほうが得策であると判断しているのかもしれません。

表 21-2　立地環境別の小児科・小児歯科の件数（上段）と割合（下段）

	都心部立地型	駅周辺立地型	主要道路立地型	その他	合計
小児科	7	13	18	3	41
	17.1%	31.7%	43.9%	7.3%	100.0%
小児歯科	17	40	70	26	153
	11.1%	26.1%	45.8%	17.0%	100.0%

21-2. 小児科・小児歯科の商圏分析

小児科と小児歯科とでは、直接競合するわけではないため、商圏のポリゴンは別々に作成することとします。小児科の商圏については、件数が少ないこともありますので、最大距離を 2 km としたバッファーを作成し、別途作成したボロノイ領域のデータをバッファーでインターセクトして、小児科ごとの商圏ポリゴンを作成します。一方、小児歯科については、件数も多いので、最大距離を 1 km として、同様に商圏ポリゴンを作成します。

なお、ArcGIS Pro では、ボロノイ領域をティーセンポリゴンと呼びますので、ジオプロセシングツールの「ティーセン ポリゴンの作成」ツールで作成することになります。

21-2-1. 小児科の商圏ポリゴンの作成

(1)「マップ」タブの「属性条件で選択」をクリックして、入力行欄に「小児科 _ 小児歯科 _ 地価」を選択し、分類フィールドが「小児科」と等しいという条件を設定して「OK」をクリックします。

(2)「解析」タブの「ツール」をクリックし、ジオプロセシングウィンドウの検索ボックスに「ティーセン」と入力して、「ティーセンポリゴンの作成（Create Thiessen Polygons）」をクリックします。

(3) 入力フィーチャ欄で「小児科＿小児歯科＿地価」を選択し、出力フィーチャクラス欄でプロジェクトのファイルジオデータベース内で、「小児科ボロノイ領域」という名前を設定します。

(4) 出力フィールド欄で、「すべてのフィールド」を選択します。

(5) 上のほうにある「環境」をクリックして、処理範囲欄で「統計データ」を選びます。

※ティーセンポリゴン（ボロノイ領域）の作成の際、処理範囲を指定しないと、ラスターの内挿と同様に、処理対象とするデータの範囲を10%拡大した範囲で作成が行われます。ここでは、「統計データ」の範囲に合わせることにします。

(6)「実行」をクリックして、処理が終わるのを待ちましょう（図21-11）。

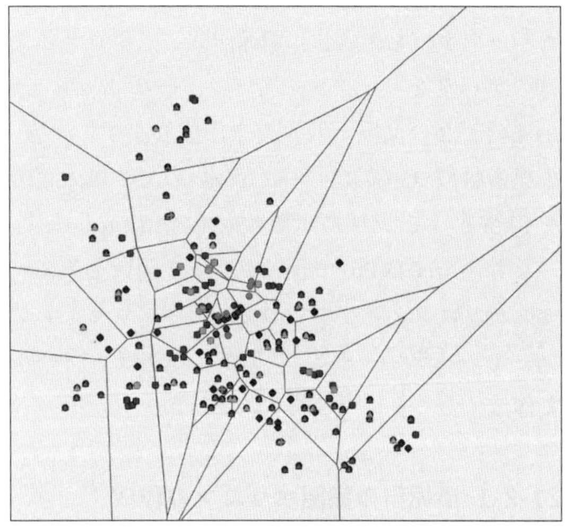

図21-11　出力された小児科のみのボロノイ領域

(7)「小児科ボロノイ領域」レイヤーのシンボルを「黒（アウトライン付き - 1ポイント）」に変更し、どのような形状になっているかを確認してみましょう。

(8)「解析」タブのツール欄にある「ペアワイズ バッファー（Pairwise Buffer）」をクリックします。

(9) 入力フィーチャ欄で「小児科＿小児歯科＿地価」を選択し、出力フィーチャクラス欄でプロジェクトのファイルジオデータベース内で、「小児科バッファー」という名前を設定します。

(10) バッファーの距離欄（すぐ下の空欄）で、「2000」と入力し、単位が「メートル」になったことを確認しましょう。

(11) ディゾルブ タイプ欄で「すべてディゾルブ」を選択します。

※今回は、個別の小児科からのバッファーは必要なく、すべてディゾルブして、すべての小児科からの2 kmのバッファーを示すポリゴンを作成します。

(12)「実行」をクリックして、処理が終わるのを待ちます（図21-12）。

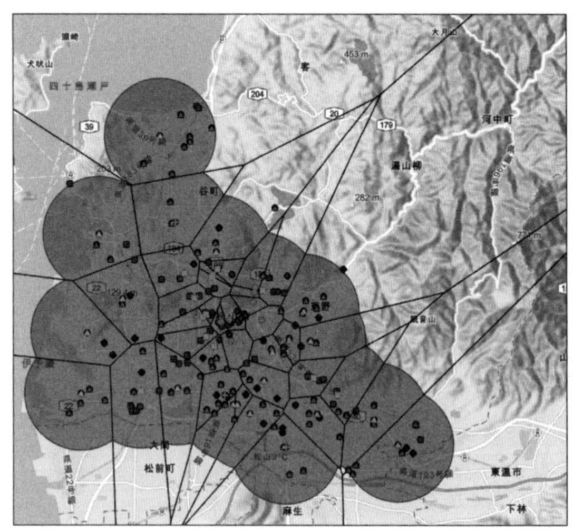

図21-12　小児科からの2 kmバッファー

(13)「解析」タブのツール欄の中から、「ペアワイズ インターセクト（Pairwise Intersect）」をクリックします。

(14) 入力フィーチャ欄で、まず「小児科ボロノイ領域」を選択し、続いて表示された入力フィーチャ欄の空欄で「小児科バッファー」を選択します。

(15) 出力フィーチャクラス欄で、プロジェクトのファイルジオデータベース内で、「小児科商圏」という名前を設定します。

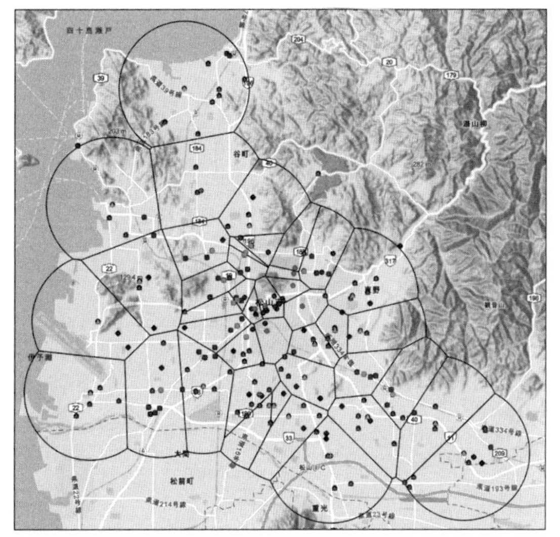

図 21-13　インターセクトによって作成した小児科の商圏ポリゴン

(16) 結合する属性欄が「すべての属性」で、出力タイプ欄が「入力と同様」になっていることを確認して、「実行」をクリックしましょう。

(17)「小児科ボロノイ領域」、「小児科バッファー」レイヤーをどちらも非表示にしましょう（図 21-13）。

(18)「小児科商圏」レイヤーの属性テーブルを開き、立地分類の情報があることを確認しておきましょう。

21-2-2. 小児歯科の商圏ポリゴンの作成

21-2-1 と同じ手順で、小児歯科の商圏ポリゴンを作成しましょう。出力するフィーチャクラス名については、すべて小児科を小児歯科に置き換えれば OK です。また、バッファーの距離欄では、「1000」と入力しましょう。

小児科と小児歯科の商圏を比べると、件数が非常に多い小児歯科のほうが小さいものが多いことがわかります。もちろん、最大距離が 1 km であることも関係していますが、そもそも、市街地の縁辺部に位置しているものを除けば、ほとんどで半径 1 km の円よりも小さくなっています（図 21-14）。

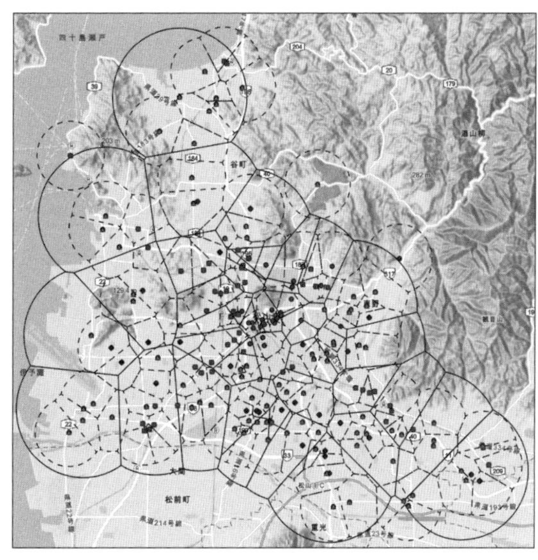

図 21-14　同様の手順で作成した小児歯科の商圏ポリゴン

21-2-3. 商圏別の統計データの作成

それぞれの商圏には、どのような特徴があるのでしょうか。それを把握するために、面積按分で商圏別の統計データを作成してみましょう。統計データには、表 21-3 のような統計指標が含まれています。

(1) ジオプロセシングウィンドウを開いて、第 13 章 13-4 で使用した「ポリゴンの按分」ツールを検索して表示し、まずは、小児科の商圏について、次のように設定して実行しましょう。

・入力ポリゴン：統計データ
・按分フィールド：人口総数 2020、人口 0 ～ 14 歳 2020、一般世帯数 2020、一般世帯数 _6 歳未満世帯員のいる世帯 2020、従業者数 2016
・ターゲットポリゴン：小児科商圏
・出力フィーチャクラス：小児科商圏統計データ（プロジェクトのファイルジオデータベース内で）

表 21-3　統計データに含まれている統計指標

フィールド名	内容	年次	出典
人口総数 2020	地区内に居住する人口の総数	2020 年	国勢調査
人口 0 ～ 14 歳 2020	地区内に居住する 0 ～ 14 歳人口	2020 年	国勢調査
一般世帯数 2020	地区内に居住する一般世帯数	2020 年	国勢調査
一般世帯数 _6 歳未満世帯員のいる世帯 2020	地区内に居住する 6 歳未満世帯員のいる一般世帯数	2020 年	国勢調査
従業者数 2016	地区内で就業している従業者数	2016 年	経済センサス活動調査

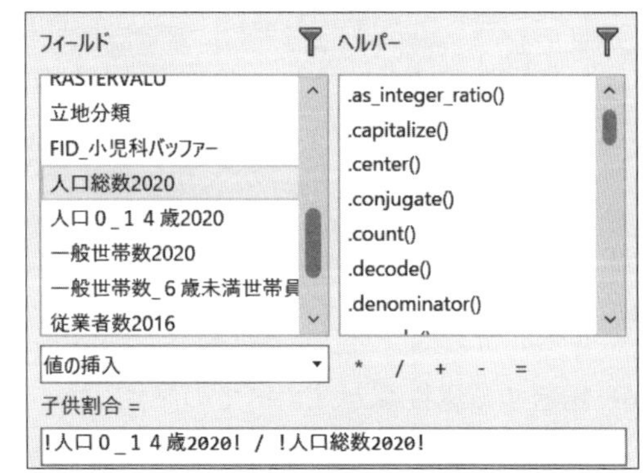

図 21-15　フィールド演算での「子供割合」の算出式

図 21-16　「子供世帯割合」の算出式

図 21-17　「人口従業者数比」の算出式

(2)「小児科商圏統計データ」レイヤーの属性テーブルを開き、「テーブル」タブの「フィールド演算」をクリックして、フィールド名欄に「子供割合」と入力し、フィールドタイプ欄で「Double (64 ビット浮動小数点)」を選び、フィールド欄の一覧と、四則演算のボタンを使用しながら、図 21-15 のような式を入力して、「適用」をクリックしましょう。

(3) (2) と同様の手順で、「子供世帯割合」として、図 21-16 のような式を入力してフィールド演算を行ってください。

(4) 同様の手順で、「人口従業者数比」として、図 21-17 のような式を入力してフィールド演算を行ってください。

(5) (1) ～ (4) の手順で、小児歯科についても統計データを作成しましょう（(1) ～ (4) の手順で「小児科」となっているところを「小児歯科」に置き換えてください）。

(6) ジオプロセシングウィンドウを開いて、第 7 章 7-1 で使用した「マージ (Merge)」ツールを検索して表示し、「小児科商圏統計データ」と「小児歯科商圏統計データ」を入力データセットとし、出力データセットをプロジェクトのファイルジオデータベース内で「小児科 _ 小児歯科商圏統計データ」としてマージしましょう。

※ 2 つのデータが空間的に重なってしまいますが、この後の手順では 1 つのレイヤーにまとまっているほうが便利ですので、このようにしています。なお、フィールド演算の際に、フィールド名に若干の違いが出てしまっている場合には (例えば「子供」と「子ども」など)、フィールド マップ欄から、それぞれの対応関係を設定するようにしてください。

21-2-4. 商圏別の統計データの分析

チャートのうち、「マトリックス ヒート チャート」を用いて、立地分類別に、各指標の平均値の違いを考えてみましょう。

(1) コンテンツウィンドウで「小児科＿小児歯科商圏統計データ」レイヤーを右クリックし、「チャートの作成」から、「マトリックス ヒート チャート」をクリックしましょう。
(2) 列カテゴリ欄で「立地分類」、行カテゴリ欄で「分類」を選びます。
(3) 集約欄で「平均値」を選びます。
(4) 数値欄で「子供割合」を選ぶと、図21-18のようなチャートが作成されます。

これで、子供の割合（人口総数に占める0～14歳人口の割合）の平均値が求められました。都心部立地型が一番低く、次に駅周辺立地型、主要道路立地型となり、その他が最も高くなっています。おおよそ、都心部や鉄道駅から離れるほど、子供の割合が高い商圏が多いということになりますが、これは、都市にみられる典型的なパターンで、都市地理学でもよく知られている現象です。多くの場合、子供がいるような世帯では、一般的に広い住宅が必要になりますので、地価の高い都心部で広い住宅を確保することが難しく、郊外に居住することが多くなります。そのため、都心部からの距離に応じて、同心円的なバッファーのように、一定程度離れた地域に子供がいる核家族世帯が多く居住することになります。ちょうど、多重リングバッファーのような感じです。ちなみに、都心部では、そのような核家族世帯の代わりに、狭い住宅でも構わない、単身者が多く居住する傾向にあります。

商圏分析に戻りましょう。小児科の場合、駅周辺立地型で、小児歯科と比べてやや割合が低いことがわかります。他の立地分類では差があまりないようです。数値欄を「子供世帯割合」（一般世帯数に占める6歳未満世帯員のいる一般世帯数の割合）に変えてみましょう。こちらは乳幼児のいる世帯の割合で、子供割合よりも幼い子供についてのデータですが、子供割合のチャートとほとんど変わらないはずです。

それでは、数値欄を「人口従業者数比」（商圏内に居住する人口÷就業している従業者数）にしてみましょう。人口従業者数比が大きいほど、居住者のほうが多いということになります。オフィスなどが集中する都心部では、居住者と比べて従業者が多くなりますので、人口従業者数比は小さくなる傾向にあり、実際、小児科も小児歯科も都心部立地型で値が低くなっています。小児科と小児歯科を比べると、主要道路立地型を除けば、人口従業者数比が小児科で小さく、小児歯科で大き

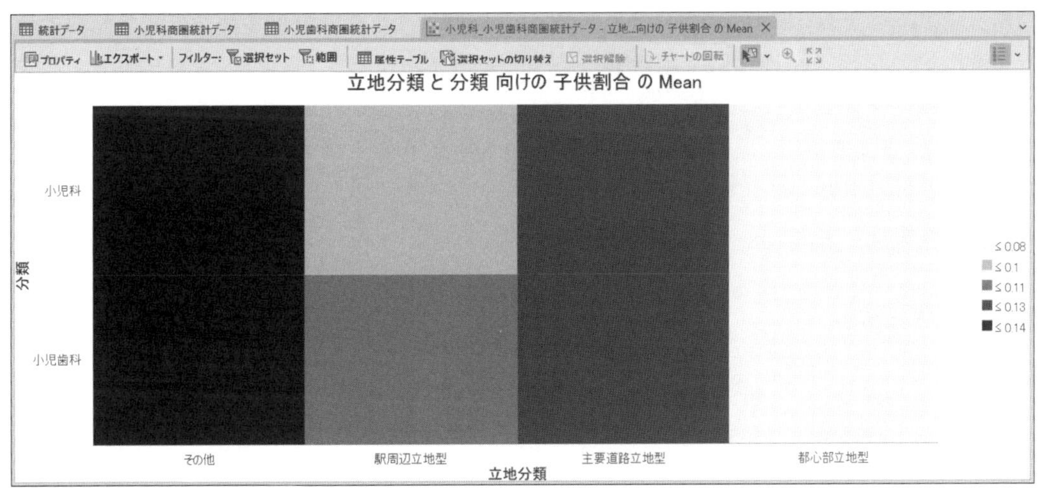

図21-18　立地分類と小児科・小児歯科での「子供割合」のマトリックスヒートチャート

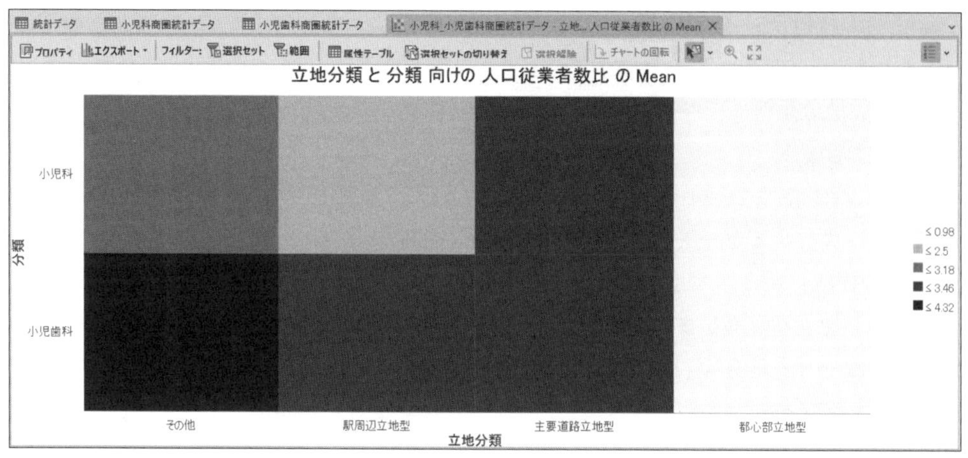

図 21-19　立地分類と小児科・小児歯科での「人口従業者数比」のマトリックスヒートチャート

い傾向が読み取れます。このことから、小児科と比べると、小児歯科は、商圏内で就業している従業者よりも、居住者が多い地域に立地する傾向にあることがわかります（図 21-19）。

立地環境の分析結果からは、小児歯科は、地価の高い都心部ではなく、主要道路沿いやその他の地域などに立地させるほうが得策と判断している可能性が考えられましたが、商圏分析からは、その中でもさらに居住人口の多い地域に立地させている可能性が考えられます。小児科も小児歯科も、患者として来院する可能性のある子供の人数はあまり変わらないはずですが、小児科が 41 であるのに対して、小児歯科が 153 であり、より競争が激しいものと考えられます。そのため、少しでも多くの患者を獲得するために、居住者の多い地域に立地する傾向があるのかもしれません。

≪練習≫

・「小児科 _ 小児歯科商圏統計データ」レイヤーで、バーチャートを作成してみましょう。カテゴリまたは日付欄で「分類」、集約欄で「平均値」、数値フィールド欄で 1 つだけフィールドを選んだうえで、分割欄で「立地分類」を選ぶと、棒グラフを描くことができます。

・新しい小児科や小児歯科を開設するとすれば、どのような地域がよいでしょうか。「統計データ」レイヤーのデータも参照しながら、「小児科 _ 小児歯科」レイヤーに新しい小児科（あるいは小児歯科）を追加したうえで、商圏ポリゴンを再度作成して、商圏別の統計データも作成してみましょう。

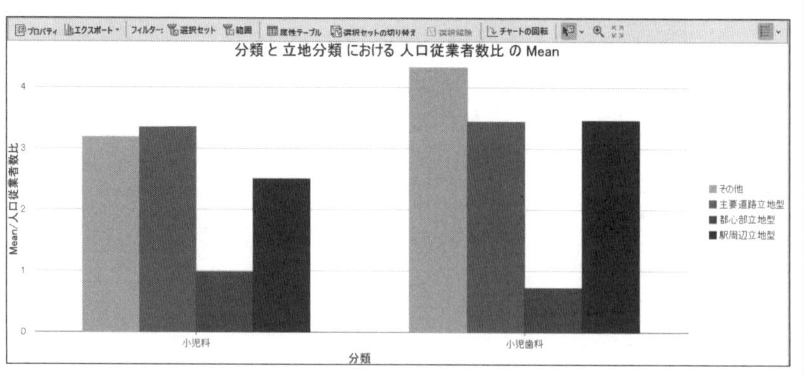

図 21-20　立地分類と小児科・小児歯科での「人口従業者数比」のバーチャート

おわりに

本書では、世界的なシェアを誇るGISソフトである、ArcGIS Proを使用して、地理空間データの処理や分析の方法を基礎から学んできました。本書を通して、GISについてもっと学びたいと思っていただければ幸いです。最後に、さらに学習を深めたい場合の参考書や参考情報をいくつか紹介します。

本書で取り扱ったGISに関するさまざまな概念については、可能な限り、それぞれのページで解説しました。さらに詳しく知りたい場合には、まずは、矢野桂司著『やさしく知りたい先端科学シリーズ8 GIS 地理情報システム』（創元社、2021年）がおすすめです。この書籍では、GISについてのさまざまなキーワードが、書名の通り、やさしく紹介されていますので、まだGISのことがよくわかっていないという場合でも理解しやすいでしょう。一方、ジオプロセシングツールで行われている処理の仕組みや、GISの原理や地理空間データの構造を詳しく知りたいような場合は、浅見泰司・矢野桂司・貞広幸雄・湯田ミノリ編『地理情報科学 GISスタンダード』（古今書院、2015年）を参照するとよいでしょう。この書籍では、ネットワーク分析や空間的自己相関など、本書でも取り上げられた分析技術や概念について専門的に解説されていますので、深く学びたい場合に有用です。

インターネットで公開されている、ArcGIS Proのヘルプ（https://pro.arcgis.com/ja/pro-app/latest/help/main/welcome-to-the-arcgis-pro-app-help.htm）も、GIS技術のさらなる習得のために参考になります。ジオプロセシングツールによっては、参考文献として論文が紹介されていることもありますので、それらを確認することで、ツールの裏側まで考えていくことができます。また、データサイエンスでよく用いられるプログラミング言語である、PythonもArcGIS Proで活用することができます。本書では特に触れていませんが、ヘルプを確認すると、使い方なども記載されていますので、参考にしてください。ArcGIS Proについては、毎年5月ごろに日本のESRIジャパンユーザー会が開催しているGISコミュニティフォーラムや、アメリカのEsri社がカリフォルニア州サンディエゴで毎年7月ごろに開催しているEsri User Conferenceに参加することで、最新の情報を直接入手することができるだけでなく、さまざまなセミナーにも参加でき、活用事例、最新技術を把握することができます。ArcGIS Proに限らず、GIS全般についての最新情報は、GISに関する専門の学会である、地理情報システム学会でも入手することができます。大会は例年10月ごろですが、一般の方でも無料で参加できるセッションもありますので、詳細は、学会ウェブサイト（https://www.gisa-japan.org/）をご確認ください。

本書の内容は、筆者が皇學館大学文学部コミュニケーション学科で2020年度から2022年度まで担当していたGIS実習Ⅰ・Ⅱの授業資料をもとに、全面的に改訂したものです。末筆ながら、皇學館大学在職時にGIS教育を進める中で大変お世話になった板井正斉教授と、本書をご担当いただいた古今書院の福地慶大氏、公私ともにサポートしてくれた妻の京子に感謝を記します。

2024年3月　桐村　喬

≪使用したデータの出典≫

国土数値情報

データ	地域・年次
医療機関	沖縄県（令和 2 年）
	東京都（令和 2 年）
学校	栃木県（令和 3 年）
地価公示	愛知県（令和 5 年）
	愛媛県（令和 5 年）
津波浸水想定	沖縄県（平成 28 年）
鉄道	全国（令和 4 年）

自治体が公開するオープンデータ

自治体	データ名
三重県	食品営業許可施設（2023 年 6 月現在）
静岡県	津波避難ビル・タワー等（2020 年 3 月現在）
伊勢市	認定こども園一覧、保育所一覧、小規模保育事業所一覧（いずれも 2023 年 4 月 1 日公開分）
松山市	医療機関一覧（2022 年 5 月 17 日更新）

e-Stat

国勢調査（2020 年）	
データ	地域・種類
250 m メッシュ	那覇市（統計データ・境界データ）
500 m メッシュ	松山市（統計データ・境界データ）
小地域（町丁・字等）	宮城県（統計データ・境界データ）
	京都府・京都市（統計データ・境界データ）
	沖縄県・那覇市（統計データ・境界データ）
基本単位区	宇都宮市（境界データ）
	静岡県清水区（境界データ）
500 m メッシュ	松山市（統計データ・境界データ）

経済センサス活動調査（2016 年）	
データ	地域・種類
500 m メッシュ	松山市（統計データ・境界データ）

・地理院地図 Vector：道路中心線（静岡市清水区周辺、松山市周辺）
・スタンフォード大学図書館所蔵「5 万分 1 地形図『金沢』」（https://purl.stanford.edu/sx424rh8152）
・Natural Earth（https://www.naturalearthdata.com/）

索　引

事項索引

ジオプロセシングツール索引

【著者紹介】

桐村 喬（きりむら たかし）

京都産業大学文化学部京都文化学科。2010年立命館大学大学院文学研究科博士課程後期課程修了。2010年より立命館大学衣笠総合研究機構ポストドクトラルフェロー、2013年より日本学術振興会特別研究員、2014年より東京大学空間情報科学研究センター助教、2016年より皇學館大学文学部助教、2019年より同准教授、2023年より京都産業大学文化学部准教授。主な著書として、『ツイッターの空間分析』（編著、2019）、『GISを使った主題図作成講座』（共著、2015）など。

書　名	ArcGIS Proではじめる地理空間データ分析
コード	ISBN978-4-7722-2033-0　C3055
発行日	2024（令和6）年4月23日　初版第1刷発行
著　者	桐村　喬
	Copyright　©2024　Kirimura Takashi
発行者	株式会社 古今書院 橋本寿資
印刷所	株式会社 太平印刷社
発行所	株式会社 古今書院
	〒113-0021　東京都文京区本駒込 5-16-3
電　話	03-5834-2874
FAX	03-5834-2875
URL	https://www.kokon.co.jp/
	検印省略・Printed in Japan